JN323516

15時間でわかる
CentOS
集中講座

株式会社ハートビーツ 馬場俊彰 著

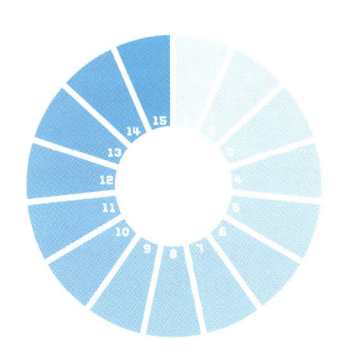

技術評論社

⚠ 付属DVD-ROMに関するご説明は398ページをご覧ください。

ご注意
ご購入・ご利用の前に必ずお読みください

● 本書に記載された内容は、情報の提供のみを目的としています。したがって、本書を用いた運用は、必ずお客様自身の責任と判断によって行ってください。これらの情報の運用の結果について、技術評論社および著者はいかなる責任も負いません。

● 本書記載の情報は、2015年2月現在のものを記載していますので、ご利用時には、変更されている場合もあります。ソフトウェアに関する記述は、特に断りのない限り、2015年2月現在での最新バージョンを基にしています。ソフトウェアはバージョンアップされる場合があり、本書での説明とは機能内容や画面図などが異なってしまうこともあり得ます。本書ご購入の前に、必ずバージョン番号をご確認ください。

● 本書の内容および付属DVD-ROMに収録されている内容は、次の環境にて動作確認を行っています。

　・Windows 8.1 Pro/Mac OS X Yosemite
　・VirtualBox 4.3.20
　・PHP 5.6.2
　・MySQL 5.6.21
　・WordPress 4.0

　上記以外の環境をお使いの場合、操作方法、画面図、プログラムの動作などが本書内の表記と異なる場合があります。あらかじめご了承ください。
　付属DVD-ROM内のソフトウェアは作成時点（2月2日）の内容を同梱していますが、この日付以降のアップデートで修正されたセキュリティ問題が残っている可能性があります。あらかじめご了承ください。
　以上の注意事項をご承諾いただいた上で、本書をご利用ください。

● 本書のサポート情報は下記のサイトで公開しています。
　http://gihyo.jp/book/2014/978-4-7741-7244-6/support

※Microsoft、Windowsは、米国Microsoft Corporationの米国およびその他の国における商標または登録商標です。
※その他、本文中に記載されている製品の名称は、すべて関係各社の商標または登録商標です。

はじめに

　本書で取り上げたCentOSは、日本の企業に好まれ、日本で大変支持され多く利用されています。

　CentOSは執筆時点で7.0が最新版です。執筆時点のOS利用状況としてはまだCentOS 6の採用が大半ですが、ちらほらCentOS 7の話が聞こえ始めてきています。

　本書ではCentOS 7を切り口としていますが、内容はHowToとしてのCentOS 7の使い方だけではありません。これからサーバ・Linuxに触れる方の役に立つよう、CentOS 6やほかのディストリビューション、ひいては一般的なサーバ構築・運用にも応用できるよう、基本的な知識も含め解説するよう努めました。

　CentOSを通してLinuxの基礎を学びたい方、サーバ構築や管理の基礎を知りたい方はもちろんのこと、筆者の勤める㈱ハートビーツのように、サーバの構築・監視・管理を生業（なりわい）とする会社のエンジニアの卵にはちょうどよい内容だと思います。本書を取っかかりにして、まずなんとか動かせるようになり、その後は知りたい分野の深堀りをしていくとよいでしょう。

　査読にご協力いただいた同僚の斎藤さん（@koemu）、滝澤さん（@ttkzw）、ありがとうございました。

　メジャーバージョンアップの影響で3年にわたり執筆してきたこともあり、妻には大変な苦労をかけました。根気よく支えてもらい大変感謝しています。また執筆の機会をいただいた技術評論社の細谷さん・原田さんに、この場を借りて御礼申し上げます。

2015年2月　馬場俊彰

目次

はじめに ———————————————————— 003

0時間目 CentOSの実習環境を準備する —————— 012

- **0-1** Windowsの場合 ———————————— 012
- **0-2** MacOS Xの場合 ———————————— 019
- **0-3** ホストオンリーネットワークを追加する ———— 021

Part 1 構築編　使って覚えるCentOS入門

1時間目 CentOSインストールの実習 ———————— 024

- **1-1** OSをインストールする前に
  ——パスワード作成の基礎知識 ———————— 025
  - 1-1-1　パスワード攻撃の種類
  - 1-1-2　攻撃への対策
  - 1-1-3　パスワード管理ツールを使う
- **1-2** CentOSをインストールする ——————— 028
  - 1-2-1　DVD-ROMブートを設定する
- **1-3** CentOSにログインする ————————— 042
- **1-4** ハードウェア構成の基礎知識 ——————— 044
- **1-5** ソフトウェア構成の基礎知識 ——————— 045
- **1-6** ファイルとディレクトリの基礎知識 ————— 047
- **1-7** ファイルの基本構造 —————————— 047
- **1-8** ディスクの物理構成 —————————— 049
  - 1-8-1　RAIDによる構成
  - 1-8-2　RAIDの種類
- **1-9** ディスク故障時の対応 ————————— 054

| 1-10 | ディスクの論理構成 | 055 |

2時間目 黒い画面に慣れる — 058

2-1 黒い画面で操作する — 058
2-1-1　キーボードショートカットを覚える

2-2 コマンド実行の基礎知識 — 060
2-2-1　コマンドとのデータのやりとり
2-2-2　パイプとリダイレクト

2-3 基本コマンド — 063
2-3-1　echo
2-3-2　id
2-3-3　uname
2-3-4　date
2-3-5　df
2-3-6　free
2-3-7　cat
2-3-8　head
2-3-9　tail
2-3-10　grep
2-3-11　sort
2-3-12　uniq
2-3-13　wc
2-3-14　cut
2-3-15　sed
2-3-16　ls
2-3-17　pwd
2-3-18　cd
2-3-19　cp
2-3-20　mv
2-3-21　less
2-3-22　history

2-4 シェルの基本操作 — 072

2-5 シェルの便利な機能 — 072
2-5-1　引数に使うワイルドカードなど
2-5-2　変数の定義と参照
2-5-3　環境変数PATH

目次

2-5-4 特殊変数

2-6 ネットワークに接続する — 076

2-7 SSHでリモートログインする — 078

2-7-1 Windowsでターミナルをインストールして使う
2-7-2 MacOS Xでターミナルを使う

3時間目 CentOSのエディタに慣れる — 088

3-1 viとは — 088

3-2 vi／vimのモード — 089

3-2-1 モードを切り替える
3-2-2 vi／vimを終了する
3-2-3 ノーマルモードの基本操作
3-2-4 コマンドラインモードの基本操作

3-3 便利な機能を使って楽をしてトラブルを減らす — 092

3-3-1 行番号を表示する
3-3-2 コマンドや検索のヒストリバック
3-3-3 行選択・矩形選択で確実・スピーディに編集する
3-3-4 シンタックスハイライト（vim-enhancedが必要）
3-3-5 検索結果ハイライト（vim-enhancedが必要）
3-3-6 テキスト入力補完（vim-enhancedが必要）

4時間目 ネットワークの基礎知識 — 100

4-1 ネットワークはレイヤーとプロトコルでできている — 100

4-2 インターネットの基本はIPアドレス・ポート番号・プロトコル — 104

4-3 IPアドレスとドメイン名 — 107

4-4 TCPとUDP — 111

4-5 URLとURI — 112

5時間目 サーバ構築の基礎知識 — 114

- **5-1** ソフトウェアの追加インストールを準備する — 114
- **5-2** リポジトリからソフトウェアをインストールする — 119
  - 5-2-1 yumからインストールする
  - 5-2-2 manを活用する
- **5-3** ホスト名を変更してみる — 127
- **5-4** OS設定ファイル — 130
- **5-5** OSログファイル — 134
- **5-6** OS起動の流れ — 135

6時間目 サーバセキュリティの基礎知識 — 140

- **6-1** セキュリティの基本的な考え方 — 140
- **6-2** セキュリティ実装の基本 — 142
- **6-3** ユーザとグループ — 143
- **6-4** uid／gidの決め方とグループの使い方 — 144
- **6-5** ユーザによるファイルディレクトリ権限設定 — 145
- **6-6** 特殊なファイル・ディレクトリ権限 — 148
- **6-7** さらに高度なファイルアクセス制御 — 149
- **6-8** 内部リソース制限について — 152
- **6-9** ネットワークセキュリティを設定する — 153
- **6-10** SSHはパスワードより安心な公開鍵認証 — 162

目次

7時間目 LAMPサーバの構築実習 — 166
- **7-1** 下準備としてSELinuxを無効にする — 167
- **7-2** インストールして起動 — 168
- **7-3** 動作確認1：個別動作の確認 — 173
  - 7-3-1 Apache単体の動作確認
  - 7-3-2 PHP単体の動作確認
  - 7-3-3 MariaDB単体の動作確認
- **7-4** 動作確認2：結合動作の確認 — 176
- **7-5** 手元のPCからブラウザで接続する — 177
  - 7-5-1 Windowsの場合
  - 7-5-2 Macの場合

8時間目 WordPressでブログサーバの構築実習 — 182
- **8-1** テスト環境を用意する — 182
- **8-2** 簡単な手順 — 183
- **8-3** 詳細な手順 — 186

9時間目 構成にこだわったインストール実習 — 196
- **9-1** テスト環境を用意する — 196
- **9-2** MySQLを公式リポジトリからインストールする — 198
- **9-3** 最新のPHPをソースコードからインストールする — 199
  - 9-3-1 ソースコードを入手（ダウンロード）する
  - 9-3-2 必要な外部ソフトウェアとライブラリをインストールする
  - 9-3-3 コンパイルの設定
  - 9-3-4 コンパイルして実行ファイルを生成し、インストールする
- **9-4** WordPressをインストールする — 214

CONTENTS

Part 2 運用編 現場で役立つCentOS基礎とテクニック

10時間目 サーバを安定して運用するためのテクニック 218
- 10-1 ソフトウェアアップデートで脆弱性に対応する — 218
- 10-2 外部リポジトリを使う — 220
- 10-3 ウイルスチェック — 222
- 10-4 時刻を合わせる — 228
- 10-5 定期実行する — 231
- 10-6 デーモンを常時起動させる — 235
- 10-7 ログ — 239
- 10-8 ログローテーション — 240
- 10-9 ステータスデータの取得 — 243
- 10-10 サーバにおける監視 — 245
- 10-11 モニタリングツールでステータスグラフ化 — 248

11時間目 バックアップとトラブルシューティングのテクニック 264
- 11-1 インストール時のFreePEの作り方 — 265
- 11-2 バックアップをとるということ — 269
- 11-3 tarやrsyncでファイルをバックアップする — 270
- 11-4 ディスクスナップショットでバックアップを取得する — 276
- 11-5 データベースのバックアップを取得する — 287

目次

- **11-6** プロセスの内部動作を追う — 291
- **11-7** プロセスが開いているファイルを追う — 293
- **11-8** メモリ不足でのスローダウンと強制停止 — 295
- **11-9** /procを見て動作状況を確認する — 296
- **11-10** サーバの負荷状態をリアルタイムで確認する — 301
  - 11-10-1 topコマンド
  - 11-10-2 vmstatコマンド
  - 11-10-3 dstatコマンド
- **11-11** ディスク容量を拡張する — 305
- **11-12** ディスクの論理破損から復旧する — 307
- **11-13** rootのパスワードがわからなくなった場合 — 309

12時間目 CentOS内部動作の基礎知識 — 314

- **12-1** lsの出力を理解する — 314
- **12-2** ハードリンクとファイルの削除 — 316
- **12-3** ファイルタイムスタンプ — 322
- **12-4** vmstatを理解する — 324
  - 12-4-1 procs
  - 12-4-2 memory
  - 12-4-3 swap、io
  - 12-4-4 system
  - 12-4-5 cpu
- **12-5** psを理解する — 331
- **12-6** CentOSでのプロセスのメモリ — 332

CONTENTS

13時間目 サーバ作業効率化の基礎知識　334

- **13-1** カッコイイターミナルを作る ─ 334
- **13-2** ワンライナーで簡単にログを集計する ─ 337
- **13-3** ワンライナーの応用編 ─ 338
- **13-4** シェルスクリプトを書く ─ 341
  - 13-4-1　コマンドを順番に実行する
  - 13-4-2　条件分岐を利用して制御する
  - 13-4-3　変数とループを利用した繰り返し処理
  - 13-4-4　引数を利用した誤動作防止
  - 13-4-5　毎日自動実行する
  - 13-4-6　エラーレポート
- **13-5** たくさんのファイルに対する逐次処理 ─ 365

14時間目 クラウドと最新インフラ技術の基礎知識　368

- **14-1** サーバ設定をテストする ─ 368
- **14-2** OSのインストールを自動化する ─ 376
- **14-3** セットアップを自動化する ─ 381
- **14-4** サーバ仮想化とクラウドサービス ─ 383

15時間目 ブログシステムを構築する　388

- **15-1** 要求仕様 ─ 388
- **15-2** 構築の手順 ─ 390

索引 ─ 395
おわりに・付属DVD-ROMについて ─ 398
著者略歴・収録しているソフトウェアについて ─ 399

011

0時間目 CentOSの実習環境を準備する

本書では、筆者が実務で実践しているCentOSサーバの管理・運用の技術・知識をたくさん詰め込んでいます。それらをしっかり学んで、技術者としてレベルアップしていってください。

0時間目は準備編です。さっそく実習環境を構築します。その後で、1時間目から15時間にわたりCentOSの基本について学習していきましょう。

今回のゴール

- VirtualBoxがインストールできる
- ホストオンリーネットワークが追加できる

0時間目では、実習環境としてVirtualBox（https://www.virtualbox.org/）による仮想環境を利用します。

VirtualBoxはOracle社が提供している仮想化ソフトウェアです。仮想化ソフトウェアを使うと利用しているOSの上で別のOSを起動できます。CPU、メモリ、ディスク、ネットワーク、キーボード、ディスプレイなどを仮想化して利用できるようになります。すでにVirtualBoxをインストールしている場合は、**0時間目**の最後の項で説明しているホストオンリーネットワークが追加されているかどうかを確認し、まだであれば追加するようにしてください。

なお、VirtualBoxは最新版を使ってください。本書執筆時点の最新版は4.3.20なので、以降はこのバージョンを前提に記載しています。

0-1 Windowsの場合

VirtualBoxをインストールします。本書付録DVD-ROM収録のものを使うか、次の手順で入手します。まず、VirtualBoxのWebサイトにアクセスし、左にあるメニューの「Downloads」をクリックします（**図0.1**）。

図0.1 VirtualBoxのトップページ

「VirtualBox 4.3.20 for Windows hosts」の右の「x86/amd64」をクリックします（図0.2）。

図0.2 インストーラのダウンロードリンクをクリック

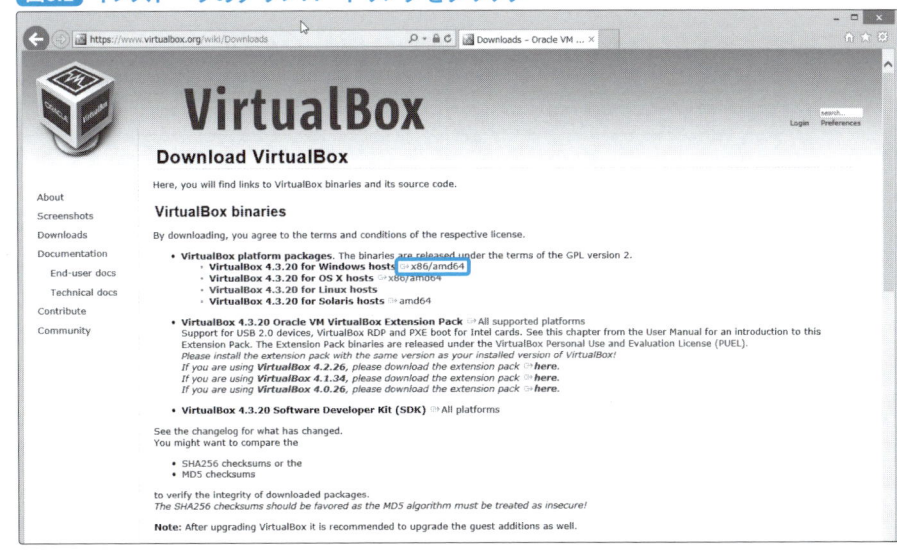

ダイアログボックスが表示されるので、「保存して実行」ボタンを押してインストーラをダウンロードします（図0.3）。

図0.3 「保存して実行」ボタンを押してダウンロードを開始

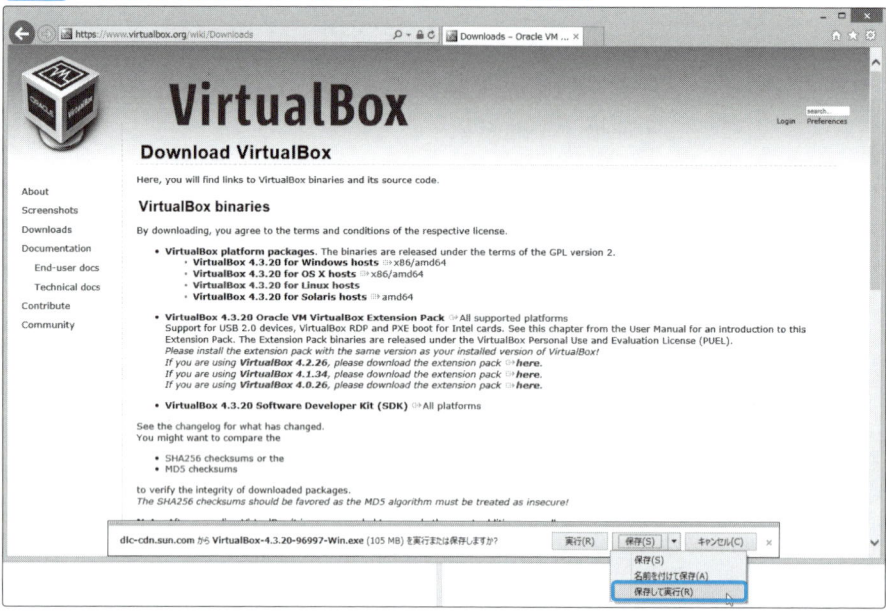

ダイアログボックスにダウンロードの状況が表示されます（**図0.4**）。ダウンロードが完了すると、インストーラが自動的に起動します。

図0.4 ダウンロードの状況

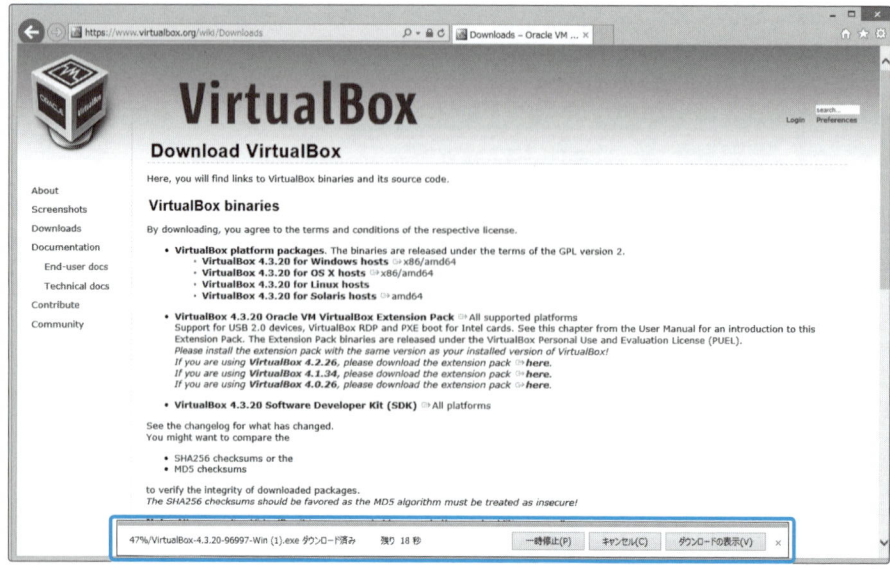

以降は順次表示されるウィザードに従い、「Next>」ボタンを押していってインストールを進めてください（**図0.5**）。

図0.5 セットアップウィザードの開始

ひとまず、すべてインストールしましょう（**図0.6**）。

図0.6 セットアップする機能の選択

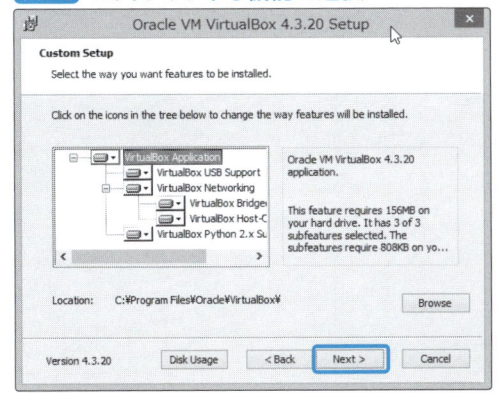

「Create a shortcut on the desktop」と「Create a shortcut in the Quick Launch Bar」をチェックして「Next>」ボタンを押し、デスクトップアイコンとクイックスタートアイコンを作成するようにします（**図0.7**）。

図0.7 アイコン作成などの選択

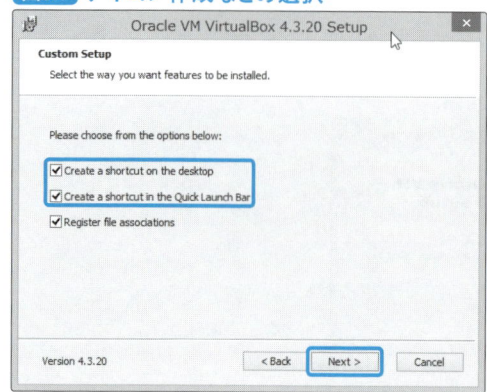

以降はデフォルトでフォーカスされたボタンを押していって、インストールの完了まで進めてください（**図0.8〜10**）。途中で「Warning」画面が表示されることもありますが、「Yes」ボタンを押して大丈夫です。

図0.8 「Warning」画面

図0.9 インストールの開始

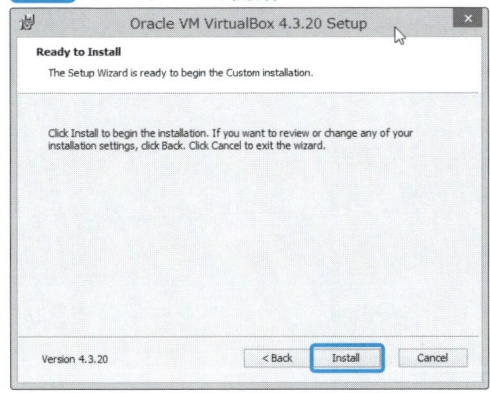

図0.10 インストール中

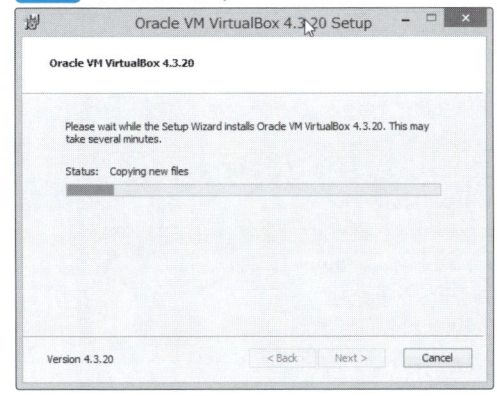

　最後にインストール完了画面が表示されます（**図0.11**）。「Start Oracle VM VirtualBox 4.3.20 after installation」がチェックされていることを確認し、「Finish」ボタンを押すと、VirtualBoxが起動します。

図0.11 インストール完了

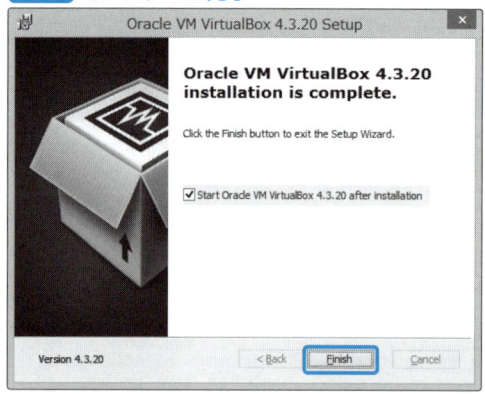

起動画面が表示されます（**図0.12**）。

図0.12 VirtualBoxの起動画面

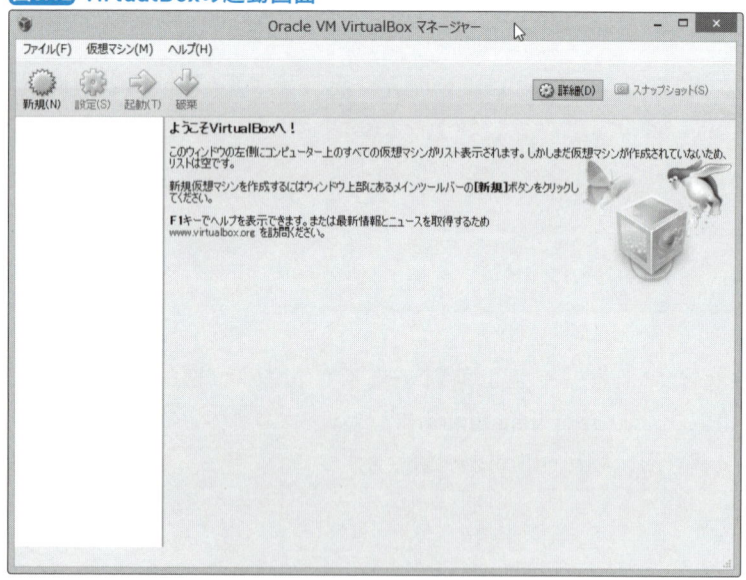

0-2 MacOS Xの場合

VirtualBoxをインストールします。本書付録DVD-ROM収録のものを使うか、次の手順で入手します。まず、VirtualBoxのWebサイトにアクセスし、左にあるメニューの「Downloads」をクリックしてから「VirtualBox 4.3.20 for OS X hosts」の右の「x86/amd64」をクリックします（図0.13）。

図0.13 インストーラのダウンロードリンクをクリック

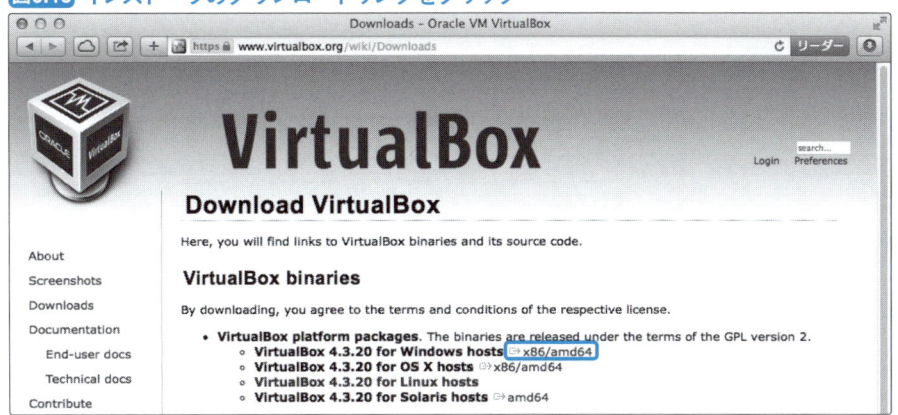

ダウンロードしたファイルをダブルクリックし、表示されたダイアログボックスから「VirtualBox.pkg」アイコンをダブルクリックしてインストーラを起動します（図0.14）。DiskImageMounterで展開・表示されない場合は、手動で展開し、インストーラを起動してください。

図0.14 インストーラの起動

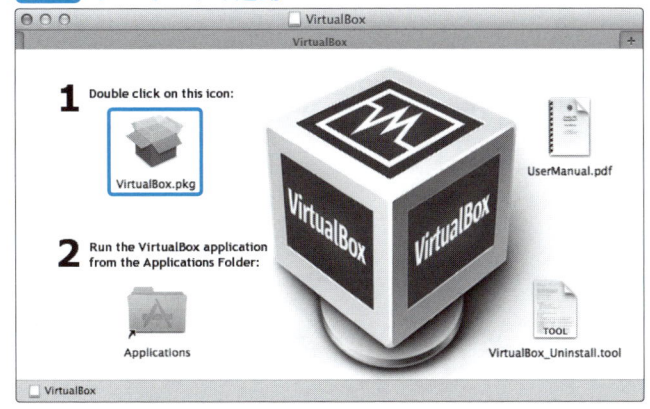

以降は順次表示されるウィザード（**図0.15〜17**）に従って進めてください。

図0.15 ファイルの信頼性の確認

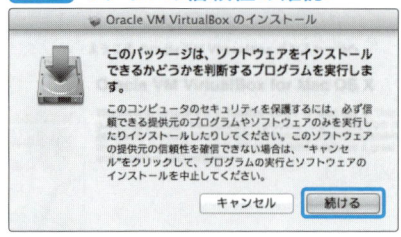

図0.16 インストール開始

図0.17 インストール先の指定

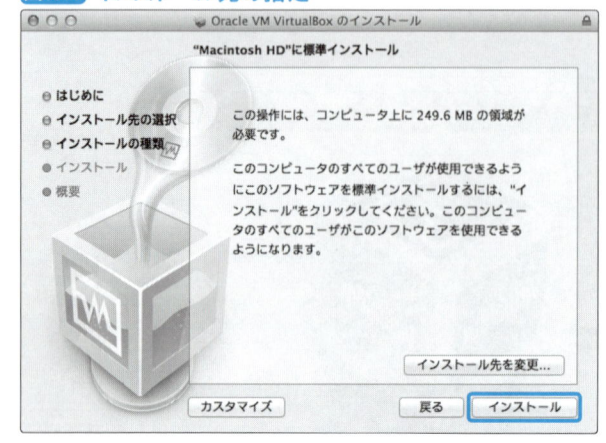

インストールを開始するときに、システムのパスワードを必要に応じて入力してください。入力して「ソフトウェアをインストール」ボタンを押すと、インストールが開始されます（**図0.18**）。

図0.18 ユーザ名とパスワードの入力

インストールが完了すると、「インストールが完了しました。」と表示されるので、「閉じる」ボタンを押してインストーラを終了します（**図0.19**）。

図0.19 インストール完了

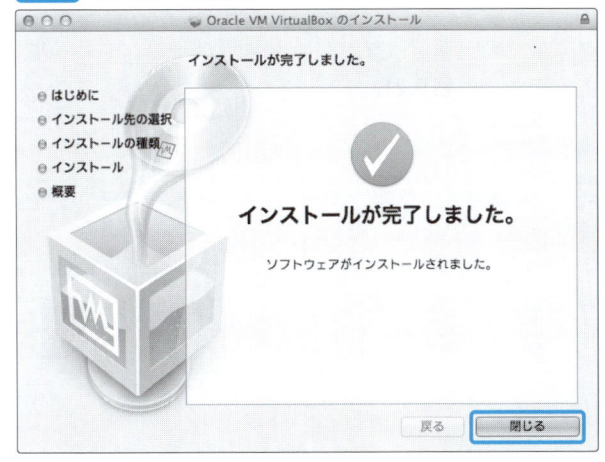

0-3 ホストオンリーネットワークを追加する

実習をスムーズに進めるためにVirtualBox用の内部ネットワークを作成しておきましょう。意味は後ほどわかるようになりますので、今はひとまず手順のとおりに実施しておいてください。

VirtualBoxを起動して、「メニュー」から「環境設定」を起動し、「ネットワーク」

タブをクリックします。「ホストオンリーネットワーク（H）」の一覧に何も表示されていない場合は、右側にあるアイコンをクリックしてネットワークを作成してください（**図0.20**）。

図0.20 ネットワークの作成

「ホストオンリーネットワーク」欄にネットワークが追加されたら、「OK」ボタンを押して設定を完了してください（**図0.21**）。

図0.21 ネットワークの作成完了

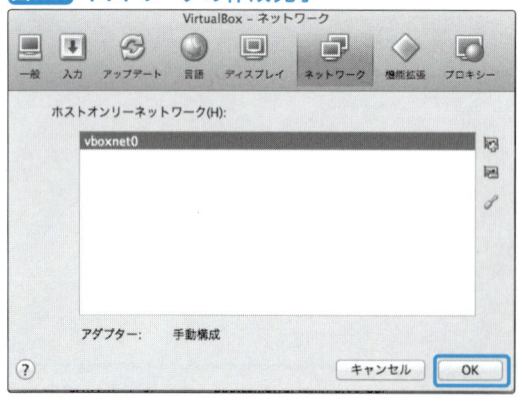

Part 1
構築編

使って覚える CentOS入門

1 時間目	CentOSインストールの実習	024
2 時間目	黒い画面に慣れる	058
3 時間目	CentOSのエディタに慣れる	088
4 時間目	ネットワークの基礎知識	100
5 時間目	サーバ構築の基礎知識	114
6 時間目	サーバセキュリティの基礎知識	140
7 時間目	LAMPサーバの構築実習	166
8 時間目	WordPressでブログサーバの構築実習	182
9 時間目	構成にこだわったインストール実習	196

1時間目 CentOSインストールの実習

1時間目では、CentOSをインストールし、起動して、終了します。とくに終了はシステムを破壊しないように行わなくてはならないので、手順をしっかり身につけてください。今回、インストールは設定を細かくカスタマイズせず、デフォルト（既定の標準設定）のままで行います。

今回のゴール

- CentOSをインストールしてログインできるようになること
- CentOSを動かすためのハードウェアとソフトウェアの構成、ファイルとディレクトリ、ディスクの構造について理解すること
- CentOSを安全に終了できるようになること

なお、基本的な設定項目は**表1.1**のようにしてください。

表1.1 CentOSの設定項目

項目	設定
言語	日本語
ネットワーク設定	（デフォルト）
ホスト名	bootcamp
rootパスワード	b00tc@mpb00tc@mp

1-1 OSをインストールする前に──パスワード作成の基礎知識

今回はパスワードとして簡単な文字列を使っていますが、実際にサーバを構築・運用する場合は、解読されないようにランダムな文字列を使ってください。

> **Column　パスワードの記号化**
>
> パスワードを決めるときに、一部のアルファベットや数字を記号（または数字）に置き換えるルールがあるので紹介します。
>
> - a→@
> - s→$
> - o→0(ゼロ)
> - 1、l、i→!
>
> ただし、このルールは非常に広く知られているので、記号化してもパスワードを推定する所要時間は記号化しない場合と比べて大差ありません。実際には、完全にランダムなパスワードを利用するようにしてください。

1-1-1　パスワード攻撃の種類

攻撃の手法を理解すれば、簡単には見破られないパスワードの設定方法もわかるようになりますので、まずパスワードについて有名な攻撃手法であるショルダーハック、総当たり攻撃、辞書攻撃を紹介しましょう。

これらの方法を用いて、ログインパスワードだけでなく、銀行口座の暗証番号やファイルのパスワードも攻撃を受けることがあります。また、スパムやウイルスメールを送信するために、メールアドレスの探索が行われることもあります。

ショルダーハック(shoulder hack)

パスワードを入力している手元の動きや画面を見てパスワードを盗む方法です。肩越しに盗み見ることが多いので、こう呼ばれています。パスワードを一般的な単語や簡単な文字列（同じ文字の繰り返しなど）にしている場合などは、一目で覚えられてしまう

ので、とくに成立しやすい手法です。まれにパスワードを小声で呟きながら入力する人がいますが、攻撃側にわざわざ教えていることになりかねませんので、やめましょう。

総当たり攻撃（brute force attack）

　指定可能な文字の組み合わせをすべて試す方法です。3桁の数字の鍵であれば、10×10×10＝1,000回試せば必ず開くのと同じ理屈です。人力ですべての組み合わせを試すのは至難の業ですが、コンピュータに作業を任せれば簡単です。もちろん、組み合わせの数が多くなれば、解読に必要な時間も増えていきますが、それが現実的な時間かどうかはさておき、全パターンを試行すればいつかは必ず正しいパスワードにたどりつきます。

辞書攻撃（dictionary attack）

　パスワードに一般的な単語を利用することが多いという傾向に基づき、辞書に掲載されている単語を試していく方法です。攻撃対象に特化し、独自に生成した単語集を辞書として用いることもあります（例：アニメ関連の対象には、アニメ関連の単語の辞書を用いるなど）。また、既成の単語だけでなく、個人情報（本人や家族の名前、生年月日や電話番号など）を基にする方法や、通常の辞書には載らないがよくあるパターン（キーボードを左からたどるasdfghjklなど）を持つ特別な辞書を基にする方法もあります。

1-1-2　攻撃への対策

　総当たり攻撃や辞書攻撃を現実的な時間で成立させるには、単位時間あたりの試行回数を可能な限り増やさなくてはなりません。これは単純な話で、試行可能パターンが10,000ある場合、1秒あたり1,000パターンを試行できる攻撃対象であれば全パターンを試行するのに10秒かかるだけですが、1秒あたり1パターンしか試行できない攻撃対象であれば全パターンを試行するには10,000秒もかかってしまいます。

　そのため、運用側としては、推測されにくいうえに十分に長く、文字種の多いパスワードを利用し、攻撃側が現実的な時間ではすべてのパターンを試行しきれないようにすることが重要です。ただし、「十分に長い」かどうかの基準は、攻撃側の能力によって判断が変わるので、今後どんどん長くなっていくものだと考えておいたほうがよいでしょう。

　また、単位時間あたりの試行回数を少なくするために下記のような対策を検討しましょう。

- 試行回数制限（試行拒否）
 ユーザごと・接続元ごとなどで、単位時間あたりの試行回数を制限する対策です。たとえば、1分間の試行は5回までとし、それ以上の試行は受け付けないなどの実装が考えられます。
- ロックアウト（締め出し）
 ユーザごと・接続元ごとなどで、規定回数を連続で認証誤りがあった場合に、ユーザや接続元を利用不可とする対策です。
- リトライインターバル設定
 ユーザごと・接続元ごとなどで、試行から次の試行までの間隔を長くする対策です。結果的に、単位時間あたりの試行回数を制限することになります。

 ただし、いずれの対策も、故意に試行の誤りを繰り返して処理を集中させ、正規ユーザや管理者ユーザがシステムを利用できない状態にするDoS攻撃（Denial of Service attack）などに悪用される可能性があるため、運用状況によく注意する必要があります。
 管理者ユーザの接続については、IPアドレスによるホワイトリスト化などにより、攻撃を受けたときの対応に支障が出ないように設定しておきましょう。

1-1-3　パスワード管理ツールを使う

 また、よくあることですがパスワードにランダムな文字列を使うと、自分でもパスワードがわからなくなることがあります。そこで「紙にメモをしてデスクに貼っておこう」などとすると、ショルダーハックの危険性が高まってしまいます。
 そのようなことがないように、パスワード管理ツールを利用することをお勧めします。
 パスワード管理ツールの代表的なものをいくつか挙げておきましょう。

- ID Manager(http://www.woodensoldier.info/soft/idm.htm)
- 1Password(https://agilebits.com/onepassword)
- KeepassX(http://www.keepassx.org/)

 筆者は、ここ数年KeepassXを愛用しています。LinuxでもMacでも動くため、重宝しています。

> **Column** パスワードは定期的に変えるべき？

「パスワードは（3ヶ月ごとなど）定期的に変更すべし」という運用ルールの有効性についてたびたび議論になります。実際、これは果たして有効な対策なのでしょうか？

現実的に考えてみると、総当たり型攻撃や辞書型攻撃が成立しうる状況下で、パスワードの文字列を短くて簡単なものにしている場合は、パスワードを定期的に変更しても、短時間で割り出されてしまうため、あまり意味がありません。攻撃側がどの文字列をどんな順番で送信してくるかがわからない以上、パスワードを割り出す所要時間の期待値もパスワードを変更したところでそれほど変わりません。

また、攻撃側がパスワードを知ってから時間をおかずに攻撃に移る場合も、パスワードの定期的な変更は意味がありません。ただし、攻撃側の目的が情報の継続的な盗聴であり、そのためのメールやSNSのアカウント情報であれば、攻撃側は長期間潜伏することにメリットがあります。

攻撃側の目的が個人情報の盗聴である場合も、知り得たサーバパスワードを長期間保持するメリットはなく、速やかに情報を収集して作業を終えてしまいますので、パスワードの定期的な変更は意味がありません。

このほかにも、たとえば、異動した元管理者などによる内部犯行を防ぎたい場合は、その元管理者が異動したタイミングでパスワードを無効にすれば攻撃を防ぐことができます。

以上のことから、パスワードの定期的な変更はパスワード解析攻撃に対してはあまり意味がありません。

効果があるとすれば、すでにパスワードが知られていてもまだ侵入されていない場合や、侵入されていても抜け穴を作られていない場合などに限られるでしょう。

》 1-2 CentOSをインストールする

1時間目では、VirtualBoxによる仮想環境を実習に利用します。仮想マシンを作成して起動しましょう。

> ### Column 「VM」「仮想マシン」「仮想サーバ」「コンテナ」とは
>
> 本書では、VirtualBoxによる仮想環境を実習に利用しています。
> 　VirtualBoxやVMwareを利用した環境は、物理的なハードウェア（CPU・メモリ・ディスクなど）を占有しないことから「仮想環境」と呼ばれており、その仮想環境上で動くマシンを「仮想マシン」と言います。
> 　仮想環境を実現するソフトウェアとして代表的なものには以下のようなものがあります。それぞれに特徴があり、機能的に得手不得手が分かれるので、要件や運用環境に応じて選択する必要があります。
>
> - VirtualBox（https://www.virtualbox.org/）
> - VMware（http://www.vmware.com/）
> - KVM（http://www.linux-kvm.org/）
> - Xen（http://www.xen.org/）
> - OpenVZ（http://wiki.openvz.org/）
> - LXC（http://lxc.sourceforge.net/）
> - Hyper-V（http://www.microsoft.com/ja-jp/server-cloud/windows-server/hyper-v.aspx）
>
> 「仮想サーバ」は「仮想マシン」と同じと考えて差し支えありません。
> 　仮想マシンは英語では「Virtual Machine」なので、仮想マシンのことを英語の略記で「VM」と呼ぶことがありますが、Wikipediaを略して「wiki」と呼ぶ人がいるように、VMwareのことを「VM」と呼ぶ人もいるので、混同しないように前後の文脈などで判断するようにしてください。
> 　コンテナは仮想マシンよりも仮想化の度合いが小さいもので、仮想マシンとはまた少し異なります。
> 　さらにややこしいことに、仮想化という考え方はOSの内部でも利用されているので、注意が必要です。OS上で稼働するプログラムがメモリなどのハードウェアにアクセスする際に、安全性・利便性を向上させるためにOSが物理メモリを隠蔽（＝仮想化）してプログラムに提供しています。

　VirtualBoxを起動し（**図1.1**）、「新規（N）」ボタンを押します（画面はMac版です）。名前は「bootcamp」としましょう（VirtualBox上の管理名なので、ホスト名と違っ

ていても大丈夫です)。タイプは「Linux」、バージョンは「Red Hat(64bit)」として
ください。「(64bit)」の表記があるものとないものがリストに出てくるので、必ず
「(64bit)」を選択してください。設定したら「続ける」ボタンを押します。

図1.1 仮想マシンの名前とOSの設定

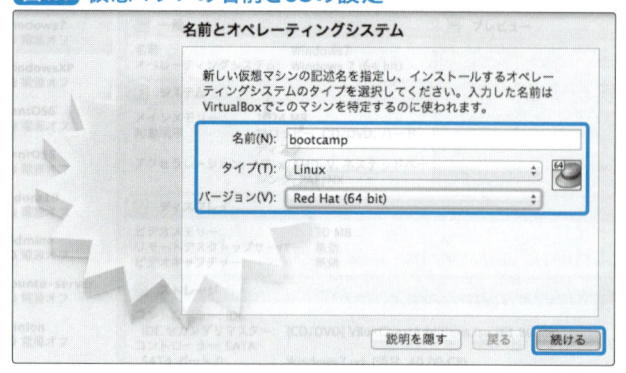

メモリは「1024」MB以上に設定してください。設定したら「続ける」ボタンを押します(**図1.2**)。

図1.2 メモリーサイズの設定

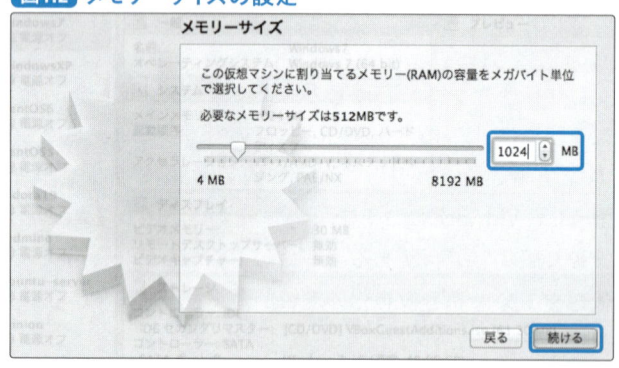

HDD(ここでは「ハードドライブ」となっています)を新規作成しましょう。「仮想ハードドライブを作成する(C)」をチェックして「作成」ボタンを押します(**図1.3**)。

図1.3 仮想HDDの設定

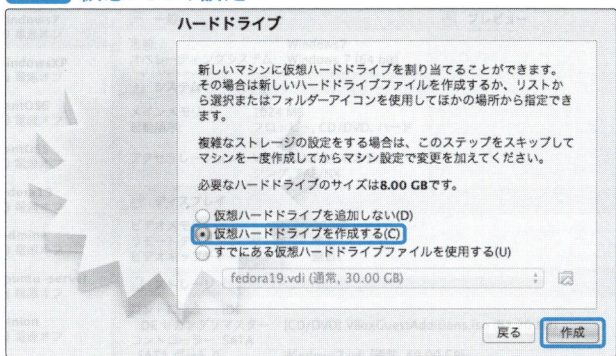

「ハードドライブのファイルタイプ」はデフォルトで「VDI（VirtualBox Disk Image）」がチェックされているので、そのまま「続ける」ボタンを押します（**図1.4**）。

図1.4 仮想HDDのファイルタイプの設定

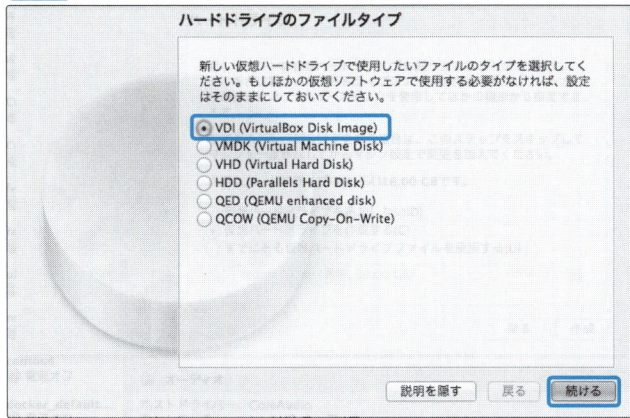

「物理ハードドライブにあるストレージ」は「可変サイズ（D）」をチェックしましょう。固定サイズにするよりもパフォーマンスは落ちますが、HDDの使用量を節約できるので、より多くの仮想マシンを作成できます。設定したら「続ける」ボタンを押します（**図1.5**）。

図1.5 物理HDDのストレージサイズの設定

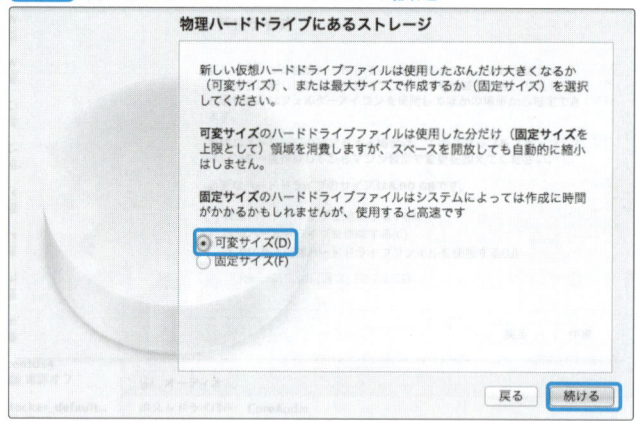

ファイルの場所とサイズは標準設定のままにして「作成」ボタンを押します（**図1.6**）。

図1.6 ファイルの場所とサイズの設定

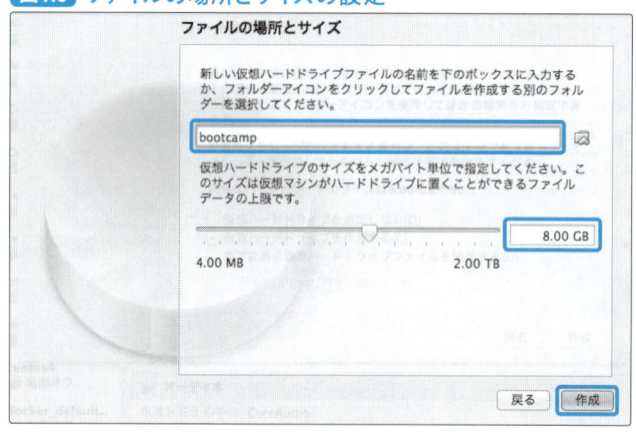

これで仮想マシンの作成は完了です。

1-2-1　DVD-ROMブートを設定する

次にDVD-ROMブートを設定します。今回はDVD-ROMイメージからインストールします。

作成した「bootcamp」を選択して「設定（S）」ボタンを押し、「ストレージ」タブで「コントローラー: IDE」の「空」のディスクを選択します。

右側の円盤アイコンをクリックし、「CentOS-7.0-1406-x86_64-Minimal.iso」を選択します（**図1.7**）。

図1.7 DVD-ROMブートの設定

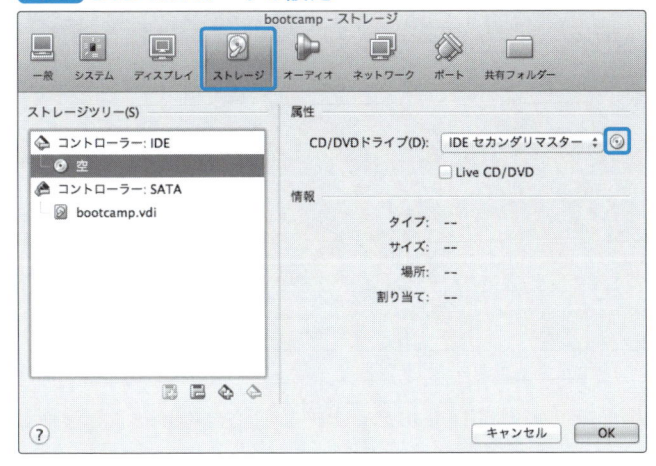

右側の「情報」欄にインストールDVDの情報が表示されます（**図1.8**）。

図1.8 インストールDVD情報の確認

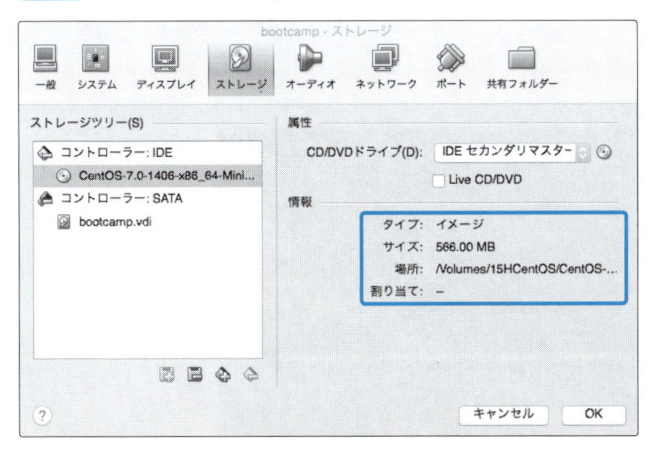

「ネットワーク」タブをクリックします。「アダプター2」をクリックし、「割り当て(A)」で「ホストオンリーアダプター」を選択してください。設定が完了したら「OK」ボタンを押します（**図1.9**）。これでインストールの準備ができました。

図1.9 ネットワークアダプタの設定

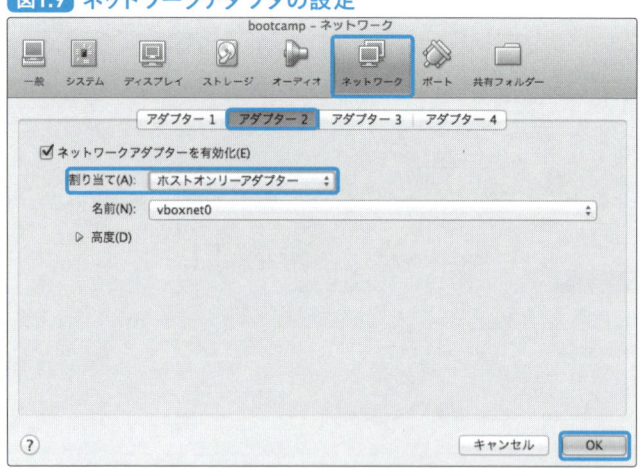

VirtualBoxの画面で「起動（T）」ボタンを押してインストーラを起動します。

インストーラのメニューが表示されたら、画面をクリックして仮想マシン操作モードに入り、「Install CentOS 7」を選択します（**図1.10**）。大変わかりづらいですが、初期状態では「Test this media & install CentOS 7」が選択されているので、上矢印キーで「Install CentOS 7」を選択してください。もしこの先のインストール中にエラーが発生する場合は、「Test this media & install CentOS 7」を選択してみてください（**図1.11**）。

図1.10 インストール方法の選択

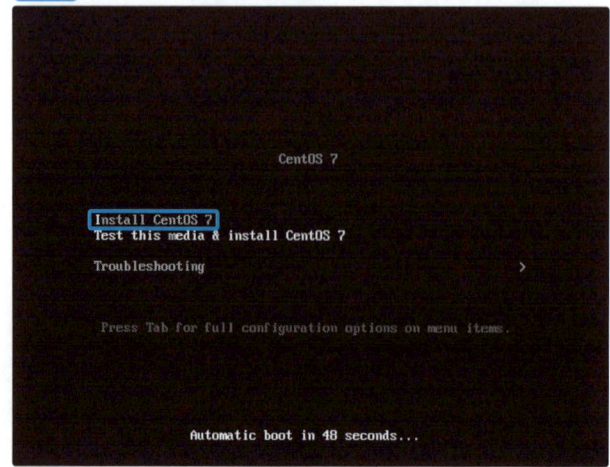

図1.11 「Test this media & install CentOS 7」を選択

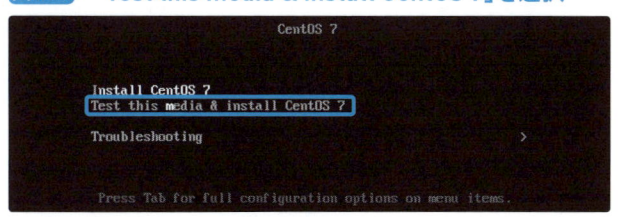

Column | DISCとDISK

「DISC」と「DISK」はどちらも「ディスク」ですが、それぞれ別の意味で使われます。一般的に下記の意味になります。

- DISC……CDやDVD、HDDなどの物理的な円盤自体
- DISK……ストレージエリア

インストーラが起動しました（図1.12）。

図1.12 インストーラの起動画面

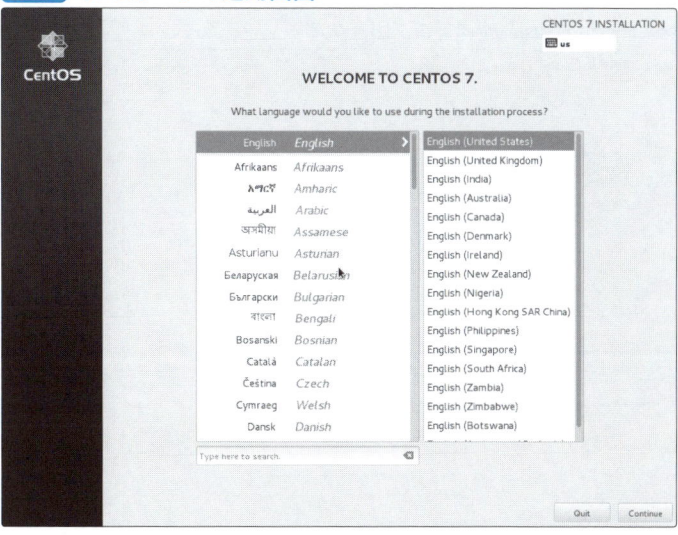

言語を選択します。おそらく、ほとんどのユーザが、キートップにひらがなが刻印された日本語キーボードを使っていると思います。ここでは「Japanese（日本語）」を

選択します（**図**1.13）。

図1.13 言語の選択

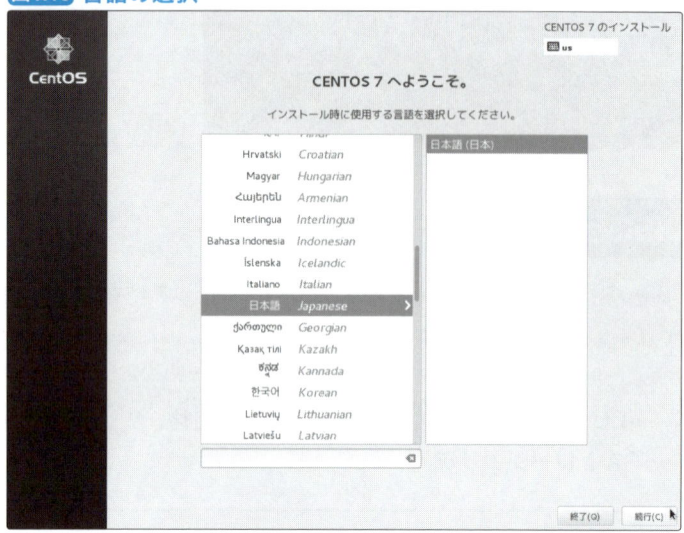

次にインストールの設定をします。「！」マークのアイコンが付いた項目は確認が必須なので順番に見ていきましょう（**図**1.14）。「インストール先（D）」を選択します。

図1.14「インストールの概要」ダイアログボックス

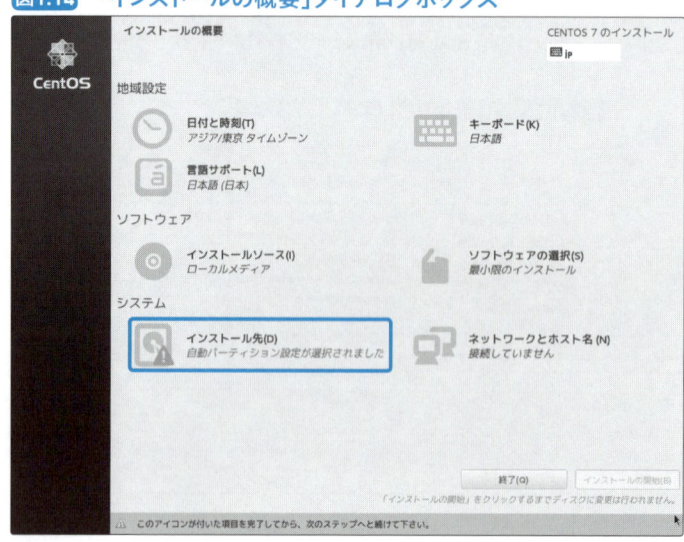

「インストール先」ダイアログボックスが表示されます。今回は標準設定を利用するので、このまま左上の「完了（D）」ボタンを押してください（**図1.15**）。

図1.15 「インストール先」ダイアログボックス

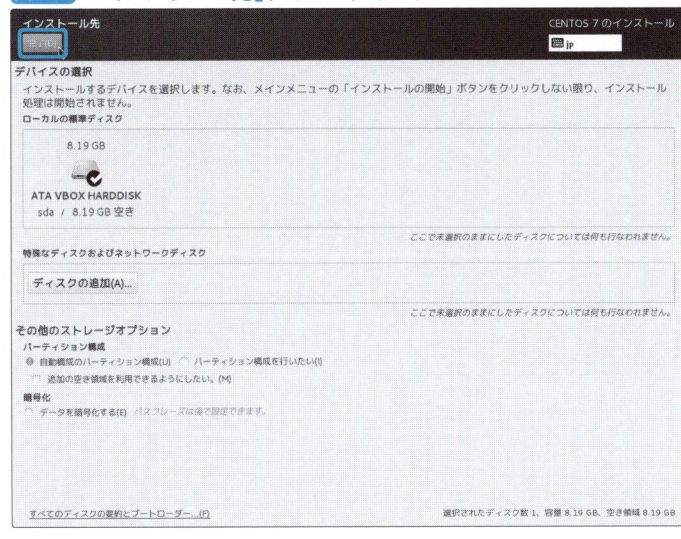

続いて、「ネットワークとホスト名（N）」も設定しておきましょう（**図1.16**）。

図1.16 「ネットワークとホスト名（N）」を選択

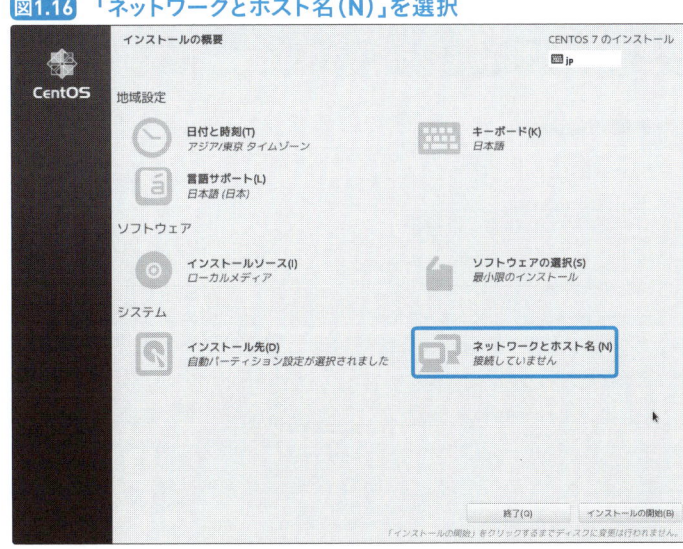

Ethernetが2つ認識され、両方ともオフになっています（**図1.17**）。

図1.17 認識されたEthernet

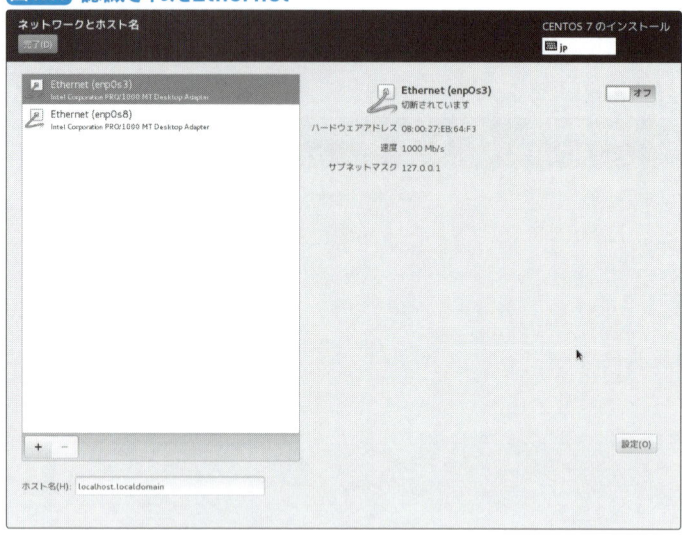

このEthernetを両方ともオンにします。それぞれのEthernetで「設定（O）」ボタンを押し、表示された「全般」タブの「この接続が利用可能になったときは自動的に接続する（A）」にチェックを付けて「保存（S）」ボタンを押してください（**図1.18**）。

図1.18 Ethernet設定の「全般」タブ

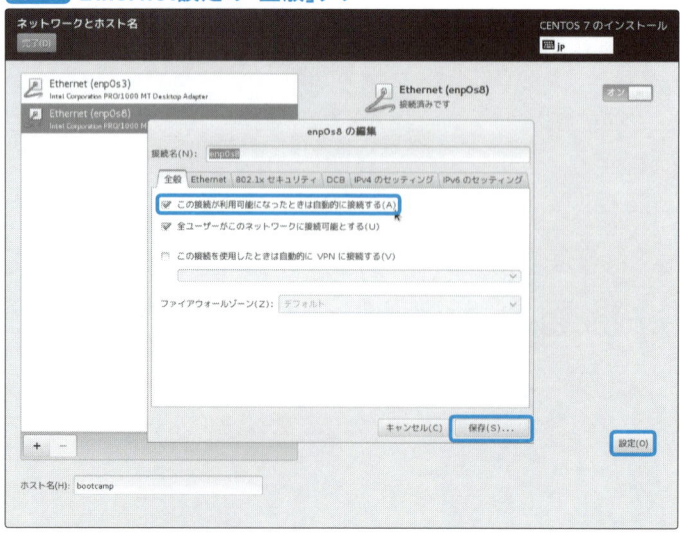

また左下のホスト名は、今回予定している「bootcamp」に変更しましょう（**図1.19**）。

図1.19 ホスト名を「bootcamp」に変更

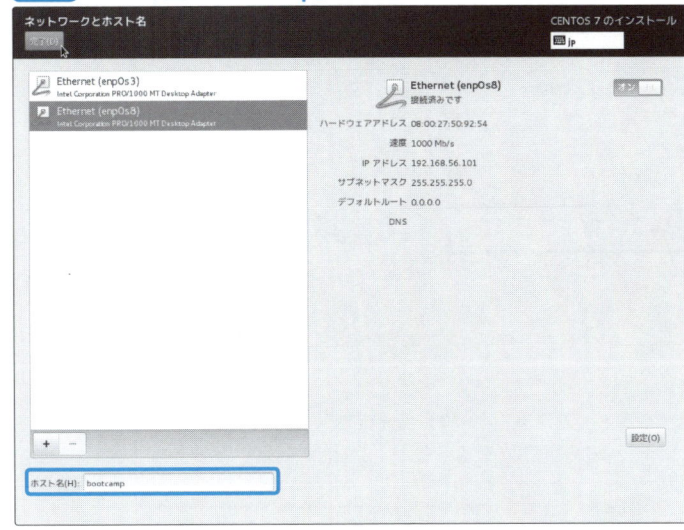

変更し終わったら、左上の「完了（D）」ボタンを押して元の画面に戻りましょう。

これでインストールの準備が完了しました。「インストールの開始（B）」ボタンを押してインストールを開始しましょう（**図1.20**）。

図1.20 インストールの開始

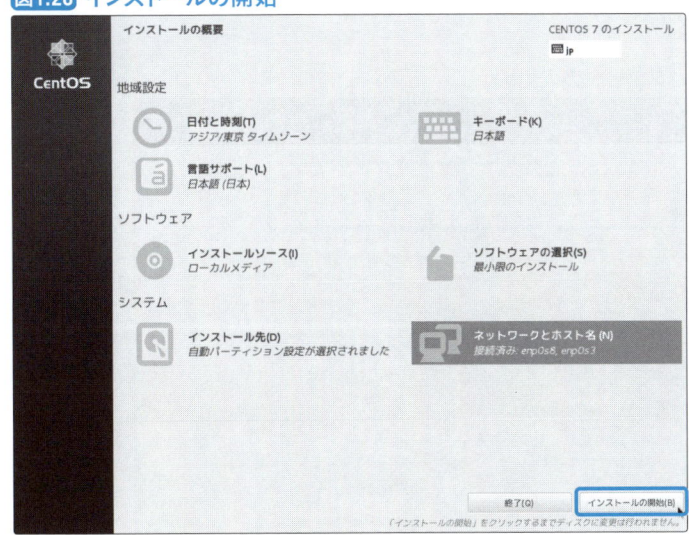

インストールしながら追加の設定をします。「rootパスワード（R）」を選択してrootパスワードを設定しましょう（**図1.21**）。

図1.21 rootパスワードの設定

「rootパスワード」と「確認」の欄には、表1.1のとおり「b00tc@mpb00tc@mp」と入力してください。入力したら、左上の「完了（D）」ボタンを押して元の画面に戻りましょう（**図1.22**）。

図1.22 rootパスワードの入力

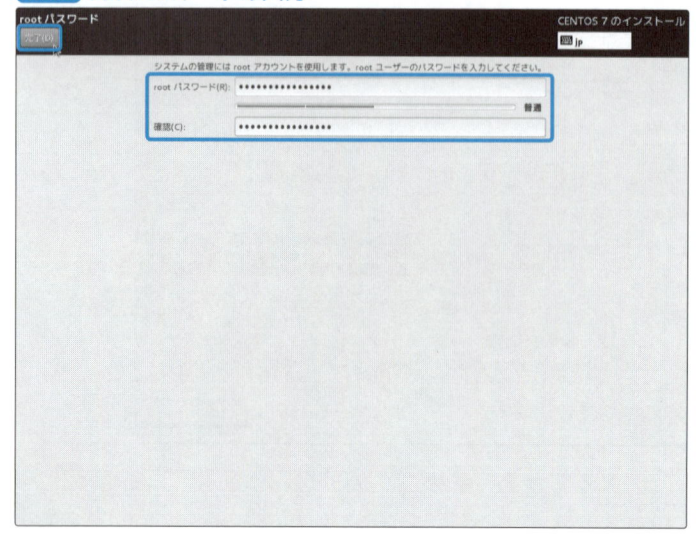

ここでしばらく待ちます。筆者の環境（MacBookAir、CPU Intel Core i7 1.7GHz、メモリ8GB、SSD 512GB）では5分程度かかりました（**図1.23**）。

図1.23 インストール中の画面

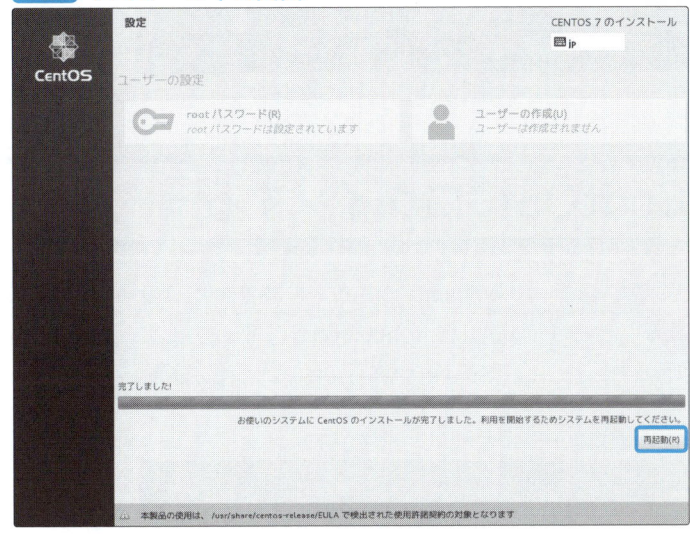

インストールが完了したら、「再起動（R）」ボタンを押してください。しばらく待つと、黒い起動画面が表示されます。下には進捗状況を示すバーがあります（**図1.24**）。長時間放置して画面が真っ黒になってしまった場合は、［Caps Lock］などを押してみましょう。画面が表示されるはずです。

図1.24 再起動中

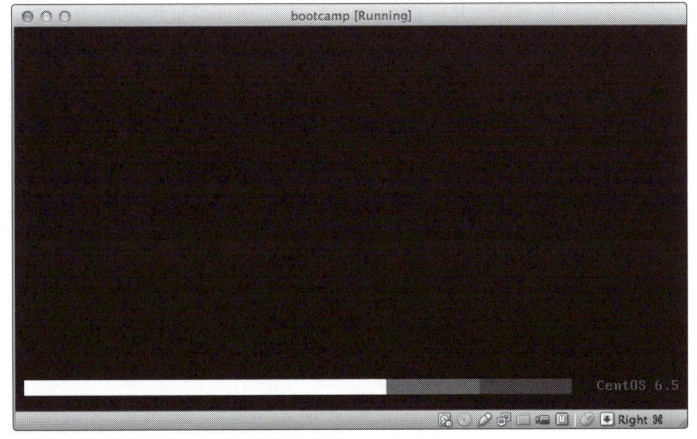

CentOSの起動が完了すると、ログイン画面になります（図1.25）。

図1.25 CentOSのログイン画面

```
CentOS Linux 7 (Core)
Kernel 3.10.0-123.el7.x86_64 on an x86_64

bootcamp login: _
```

1-3 CentOSにログインする

ログインしてみましょう。「bootcamp login:」にはユーザIDの「root」、「Password:」には設定したパスワード「b00tc@mpb00tc@mp」を入力して［Enter］を押します（図1.26）。入力時には［BackSpace］や［Delete］も使えます。

図1.26 ログイン画面でユーザIDとパスワードを入力

```
CentOS Linux 7 (Core)
Kernel 3.10.0-123.el7.x86_64 on an x86_64

bootcamp login: root
Password: _
```

パスワードは入力しても画面には表示されません。入力した文字が画面に表示されることを「エコーバック」と言い、エコーバックされたほうが入力を見て確認できるので楽ですが、パスワードが画面に表示されるとショルダーハックされる危険性があるため、そこだけエコーバックされないようになっています。

パスワードが一致しない場合は「Login incorrect」と表示されます。パスワードを何回入力してもログインできないときは、何が打ち込まれているか確認するために、ユーザ名を入力する箇所にパスワードを入力してみましょう。もしかすると、記号がきちんと入力できていないのかもしれません。インストール時にキーボードの選択を誤ると（たとえば、日本語キーボードを使っているのに、英語キーボードを選択してしまうなど）、そのような状況になることがあります。もし、そうなってしまったら、がんばって意図する記号が出力されるキーの組み合わせを探してください。ちなみに、キーボードが英語キーボードになっている場合は［Shift］+［2］を押すと「@」を入力できます。

ユーザ名を入力する箇所でパスワードを試したら、［Enter］キーを押さずに、[delete］キーを使ってパスワードを消しましょう。

無事にログインできると「[root@bootcamp ~]#」というログインプロンプトが表示されます（**図1.27**）。

図1.27 ログイン完了

```
CentOS Linux 7 (Core)
Kernel 3.10.0-123.el7.x86_64 on an x86_64

bootcamp login: root
Password:
[root@bootcamp ~]# _
```

Column ログインプロンプトの意味

ログインプロンプトに何が表示されているかを確認することは、操作ミスを防ぐうえで非常に重要です。一般的に「#」はrootユーザでの操作を、「$」は一般ユーザでの操作を表します。以降、コマンドの実行例を読むときは、コマンドプロンプトが「#」と「$」のどちらになっているかを意識するようにしてください。

このような「#」と「$」の違いや、大文字小文字の違い、「:」（コロン）と「;」（セミコロン）の違い、半角スペースと全角スペースの違い、半角スペースとタブの違い、「-」（ハイフン）や半角スペース、「.」（ピリオド）の有無に気づくことができる洞察力・観察力を身につけることは、コンピュータを扱う技術者にとって非常に重要です。

なお、ログインプロンプトは「PS1」環境変数でカスタマイズできます。あとから操作を確認するために、時刻を表示するのもよいアイデアです。具体的な設定方法については、次の**2時間目**で説明します。

無事ログインできたら、サーバを終了しましょう。「shutdown -h now」と入力し、［Enter］を押します（**図1.28**）。

図1.28 サーバを終了

```
CentOS Linux 7 (Core)
Kernel 3.10.0-123.el7.x86_64 on an x86_64

bootcamp login: root
Password:
[root@bootcamp ~]# shutdown -h now_
```

1-4 ハードウェア構成の基礎知識

サーバと言っても、よく使われるPCサーバは一般的なPCと基本的な構成は変わりません。入力装置・出力装置を備え、それらをつないで構成されます。

外見は一般的なPCと変わらないサーバもあれば、専用の設置機器と組み合わせて利用するサーバもあります。

具体的な構成は**図1.29**のとおりです。構成するパーツはPCと大差ありません。

図1.29 サーバの構成図

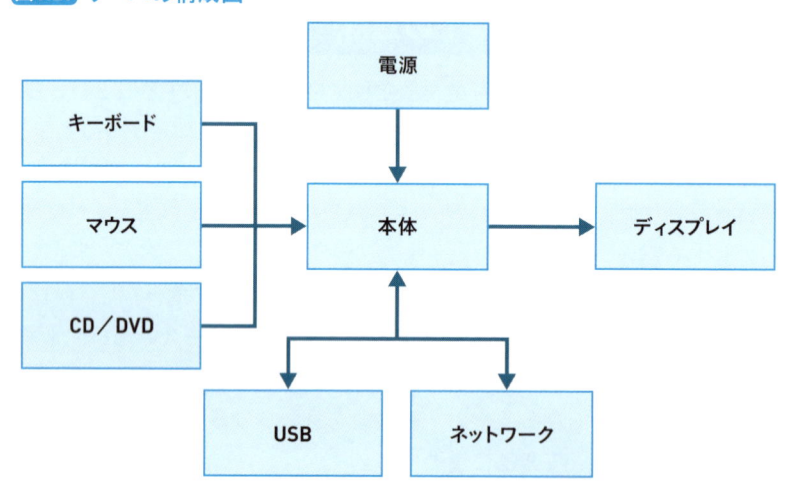

サーバ自体の内部構成も一般的なPCとほとんど同じです。どちらもマザーボード上にCPUやメモリがあり、HDDなどのディスクドライブ、ネットワークインターフェースなどが備えられています。ソフトウェアも同じものを使えるので、CentOSも同じバージョンが動作します。

ここまでの説明からすると「サーバはPCと同じではないか」と思われるでしょうし、実際に一般用PCをサーバとして利用している会社もあるのですが、CPUやメモリなどの個々の部品についてはサーバ専用のものがあるので、その違いによる性能の差が出てくることがあります。

たとえば、CPUであればXeon系列、メモリであればECC（Error Check and Correct Memory）付き・レジスタありなど、一般用PCとは処理速度・信頼性などのレベルが異なる製品ラインナップがあり、高い性能を要求されるサーバではそうした部品を利用することがよくあります。

> **Column いろいろなサーバ**
>
> 2009年〜2010年頃に、市販のパーツを組み合わせてサーバを作る「自作サーバ」のムーブメントが巻き起こりました。パーツをフルカスタマイズできることから一大ムーブメントとなりましたが、サーバ自体の高性能化・高集積化と仮想化技術の発達、それらを利用したIaaSサービスの台頭により一気に廃れました。
>
> 一般にサーバは業務用パーツで構成されていますが、そのほかにも工場用パーツで作られた工場用のサーバなどもあります。
>
> 用途や利用シーンに応じて最適な選択ができるようになりましょう。

1-5 ソフトウェア構成の基礎知識

OSやアプリケーションプログラムなどのソフトウェアは図のように階層構造になっています（図1.30）。

図1.30 ソフトウェアの階層構造

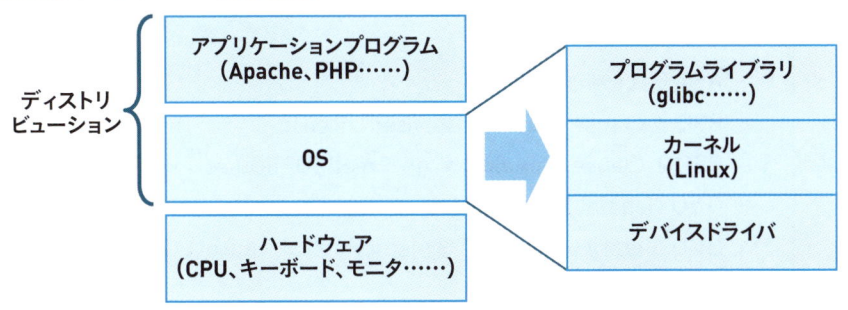

```
                  ┌─ アプリケーションプログラム      プログラムライブラリ
                  │   （Apache、PHP……）            （glibc……）
ディストリ        │
ビューション  ┤   OS                          →   カーネル
                  │                                  （Linux）
                  │   ハードウェア                   デバイスドライバ
                  └─ （CPU、キーボード、モニタ……）
```

人間がキーボードなどのハードウェアを操作すると、その信号をOSが受け取り、OSはそれをアプリケーションプログラムに伝達します。アプリケーションプログラムは受け取ったデータを基に処理を実行し、それをOSに伝達し、OSはそれをハードウェア（キーボードやディスプレイなど）に伝達します。こうした流れで人間はサーバを利用することができます。

一般に、ハードウェアに近い階層を「低レイヤー」（low layer）、遠い階層を「高レイヤー」（high layer）と呼びます。

CentOS、Debian、Ubuntu などのディストリビューションは、おおまかに OS とアプリケーションプログラムのセットを指します。

OS はさらに階層が分かれています。ハードウェアに近い低レイヤーから順に、デバイスドライバ、カーネル、プログラムライブラリとなっています。

レイヤー間は、標準化された方法＝「インターフェース」と、標準化された手順＝「プロトコル」でやりとりできるようになっています。さまざまなレイヤー間やプログラム間、システム間の接続インターフェースを総称して、「API」（Application Programming Interface）と呼びます。

レイヤーが分かれていること、それぞれのレイヤー間の接続用に API が規定されていることは、ソフトウェアひいてはシステムを開発するうえで非常に重要なことなのです。レイヤーが分かれ、API が規定されていることによって、レイヤーごとに最適な実装に変更できるようになります。

Column　OSSとライセンス

CentOS は OSS（Open Source Software）なので、無償で利用できます。

OSS は FLOSS（Free/Libre and Open Source Software）と呼ばれることもあり、その多くは OSI（Open Source Initiative）により認証を受けた以下のライセンスを採用しています。

- Apache License 2.0
- BSD 3-Clause "New" or "Revised" license
- BSD 2-Clause "Simplified" or "FreeBSD" license
- GNU General Public License（GPL）
- GNU Library or "Lesser" General Public License（LGPL）
- MIT license
- Mozilla Public License 2.0
- Common Development and Distribution License
- Eclipse Public License

上記のライセンスには、特定用途・人物への差別の禁止や自由な再頒布などの特徴があります。無償というだけではなく、そうした特徴が今日の IT の発展を支えているのです。

1-6 ファイルとディレクトリの基礎知識

　CentOSでは、Windowsで言うところのフォルダを「ディレクトリ」と呼びます。呼び方は違いますが、役割はフォルダと同じです。ディレクトリにはファイルまたはディレクトリを複数格納できます。

　気をつけなければいけないのは、CentOSではファイル名やディレクトリ名においてアルファベットの大文字と小文字を区別することです（「case sensitive」と呼びます）。全角と半角も区別します。

　そのため、「CentOS」「centos」と「ＣｅｎｔＯＳ」はそれぞれ別のファイル（またはディレクトリ）となり、同時に並べて配置できます。

```
# ls
CentOS  centos  ＣｅｎｔＯＳ
```

　ただし、同じ名前のファイルとディレクトリは、同じディレクトリには配置できません。

1-7 ファイルの基本構造

　CentOSではファイルやディレクトリをツリー（木構造）で管理しています。
　「/」を木の根本のディレクトリという意味で「ルートディレクトリ」と呼びます。植物の根が地面から地下に伸びていく様子をイメージするとわかりやすいでしょう。「/」が最上位のディレクトリで、そこからどんどん下に掘っていくかたちになるので、ディレクトリを作成することを俗に「ディレクトリを掘る」と言います。
　ルートディレクトリの下には、役割ごとにディレクトリが分かれています。次のディレクトリ構成（一部）の例では「bin」「boot」「cgroup」などが並んでいます（図1.31）。

1時間目 CentOSインストールの実習

図1.31 CentOSのディレクトリの構成

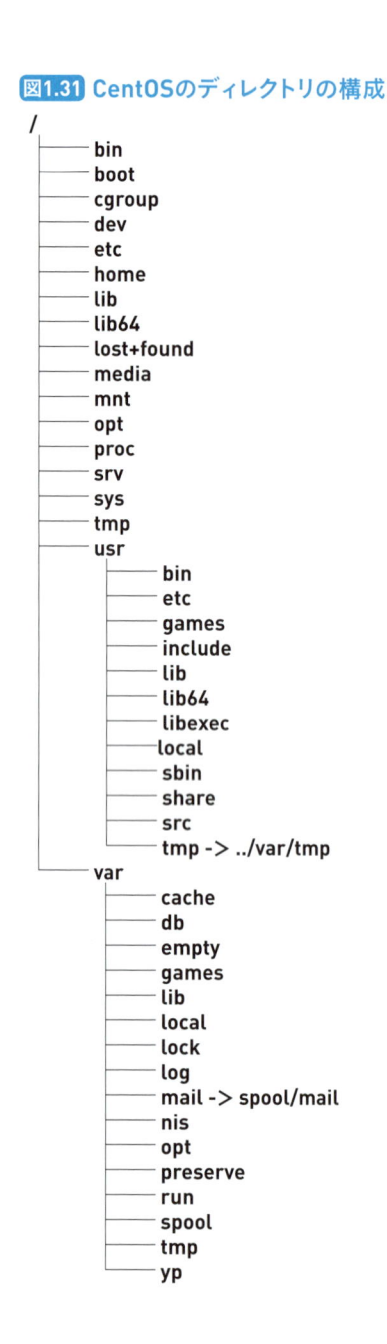

```
/
├── bin
├── boot
├── cgroup
├── dev
├── etc
├── home
├── lib
├── lib64
├── lost+found
├── media
├── mnt
├── opt
├── proc
├── srv
├── sys
├── tmp
├── usr
│   ├── bin
│   ├── etc
│   ├── games
│   ├── include
│   ├── lib
│   ├── lib64
│   ├── libexec
│   ├── local
│   ├── sbin
│   ├── share
│   ├── src
│   └── tmp -> ../var/tmp
└── var
    ├── cache
    ├── db
    ├── empty
    ├── games
    ├── lib
    ├── local
    ├── lock
    ├── log
    ├── mail -> spool/mail
    ├── nis
    ├── opt
    ├── preserve
    ├── run
    ├── spool
    ├── tmp
    └── yp
```

　上記のディレクトリ名と配置と用途はLinux Foundationが策定したFilesystem Hierarchy Standard（FHS）にほぼ則っています。

- Linux Foundation（https://wiki.linuxfoundation.org/）
- Filesystem Hierarchy Standard（http://www.linuxfoundation.org/collaborate/workgroups/lsb/fhs）

たとえば、下記のディレクトリ名の略語と用途はFHSで規定されています。

- /etc……サーバ用のシステム設定を格納する
- /opt……追加のソフトウェアを格納する
- /var……ログなどのいろいろなデータを格納する

> **Column　Linux関連の団体**
>
> 　Linuxは有志により開発が進められていますが、その普及などを目的としたさまざまな団体があります。
> 　有名なところでは、Linuxの普及を目指したThe Linux Foundationや、前述したOSI（Open Source Initiative）、FSF（Free Software Foundation）などです。
> 　Linux周辺の情報を集めているとよく目にする名前なので、覚えておいてください。

1-8 ディスクの物理構成

　ディスクのしくみを理解しておきましょう。
　まずは物理的な構成を確認します。メインボードに直接ディスクを接続する場合は、図1.32のような構成になります。

図1.32 ディスクの物理構成

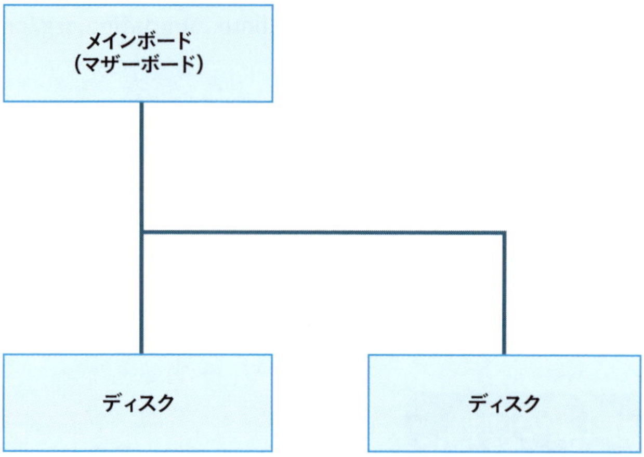

```
        メインボード
       （マザーボード）
         ┌────┴────┐
       ディスク    ディスク
```

　ディスクにはHDD（Hard Disk Drive）、SSD（Solid State Drive）などの種類があります。これまではサーバに使うディスクはほとんどHDDでしたが、ここ数年はSSDを利用することが増えています。

　ディスクの物理的な大きさで代表的なものは3.5インチ、2.5インチ、1.8インチです。今まではサーバ用途で利用するディスクは基本的に3.5インチでしたが、最近は2.5インチもよく利用します。1.8インチはノートPC内蔵用など、省スペースを目的とする場合に利用されます。

　メインボードとディスクの接続規格でよく使うのはSAS（Serial Attached SCSI）とSATA（Serial ATA）の2種類です。主にSASはサーバ用、SATAは一般のPC用です。SASのディスクは高い信頼性を追求するため、1台あたり73GB、146GB、300GBなど容量が比較的小さく、SATAのディスクは1台あたり80GB、500GB、1TB、2TB、3TBなど、比較的容量が大きいのが特徴です。SATAは、SASに比べると信頼性が低いものの、安価で大容量なので、一般のPCでよく利用されます。サーバ用途でも大容量で信頼性はそれほど高くなくてもよい場合（バックアップデータ保管用のファイルサーバなど）に利用されることがあります。

　HDDの場合は、容量・物理的な大きさのほかに、ディスク回転数も選定ポイントです。回転数の単位はrpm（revolutions per minute）で、4,000rpm、7,500rpm、10,000rpm（10krpm）、15,000rpm（15krpm）のものが代表的です。

　ディスクの回転数が高いと、データ転送スピードが速くなるため、データの読み書きが多いサーバには高回転数のディスクが適しています。ただし、回転数が高いとプ

ラッタのサイズを小さくする必要があり、容量の割に高価になるため、以前は2.5インチディスクの場合は高回転数のディスクが敬遠されてきました。しかし、ここ数年は技術の進歩により高回転数の2.5インチディスクの大容量化と普及が進み、多く利用されるようになっています。

　SSDの場合は、書き換え可能回数も選定ポイントです。SSDはそのしくみ上、書き換え可能回数の上限が設定されています。書き換え可能回数の上限に達しないように、ディスクの寿命を管理する必要があります。

1-8-1　RAIDによる構成

　次に、RAIDカードを使う場合は図1.33の構成になります。

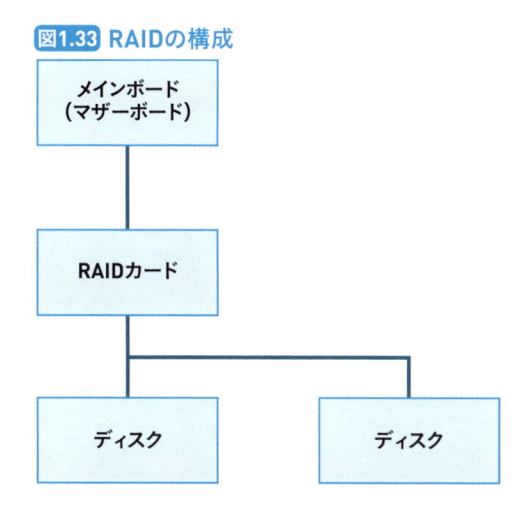

図1.33 RAIDの構成

　RAIDは「Redundant Arrays of Inexpensive(Independent) Disks」の略で、「レイド」と読みます。その名のとおり、安いディスクを組み合わせて冗長性のあるシステムを構成する技術です。RAIDカードは、その役割を指して「Disk Array Controller」と呼ぶこともあります（RAIDの詳細は次項で説明します）。

　RAIDカードの主な役割は以下のとおりです。

・RAID構成を管理する

　RAID構成を管理します。どのディスクを利用してどの種類のRAIDを構成するか、OSに対してどのディスクのどの領域をディスクとして見せるかなどを管理します（RAIDの種類については次項で説明します）。また、データ読み書きの際のRAID構成ごとの

データ分散の計算などを行います。

- **物理構成をOSから隠蔽する**
  RAIDカードが複数のディスクを束ねて1つのディスクに見せることで、OSでの操作がシンプルになりトラブル減少が期待できます。
- **ディスクアクセスを高速化する**
  RAIDカード内蔵のキャッシュメモリへの書き込みを完了したタイミングでOSに対して書き込み完了と応答することで、OSから見たディスクアクセスを高速化します（このメモリ書き込みのみで応答する動作をWriteBackと呼びます[注1]）。

WriteBackモードのときは、OSはデータをディスクに書き込んだつもりでも、実際はデータを（RAIDカードの）キャッシュメモリに書き込んでいるので、キャッシュメモリの容量範囲内であれば、非常に高速に処理できます。最近は512MB～1GB程度のキャッシュメモリを搭載したサーバが主流です。

Column　ディスクは消耗品？

　サーバではHDDとファン（CPUファン、本体ファン、電源ユニット内蔵ファン）は消耗品です。これらはいずれも回転部があり、摩耗により劣化するからです。筆者の経験では、それなりにアクセスがあるサーバの場合は設置後2年を過ぎると壊れやすくなるように感じます。また、理由はわからないのですが、筆者の周辺では毎年1月後半～2月前半にディスクが壊れることが多いです。

サーバでRAIDを利用するためには次の方法があります。

- RAIDカードを利用する
- ソフトウェアで実現する
- 擬似RAIDカードとソフトウェアを利用する

注1）多くの場合、不意の電源断でRAIDカード内蔵キャッシュメモリに格納されたデータが消失しないように、バッテリ（BBU：Battery Backup Unit）を内蔵しています。このBBUは充電式で、定期的に放充電を繰り返します。データ保護の観点からバッテリ放電時はWriteBackモードをオフにするため、バッテリ充電中に不意にディスクアクセス速度が低下してトラブルになることがあるので注意してください。なお、バッテリを利用せず不揮発メモリを利用する方式のRAIDカードもあります。

RAIDを利用する場合は、OSがディスクにアクセスするたびに何らかの計算処理が必要になります。また、RAID構成（どの物理ディスクでどの種類のRAIDを構成するか）などの管理も必要になります。

RAIDカードを利用する場合、これらの処理はRAIDカード上のファームウェアが実施します。そのため、OS側でRAID用のソフトウェアを用意する必要はありません。

一方、ソフトウェアで実現する場合は、これらの処理をすべてOS上のソフトウェアで実施します。擬似RAIDカード＋専用ソフトウェアのパターンもあり、これは「fake raid」（フェイクレイド）と呼ばれます。

1-8-2　RAIDの種類

RAIDにはさまざまな種類がありますが、一般的に使われるのは**表1.2**の4種類です。重要なので必ず覚えてください。

表1.2 RAIDの種類

種類	内容	1台故障	2台故障	最低必要ドライブ数	利用可能容量
RAID 0	ストライピング	NG	NG	2台	ディスク台数分（全2台なら2台分）
RAID 1	ミラーリング	OK	NG	2台	ディスク1台分（全2台でも全3台でも1台分）
RAID 5	パリティ分散記録	OK	NG	3台	「ディスク台数-1」台分（全3台なら2台分）
RAID 6	複数パリティ分散記録	OK	OK	4台	「ディスク台数-2」台分（全4台なら2台分）

RAID 0はストライピングです。2台以上のディスクをまとめて1台の大きなディスクとして扱えるようになります。

1台でも故障するとすべてのデータが失われるため、RAIDの名に反して冗長性は下がります。ただし、ディスクアクセス速度の高速化と大容量化を実現できます。ディスクがHDDの場合はほとんど使いませんが、最近はディスクがSSDの場合に利用することがあります。

RAID 1はミラーリングです。ミラーに参加するディスクすべてに同じ内容を書き込みます。すべてのディスクに同じデータがあるので、冗長性は高くなります。

冗長化によって使えるディスク容量が総容量の半分以下になってしまうのがもったいないですが、シンプルでわかりやすく、耐障害性も高いのでよく使われます。

RAID 5はパリティ分散記録です。ディスク台数－1台分の容量を利用することができ、ディスクが1台故障しても耐えられる冗長性を持ちます。パリティ計算がボトルネックになりやすいため、利用する場合はキャッシュ内蔵のRAIDカードを使うことがほとんどです。

　RAID 6は複数パリティ分散記録です。ディスク台数－2台分の容量を利用することができ、ディスクが2台まで故障しても耐えられる冗長性を持ちます。RAID 5同様にパリティ計算がボトルネックになりやすいため、利用する場合はキャッシュ内蔵のRAIDカードを使うことがほとんどです。

　以上のRAID方式を組み合わせる方法もあります。よくあるのはRAID 10（ミラーリングしてあるものをストライピングで使う）です。冗長性と速度が両立できるよい方法です。逆のRAID 01（ストライピングしてあるものをミラーリングで使う）もありますが、ほとんど使いません。

　なお、ほとんどのRAIDカードは、ディスク5台のサーバの場合、最初の3台でRAID 5、残りの2台でRAID 1というように、1台のサーバで複数のRAID構成を同時に利用することができます。

1-9 ディスク故障時の対応

　RAIDを構成するディスクが故障した場合、故障したディスクはディスクアレイから切り離されます（RAID 0の場合は、すべてのディスクアレイが利用できなくなります）。ディスクアレイのディスクがすべて揃っていない状況を「Degraded」（縮退中）と呼びます。

　DegradedになっているときにRAID 1またはRAID 5ならあと1台、RAID 6ならあと2台ディスクが壊れるとすべてのデータが失われるため、速やかに故障したディスクを交換し、RAIDを再構築（Rebuild）する必要があります。RAIDの再構築中は、データのコピーやパリティの再計算を実行するために一時的に負荷が上昇しますが、ほとんどのRAIDカードは負荷上昇をどの程度にするか設定できます。

　サーバの中には稼働したままディスクを交換できるものがあります。この機能を「ホットスワップ」と呼びます。サーバを停止せずディスクの交換ができるのは大きなメリットです。

　また、ディスクの手配や交換作業の時間が惜しい場合、あらかじめディスクを1台余計に接続しておいて、Degradedになったらそれに切り替えてRAIDを再構築する「ホットスペア」という機能を使うこともあります。ディスク4台程度の場合はあまり

使いませんが、ディスク10台で構成するサーバで4台ずつ使ってRAID 5とRAID 10を作り、残り2本はホットスペアという使い方をすることがあります。

ディスクの大容量化に伴って、再構築にかかる時間も長時間化しています。再構築中に別のディスクが壊れることもまれにあるので、再構築が迅速に成功することを前提にした構成や運用はしないほうが賢明です。

1-10 ディスクの論理構成

最後に論理的な構成を確認します。

図1.34は物理ディスク2台・RAIDなしのサーバに、今回と同様の論理ディスク構成を構築した場合の例です。

図1.34 ディスクの論理構成

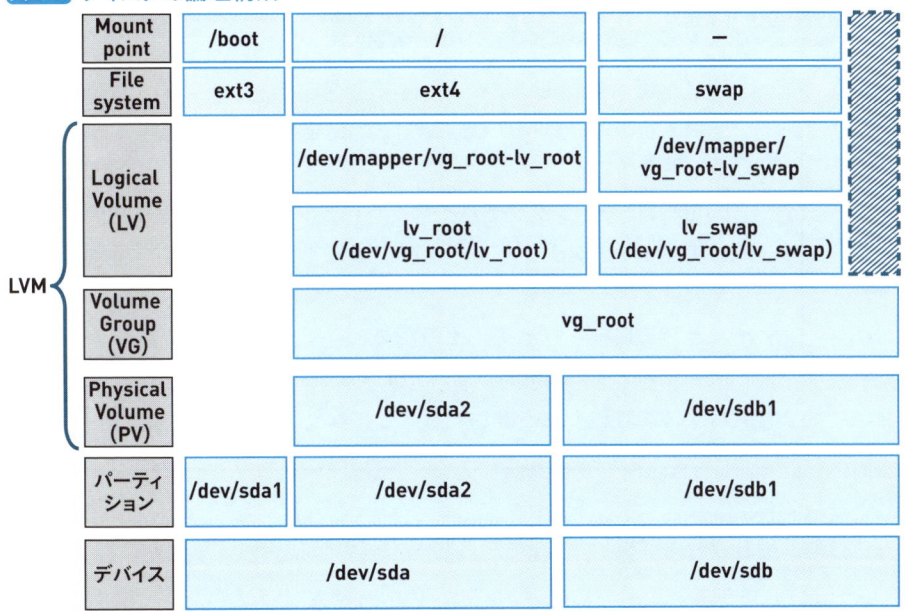

Mount point	/boot	/	—	
File system	ext3	ext4	swap	
LVM / Logical Volume (LV)		/dev/mapper/vg_root-lv_root	/dev/mapper/vg_root-lv_swap	
		lv_root (/dev/vg_root/lv_root)	lv_swap (/dev/vg_root/lv_swap)	
Volume Group (VG)		vg_root		
Physical Volume (PV)		/dev/sda2	/dev/sdb1	
パーティション	/dev/sda1	/dev/sda2	/dev/sdb1	
デバイス		/dev/sda	/dev/sdb	

上に行くほどOSに近くなり、下に行くほど物理デバイスに近くなります。

OSからは「/boot」と「/」の2つのパーティションと、スワップ用の領域が認識できます。OSはディスクをディレクトリツリーのどこかにマウントすることで、ディスクのデータを読み書きできるようになります。

OSはディスクをマウントするときに、ディスクをどのように使うかを指定できま

す。これはすなわち、どのファイルシステムを使うかを指定するということです。代表的なファイルシステムはext3、ext4、XFSです。これらはそれぞれ特性があり、1ディレクトリの最大ファイル数や1パーティションの最大容量などが異なります。また、いずれのファイルシステムも、データ保護のためのジャーナリング機能を備えています。サーバが不意に（電源ケーブルが抜けたなどのアクシデントにより）シャットダウンした場合も、このジャーナリング機能を活用してデータ復旧を行うことで、データの整合性をある程度回避できる可能性があります。

ファイルシステムの下のレイヤーにはLVM（Logical Volume Manager）を利用することができます（利用しないこともできます）。

LVMを利用することで、性能面のオーバーヘッドはありますが、LV（Logical Volume）のサイズ変更やディスクスナップショット取得などが可能になるメリットがあります。

Column：Linuxにおけるデバイス

LVMを使っても使わなくても同じようにファイルシステムを作成してマウントできるのは、LVMがOSに対してLVをブロックデバイスとして提供しているからです。

Linuxにはキャラクタデバイスとブロックデバイスの2種類のデバイスがあります。キャラクタデバイスは文字単位で、ブロックデバイスはデータブロック単位でデータを扱います。どちらのデバイスも、ユーザに対してはファイルとして提供されます。そのため、ファイル操作＝デバイス操作ということになるのです。Linuxではファイルに対して読み書きすることがすなわちデバイスに対して読み書きすることになります。

1時間目の実践はこれでおしまいです。お疲れさまでした！

確認テスト

Q1 なぜ実習環境は仮想環境と呼ばれるのかを説明してください。

Q2 なぜ実習環境に仮想環境が適しているのかを説明してください。

Q3 なぜパスワードにはランダムな長い文字列を使うべきなのかを説明してください。

Q4 300GBのHDD6台で構成しているサーバで、ホットスペアなしでHDDが同時に2台壊れても大丈夫なRAID構成を2つ考えてください。また、それぞれ利用可能なHDDの容量を計算してください。

2時間目 黒い画面に慣れる

2時間目では、CentOSにログインして基本的な操作ができるようになりましょう。1時間目の黒い画面（コンソール）でプログラムを実行し、サーバを操作することを「コマンドを実行する」と言います。コマンド＝サーバに対する命令という意味です。コマンドを活用することによって、手動で4時間かかっていた仕事が30秒で完了するようになった実例もあります。そのとき効率化にかかった時間は、エンジニアがコマンドの組み合わせを3分間ほど調整しただけでした。

今回のゴール

- 黒い画面（コンソール）に抵抗なくログインできるようになること
- コマンドの使い方を調べられるようになること
- シェルの便利な機能を使えるようになること
- SSHでログインできるようになること

2-1 黒い画面で操作する

2時間目からは文字だけの黒い画面で大半の操作を行います。この画面を「コンソール」または「ターミナル」と呼びます。厳密には、どちらの単語にも個別の意味があるのですが、エンジニアには同じ意味として通じます。

コンソールには黒地に白文字、黒地に緑文字、白地に黒文字など、利用するソフトウェアによっていろいろなパターンがありますが、いずれの場合も文字だけが表示されます。

この画面で入出力を実現しているプログラムを「シェル」と呼びます。シェルの実装にはcsh（シーシェル）、bash（バッシュ）、ksh（ケーシェル）、dash（ダッシュ）、zsh（ゼットシェル）などの種類があります。CentOSのデフォルトはbashです。こちらも覚えておきましょう。

画面は基本的にキーボードのみで操作します。特別なプログラムを起動することでマウスが利用できますが、あらかじめそうしたプログラムが起動していることはほとんどありません。

2-1-1　キーボードショートカットを覚える

操作ではキーボードショートカット（以降、単に「ショートカット」と言います）を覚えておくと便利です。これから、さまざまなショートカットが出てきますが、最初に［↑］（上矢印）を覚えましょう。このショートカットは、1つ前に実行したコマンドを呼び出します（「ヒストリバック」と言います）。［Ctrl］＋［p］を押しても同じことができます。

コマンドの実行が完了すると、次のコマンドの入力待ち状態になります（**図2.1**）。

図2.1 コマンドの入力待ち状態

```
[root@bootcamp ~]# ip addr show enp0s3
2: enp0s3: <BROADCAST,MULTICAST,UP,LOWER_UP> mtu 1500 qdisc pfifo_fast state UP
qlen 1000
    link/ether 08:00:27:eb:64:f3 brd ff:ff:ff:ff:ff:ff
    inet 10.0.2.15/24 brd 10.0.2.255 scope global dynamic enp0s3
       valid_lft 85972sec preferred_lft 85972sec
    inet6 fe80::a00:27ff:feeb:64f3/64 scope link
       valid_lft forever preferred_lft forever
[root@bootcamp ~]# _
```

このとき［↑］または［Ctrl］＋［p］を押すと、直前のコマンドを呼び出せます。ここでは「ip addr show eth0」が表示されました（**図2.2**）。

図2.2 コマンドの呼び出し

```
[root@bootcamp ~]# ip addr show enp0s3
2: enp0s3: <BROADCAST,MULTICAST,UP,LOWER_UP> mtu 1500 qdisc pfifo_fast state UP
qlen 1000
    link/ether 08:00:27:eb:64:f3 brd ff:ff:ff:ff:ff:ff
    inet 10.0.2.15/24 brd 10.0.2.255 scope global dynamic enp0s3
       valid_lft 85972sec preferred_lft 85972sec
    inet6 fe80::a00:27ff:feeb:64f3/64 scope link
       valid_lft forever preferred_lft forever
[root@bootcamp ~]# ip addr show enp0s3
```

これからシェル上で操作をしていくと、必ず何度も同じコマンドを実行する、なにがしかうまくいかない、ということがあります。そのたびに同じコマンドを入力し直したり、タイプミスの可能性がある単純作業を繰り返したりすることは、エンジニアとしてナンセンスです。直前のコマンドを再度実行するときや、少し修正して実行するときは、必ずヒストリバックを使うようにしてください。

2-2 コマンド実行の基礎知識

コマンド実行の大原則を把握しましょう。

まず、コマンドの入力ですが、文字列を次のように半角スペースで区切って指定します。1番目がコマンド名、2番目以降は引数（ひきすう）と呼びます。

> **書式** コマンドの書式
>
> <コマンド名> <引数1> <引数2> <引数3>……

引数はコマンドに渡され、コマンドの動作を制御します。たとえば、現在の日時を表示するdateコマンドの場合、「date --utc」のように引数に--utcを指定すると、現在の日時をUTC（協定世界時）で表示します（図2.3）。

図2.3 現在の日時の表示

```
[root@bootcamp ~]# date
Tue Oct 14 11:37:06 JST 2014
[root@bootcamp ~]# date --utc
Tue Oct 14 02:37:11 UTC 2014
[root@bootcamp ~]# _
```

Column 引数の指定あれこれ

引数として半角スペース（または半角スペースを含む文字列）を設定したい場合、引数を「"」（ダブルクォーテーション）または「'」（シングルクォーテーション）で囲みます。

引数として「"」や「'」や改行（または改行を含む文字列）を設定したい場合、それぞれの記号の前に「\」（バックスラッシュ）を入れることで「"」や「'」による囲みを無効化できます。この無効化のことを「エスケープ」と言います。

引数は、慣例[注1]として「-」（ハイフン1つ）と1文字の組み合わせか、「--」（ハイフ

注1) 「-」はPOSIXという国際規格、「--」はGNUによる拡張の「getopt_long」の仕様です。
Utility Conventions (http://pubs.opengroup.org/onlinepubs/9699919799/basedefs/V1_chap12.html)
GNU Coding Standards: Command-Line Interfaces (https://www.gnu.org/prep/standards/html_node/Command_002dLine-Interfaces.html)

ン2つ）と英単語の組み合わせとなっていることが多いです。こうした引数をとくに「オプション」と呼びます。

おそらく一番よく使うオプションは--help（または-h）だと思います。コマンドの多くは--helpの引数を渡すとUsage（使い方）が表示されます。便利なので、覚えて使うようにしてください。本書では、細かい使い方は--helpを使って確認していただくこととし、よくある使い方について解説するようにしています。

Usageでの記号の意味は**表2.1**のようになっています。

表2.1 Usageでの記号の意味

記号	意味	例	例の意味
文字列	ユーザが指定	command SOURCE DEST	SOURCEとDESTを指定
[～]	省略可能	command [-a]	-aを省略可能
...	繰り返し	command OPTION...	OPTIONを複数指定可能
オプションを連続指定	どれか	command -abc	-a、-b、-cを任意に連続指定
|	OR（または）	command -a|-b|-c	-a、-b、-cのいずれかを指定

複数のオプションを指定する場合、どのような順番でもかまわないものがほとんどですが、まれにオプションの記述の順序によって動作が変わるコマンドがあるので注意してください。

> **Column　コマンドの種類**
>
> 「コマンドを実行する」と言う場合のコマンドには、厳密には2種類あります。
>
> ・シェル自体に組み込まれているもの（「組み込みコマンド」と呼ばれます）
> ・プログラムを呼び出しているもの
>
> 　これらを区別せずに単に「コマンド」と呼んでいるのですが、コマンドがどちらの種類にあたるのかは、最初はあまり意識する必要はありません。とりあえず違いがあるということだけ覚えておいてください。

各コマンドは処理を実行すると終了しますが、その際に正常終了か異常終了かをシ

ェルに「終了コード」（exit status）を送って報告しています。

終了コードは数値で報告されます。数値の意味は**表2.2**のようになっています。

表2.2 終了コードの意味

終了コード	意味
0	正常終了
0以外の整数値	異常終了

2-2-1　コマンドとのデータのやりとり

各コマンドとのデータのやりとりのために、シェルが3つの方法（ストリーム）を標準的に定義しています。それが「標準入力」（Standard Input：STDIN）、「標準出力」（Standard Output：STDOUT）、「標準エラー出力」（Standard Error output：STDERR）の3つです。この標準入力・標準出力・標準エラー出力と、後述のパイプやリダイレクトを組み合わせることで、ちょっとした処理が簡単に実現できるようになります。

2-2-2　パイプとリダイレクト

Linuxでは、コマンドをいくつも数珠つなぎにしてデータを加工します。ファイルの内容を標準入力へ流し込んだり、標準出力や標準エラー出力の内容を別のコマンドの標準入力に流し込んだりできます。これらの操作にパイプ（|）とリダイレクト（>や<）を利用します。パイプは何段も連結できるので、1行でいくつものコマンドを組み合わせることも可能です。

コマンド実行時に1は標準出力、2は標準エラー出力を示すことになっているので、それを利用してデータを操作します。

表2.3 パイプとリダイレクトの書式と意味

書式	意味
コマンド1 < ファイル1	ファイル1の内容をコマンド1の標準入力に流しこむ
コマンド1 > ファイル1	コマンド1の標準出力をファイル1に流しこむ（上書き保存）
コマンド1 >> ファイル1	コマンド1の標準出力をファイル1に流しこむ（追記）

書式	意味
コマンド1 ｜ コマンド2	コマンド1の標準出力をコマンド2の標準入力に流しこむ
コマンド1 1>ファイル1 2>ファイル2	コマンド1の標準出力をファイル1に、標準エラー出力をファイル2に流しこむ
コマンド1 1>ファイル1 2>&1	コマンド1の標準出力をファイル1に、標準エラー出力もファイル1に流しこむ

2-3 基本コマンド

基本的なコマンドを厳選して紹介します。ここで紹介するコマンドはすべてサーバ管理をしていると非常によく使うものです。

2-3-1 echo

テキストを表示します。使い道がなさそうなのですが、パイプやリダイレクトと組み合わせて使います。

2-3-2 id

ユーザ、グループを表示します。

```
# id -a
uid=0(root) gid=0(root) groups=0(root)
```

2-3-3 uname

システム情報を表示します。--all、--kernel-release、-nオプションをよく使います。

```
# uname --all
Linux bootcamp 3.10.0-123.el7.x86_64 #1 SMP Mon Jun 30 12:09:22 UTC ↵
2014 x86_64 x86_64 x86_64 GNU/Linux
```

2-3-4　date

日時を表示します。「+」(出力フォーマット指定)、--date(日付指定)をよく使います。このコマンドでシステム日時の設定も可能です。

```
# date
Tue Jan 22 22:06:06 JST 2013


# date +"%Y/%m/%d %H:%M:%S"
2013/01/22 22:06:11


# date --date "3 days ago"
Sat Jan 19 22:06:13 JST 2013
```

2-3-5　df

ファイルシステムの情報を表示します。-h(人間が読みやすい形式で表示)や-m(MB単位で表記)、-i(i-nodeの利用状況を表示)をよく使います。

```
# df -h
Filesystem                      Size  Used Avail Use% Mounted on
/dev/mapper/centos_bootcamp-root 6.7G  1.2G  5.6G  17% /
devtmpfs                        492M     0  492M   0% /dev
tmpfs                           498M     0  498M   0% /dev/shm
tmpfs                           498M  6.6M  491M   2% /run
tmpfs                           498M     0  498M   0% /sys/fs/cgroup
/dev/sda1                       497M   96M  402M  20% /boot
```

2-3-6　free

メモリ使用状況を表示します。-m(MB単位で表記)をよく使います。

```
# free -m
              total       used       free     shared    buffers     cached
Mem:            996        125        871          0          4         35
-/+ buffers/cache:          84        912
Swap:          2015          0       2015
```

2-3-7　cat

　ファイルや標準入力の内容を結合して表示します。-n（行番号を付記）をよく使います。表示するだけで書き込む機能がないコマンドなので、データを読み出して加工する際に、最初にcatコマンドを使うことでうっかりデータを書き換えてしまう事故を防止できます。

```
# cat /etc/networks
default 0.0.0.0
loopback 127.0.0.0
link-local 169.254.0.0

# cat -n /etc/networks
     1  default 0.0.0.0
     2  loopback 127.0.0.0
     3  link-local 169.254.0.0
```

2-3-8　head

　ファイルや標準入力の内容の先頭10行を表示します。-n（表示行数を変更）をよく使います。

```
# head -n 2 /etc/networks
default 0.0.0.0
loopback 127.0.0.0
```

2-3-9　tail

ファイルや標準入力の内容の末尾10行を表示します。-n（表示行数を変更）をよく使います。

```
# tail -n 2 /etc/networks
loopback 127.0.0.0
link-local 169.254.0.0
```

2-3-10　grep

ファイルや標準入力の内容からパターンに一致する行を抽出します。パターンは正規表現（デフォルトはBasic Regular Expression：BRE）で指定します。-i（大文字小文字を区別しない）、-w（単語一致）、-c（一致した行数を表示）、-E（拡張正規表現（Extended Regular Expression：ERE）を利用）をよく使います。

```
# grep centos /etc/os-release
ID="centos"
CPE_NAME="cpe:/o:centos:centos:7"
HOME_URL="https://www.centos.org/"
BUG_REPORT_URL="https://bugs.centos.org/"

# grep -i centos /etc/os-release
NAME="CentOS Linux"
ID="centos"
PRETTY_NAME="CentOS Linux 7 (Core)"
```

```
CPE_NAME="cpe:/o:centos:centos:7"
HOME_URL="https://www.centos.org/"
BUG_REPORT_URL="https://bugs.centos.org/"

# grep -i centos -c /etc/os-release
6
```

2-3-11　sort

　ファイルや標準入力の内容を並べ替えます。ファイルリストを指定できます。-r（逆順＝降順に並べ替える）、-n（辞書順ではなく、数値順に並べ替える）、-k（行頭ではなく、指定した列をキーとして並べ替える）をよく使います。

```
# sort /etc/networks
default 0.0.0.0
link-local 169.254.0.0
loopback 127.0.0.0
```

2-3-12　uniq

　隣り合った行が同一だった場合、1つにします。-c（同一行の出現回数を数える）をよく使います。隣り合った行だけを見るため、よくsortコマンドと組み合わせて使います。

```
# cat /tmp/nums
b
a
e
d
d
```

```
d
c
b
c

# sort /tmp/nums | uniq
a
b
c
d
e

# sort /tmp/nums | uniq -c
      1 a
      2 b
      2 c
      3 d
      1 e
```

2-3-13　wc

　ファイルや標準入力の行数、単語数、バイト数を表示します。ファイルリストを指定できます。-l（行数を表示）をよく使います。

```
# wc -l /etc/passwd
19 /etc/passwd
```

2-3-14　cut

　ファイルや標準入力から指定箇所を切り出して表示します。-d（区切り文字を指定）、

-f(表示するフィードを指定)をよく使います。-fは「,」で区切って複数指定できます。「-」で範囲指定もできます。

```
# grep -i centos /etc/os-release | grep http | cut -d / -f 3
www.centos.org
bugs.centos.org
```

2-3-15　sed

　ファイルや標準入力の文字列を置換するときに使います。パターンの指定には正規表現を使います。-i(ファイルを書き換え)をよく使います。
「sed 's/BEFORE_PATTERN/AFTER/' <ファイル>」という形式でよく使います。「'～'」の中のsは、置換(sub)を意味します。
「sed 's/BEFORE_PATTERN/AFTER/g' <ファイル>」のように、最後にgを指定することで、各行のうち何個でもマッチしたものに適用します。
　また、iを指定することで、大文字と小文字を区別せずにマッチするようになります。gとiは同時に指定可能です。

```
# cat /etc/os-release | grep -i centos | sed 's/=/ -> /'
NAME -> "CentOS Linux"
ID -> "centos"
PRETTY_NAME -> "CentOS Linux 7 (Core)"
CPE_NAME -> "cpe:/o:centos:centos:7"
HOME_URL -> "https://www.centos.org/"
BUG_REPORT_URL -> "https://bugs.centos.org/"
# cat /etc/os-release | grep -i centos | sed 's/o/0/ig'
NAME="Cent0S Linux"
ID="cent0s"
PRETTY_NAME="Cent0S Linux 7 (C0re)"
CPE_NAME="cpe:/0:cent0s:cent0s:7"
H0ME_URL="https://www.cent0s.0rg/"
BUG_REP0RT_URL="https://bugs.cent0s.0rg/"
```

2-3-16　ls

　ファイルの情報を表示します。ファイルを指定しない場合、そのディレクトリのファイルを一覧します。-l(詳細リスト形式で表示)、-a(「.」で始まるファイルも表示)、-t(変更日時で降順並べ替え)、-r(並べ替えを逆に) をよく使います。

　とくに「ls -al」(すべて表示) と、「ls -altr」(変更日時昇順に全ファイルを表示) をよく使うので覚えておきましょう。

```
# ls -altr
total 32
-rw-r--r--.  1 root root  129 Dec 29  2013 .tcshrc
-rw-r--r--.  1 root root  100 Dec 29  2013 .cshrc
-rw-r--r--.  1 root root  176 Dec 29  2013 .bashrc
-rw-r--r--.  1 root root  176 Dec 29  2013 .bash_profile
-rw-r--r--.  1 root root   18 Dec 29  2013 .bash_logout
dr-xr-x---.  2 root root 4096 Jan 31 22:08 .
-rw-------.  1 root root  870 Jan 31 22:08 anaconda-ks.cfg
drwxr-xr-x. 17 root root 4096 Jan 31 22:09 ..
```

2-3-17　pwd

　現在のディレクトリを表示します。pwdは「print working directory」の略として覚えましょう。オプションはあまり使いません。

2-3-18　cd

　ディレクトリを移動します。cdは「change current directory」の略として覚えましょう。オプションはあまり使いません。

　ディレクトリを指定した場合はそのディレクトリに移動し、ディレクトリを指定しない場合はホームディレクトリに移動します。

```
# cd /etc

# pwd
/etc

# cd

# pwd
/root
```

2-3-19　cp

　指定したディレクトリにファイルまたはディレクトリをコピーします（複数指定可）。-a（アーカイブ＝再帰的に権限を保持してコピー）、-R（ディレクトリの場合は再帰的にコピー）、-f（強制的に上書き）、-i（上書きの場合は対話式で確認）をよく使います。

2-3-20　mv

　指定したディレクトリにファイルまたはディレクトリを移動します（複数指定可）。-f（強制的に上書き）、-i（上書きの場合は対話式で確認）をよく使います。

2-3-21　less

　指定したファイル、または標準入力の内容を表示します。lessコマンドの起動中は［↑］［↓］を押すとスクロールし、スペースキーを押すとページ送りします。「/WORD」と入力して［Enter］を押すと「WORD」を検索できます。［q］を押すと終了します。

　操作の詳細はviエディタの使い方を学べばわかるようになりますが、最低限スクロールと終了の方法だけは覚えておきましょう。

2-3-22　history

コマンドの実行履歴の表示や削除ができます。オプションなしでよく使います。

コマンドの実行履歴はフォーマット指定などのカスタマイズが可能です。たとえば、実行した時間を記録することができます。

2-4　シェルの基本操作

ショートカットによるシェルの基本操作については、前述したヒストリバック（［↑］または［Ctrl］＋［p］）のほかにも表2.4のように便利な使い方がたくさんあります。シェルの使い方を覚えることで、安全・確実・効率的な操作ができるようになります。

ここで言う安全・確実・効率的とは、安全＝操作ミスがない、確実＝結果が安定する、効率的＝少ない時間・労力で結果を出す、という意味です。

表2.4 シェル操作のショートカット

ショートカットキー	機能
[Ctrl]+[k]	行末まで切り取り
[Ctrl]+[y]	貼り付け
[Ctrl]+[w]	カーソル位置から左の一番近いスペース（または行頭）までを切り取り
[Ctrl]+[r]	ヒストリの検索（ショートカットに続いてコマンドを入力）
[Tab]	ファイル名やディレクトリ名などの補完

表2.4の中でとくに重要なのは［Tab］による補完です。入力の補完を利用することで、コマンド名やファイル名を入力する時間を削減でき、さらにタイプミスによるトラブルが激減します。ぜひ使うようにしてください。

2-5　シェルの便利な機能

ここでシェルで使うと便利な機能をいくつか紹介します。

2-5-1　引数に使うワイルドカードなど

　シェルに引数を設定するときは、ワイルドカードとして［*］（アスタリスク）を利用できます。たとえば、あるディレクトリにfile01、file02、file03……file20というファイルがあるとき、たとえばlsコマンドでは以下のように利用できます。

- ls file* → file01〜file20が表示される
- ls file0* → file01〜file09が表示される
- ls file1* → file10〜file19が表示される

　引数として設定された「*」はシェル上で展開されます。たとえば「file0*」は「file01 file02 file03……」とスペース区切りで展開され、lsコマンドに渡されます。
　特定のファイル名を抽出するときに便利なので、ぜひ覚えてください。
　「*」と似た機能を持つ記号に「{〜}」があります。これは「{〜}」内の「,」で区切った文字列がシェル上で展開され、スペース区切りになります。
　たとえば「ls file0{1,2,3}」は「ls file01 file02 file03」とスペース区切りに展開され、lsコマンドに引き渡されます。「[〜]」も便利です。「ls file0[3-5]」は、「ls file03 file04 file05」とスペース区切りに展開されます。
　cpコマンドなどでファイルをコピーするときに便利なので、覚えてください。

2-5-2　変数の定義と参照

　シェル内で特定の文字列を変数にして使いまわすことができます。
　変数定義は「=」でつなぐだけ、参照は「$」を付けるだけです。「${}」で参照することもできます。
　次の実行例では、HOGE_VARという名前の変数を定義して表示します。

```
# HOGE_VAR=aaa
# echo ${HOGE_VAR}
```

2-5-3　環境変数PATH

　シェル環境で全体的に利用する定義を「環境変数」と呼びます。環境変数はenvコ

マンドで一覧表示できます。環境変数で代表的なものはPATH（パス）です。実行結果は以下のようになります。

```
[root@bootcamp ~]# env | grep -i PATH
PATH=/usr/local/sbin:/usr/local/bin:/sbin:/bin:/usr/sbin:/usr/bin:/root/bin
```

　idやcpのように、コマンド名だけを指定するコマンドは、実はファイル名です（ただしシェル組み込みコマンドを除く）。ファイルがある場所は次のように、whichコマンドで確認できます。

```
[root@bootcamp ~]# which id
/usr/bin/id
[root@bootcamp ~]# ls -al /usr/bin/id
-rwxr-xr-x. 1 root root 41440  6月 10  2014 /usr/bin/id
[root@bootcamp ~]# ls -al id
ls: cannot access id: そのようなファイルやディレクトリはありません
```

　コマンドを実行すると、シェルはPATHに指定されたディレクトリを順番に探して名前に該当するファイルがあるかどうかを確認していきます。このコマンド名だけで実行できる状態を「PATHが通っている」と呼ぶので覚えておきましょう。
　シェルはPATHに指定されたディレクトリを順番に探します。たとえば、以下のようにPATHが設定されていて、「/usr/local/sbin」と「/sbin」の両方に同じ名前のコマンドがある場合、「/usr/local/sbin」にあるほうが実行されます。

```
PATH=/usr/local/sbin:/usr/local/bin:/sbin:/bin:/usr/sbin:/usr/bin:/root/bin
```

2-5-4　特殊変数

　環境変数のほかに特殊変数と呼ばれるものもあります。代表的なものは「$?」（直前に実行したコマンドの終了コード）です。

Column　ミスが少ない操作

　シェル操作の基本を守っているかどうかで、安全・確実・効率的な操作ができるかどうかが大きく変わります。たとえば、あるファイル（hoge.txt）を、バックアップを取得して編集する場合、以下の手順で行うと安全・確実・効率的です。

　回りくどいようですが、実際のサーバ管理ではこの程度の慎重さは必要です。

①ファイルがあることと、バックアップファイルがないことを確認します。
　→「ls hoge.txt*」と入力して実行します。

```
ls hoge.txt*
```

②ファイルのバックアップを作成します。
　→ファイル名のタイプミスを回避するために、ヒストリバックして「ls hoge.txt*」を表示します。文字列を追加・削除して以下のようにし、実行します（以下の手順でも同様の理由でヒストリバックを利用します）。

```
cp -a hoge.txt{,.bak}
```

③バックアップとの差分を確認します（diffコマンドはファイルの差分を表示するコマンド。**7時間目**で登場します）。
　→ヒストリバックして「cp -a hoge.txt{,.bak}」を表示します。文字列を追加・削除して以下のようにし、実行します。

```
diff hoge.txt{,.bak}
```

※差分がないことを確認します。

④対象ファイルを編集します（viはファイルを編集するコマンド。**3時間目**で登場します）。
　→ヒストリバックして「cp -a hoge.txt{,.bak}」を表示します。文字列を追加・削除して以下のようにし、実行します。

```
vi hoge.txt
```

⑤ファイルが作成できていることを確認します。
→ヒストリバックして「ls hoge.txt*」を表示し、実行します。ヒストリバックすることで確認コマンドのタイプミスによる確認漏れを回避できます。

```
ls hoge.txt*
```

⑥バックアップとの差分を確認します。
→ヒストリバックして「diff hoge.txt{,.bak}」を表示し、実行します。

```
diff hoge.txt{,.bak}
```

※差分が想定どおりであることを確認します。

2-6 ネットワークに接続する

ネットワークの状態はipコマンド（「ip addr」）で確認できます。ip addr showコマンドを実行すると、**図2.4**のようにインターフェースの一覧が表示されます。

図2.4 インターフェースの一覧

```
[root@bootcamp ~]# ip addr show
1: lo: <LOOPBACK,UP,LOWER_UP> mtu 65536 qdisc noqueue state UNKNOWN
    link/loopback 00:00:00:00:00:00 brd 00:00:00:00:00:00
    inet 127.0.0.1/8 scope host lo
       valid_lft forever preferred_lft forever
    inet6 ::1/128 scope host
       valid_lft forever preferred_lft forever
2: enp0s3: <BROADCAST,MULTICAST,UP,LOWER_UP> mtu 1500 qdisc pfifo_fast state UP qlen 1000
    link/ether 08:00:27:b2:81:3b brd ff:ff:ff:ff:ff:ff
    inet 10.0.2.15/24 brd 10.0.2.255 scope global dynamic enp0s3
       valid_lft 86304sec preferred_lft 86304sec
    inet6 fe80::a00:27ff:feb2:813b/64 scope link
       valid_lft forever preferred_lft forever
3: enp0s8: <BROADCAST,MULTICAST,UP,LOWER_UP> mtu 1500 qdisc pfifo_fast state UP qlen 1000
    link/ether 08:00:27:46:bf:ad brd ff:ff:ff:ff:ff:ff
    inet 192.168.56.101/24 brd 192.168.56.255 scope global dynamic enp0s8
       valid_lft 1184sec preferred_lft 1184sec
    inet6 fe80::a00:27ff:fe46:bfad/64 scope link
       valid_lft forever preferred_lft forever
[root@bootcamp ~]#
```

　CentOSでは、ネットワークインターフェースは標準で「enp0s3」などの名前が付くことがほとんどです。VirtualBoxでインストールした場合も同様です。

　loは「ループバックインターフェース」と言います。つまり、自分用です。通信ケーブルが自分から出て自分につながるイメージです。

　今回は、enp0s3はインターネット接続用、enp0s8は手元のPCとの接続用になっています。このenp0s3の「10.0.2.15」とenp0s8の「192.168.56.101」がVMの今のIPアドレスです。

　ちなみに、インターネットに接続できるPCの場合、この状態でVMからインターネットにつながるようになっています。

　試しにcurlコマンドでGoogleにアクセスしてみましょう（**図2.5**）。

```
# curl google.co.jp
```

図2.5 Googleにアクセス

```
[root@bootcamp ~]# curl google.co.jp
<HTML><HEAD><meta http-equiv="content-type" content="text/html;charset=utf-8">
<TITLE>301 Moved</TITLE></HEAD><BODY>
<H1>301 Moved</H1>
The document has moved
<A HREF="http://www.google.co.jp/">here</A>.
</BODY></HTML>
[root@bootcamp ~]#
```

　このように、エラーにならずにHTMLが表示されれば成功です。

2-7 SSHでリモートログインする

SSH（セキュアシェル）を利用してネットワーク越しにVMに接続してみましょう。15年ほど前まではtelnetで接続するのが主流でしたが、現在はよほど特別な事情[注2]がない限りtelnetは利用しません。

SSHを利用できるようになると、今までの狭い画面での不自由な操作から解放されます。手元のPCからコピーやペーストも使えるようになり、CentOSを使うのが格段に楽になるはずです。

> **Column　コピー＆ペーストを活用する**
>
> CentOSの操作を正確に行うために、コピー＆ペーストを活用しましょう。作業計画や想定手順をいくらきちんと作っても、タイプミスがあればすべて台無しです。ただし、他人の手順をまるまるコピーすると、作業の前提が違っているなど、思わぬところで落とし穴があったりするので、注意してください。
>
> 作業レベルではコピー＆ペーストを活用し、計画レベルではコピー＆ペーストを過信しないようにしましょう。

2-7-1　Windowsでターミナルをインストールして使う

Windowsにはターミナルソフトウェアが標準でインストールされていないので、別途インストールする必要があります。

Windowsのターミナルソフトウェアの代表的なものはTera Term（ttssh2）やPuTTY、Poderosaです。どれをインストールしてもかまいませんが、今回はPuTTYの利用手順を説明します。

まず、PuTTYのWebサイトにアクセスし、上のメニューにある「Download」をクリックしてダウンロードページに移動します（**図2.6**）。

[注2] ネットワーク機器の中にはまだ機能としてSSHに対応していないものがあります。サーバ間通信において今や思い当たる理由がありませんが、10年ほど前までは「暗号化処理に負荷がかかるため」という理由でSSHではなくtelnetが採用されることがありました。しかし、最近のCPUはSSHを使用することでシステム全体の性能に影響が出るほど貧弱ではありません。

・PuTTY

http://www.chiark.greenend.org.uk/~sgtatham/putty/

図2.6 PuTTYのダウンロードページ

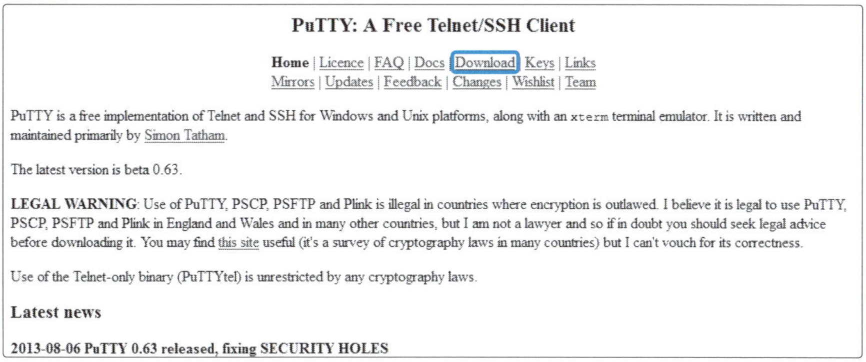

Downloadのページを下にスクロールすると「A Windows installer for everything except PuTTYtel」があるので、そこの「putty-0.63-installer.exe」をクリックします（「0.63」の部分はバージョンによって変わります）（**図2.7**）。

図2.7 インストーラのリンクをクリック

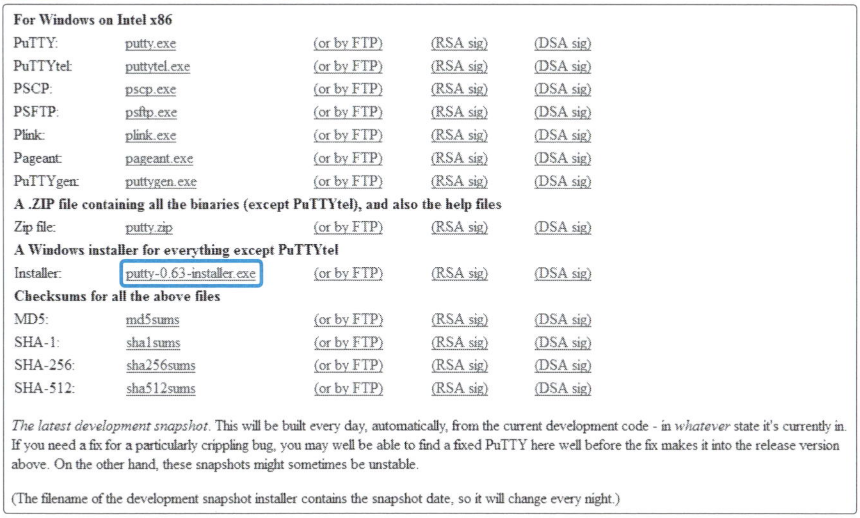

保存するかどうかを問うダイアログボックスが表示されるので、「ファイルを保存」ボタンを押して保存します（**図2.8**）。

図2.8 インストーラを保存

保存が完了すると、「セキュリティの警告」ダイアログボックスが表示されるので、「実行」ボタンを押してインストールを開始します（**図2.9**）。

図2.9 インストールの開始

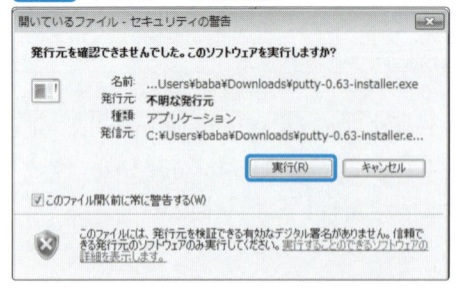

続いて「ユーザーアカウント制御」が表示されますが、「はい（Y）」ボタンを押してインストールを続行します（**図2.10**）。

図2.10 ユーザアカウント制御画面

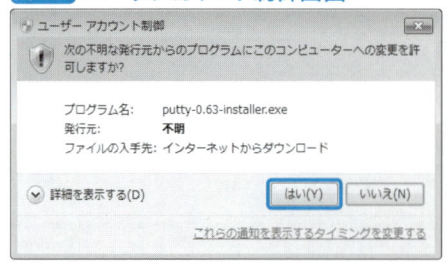

インストーラのウィザードに従って進みます。最初はインストールの準備が続きますが、ここはデフォルトの設定のまま「Next」ボタンを押して進めていってください（**図2.11～14**）。

図2.11 セットアップ開始

図2.12 セットアップディレクトリの設定

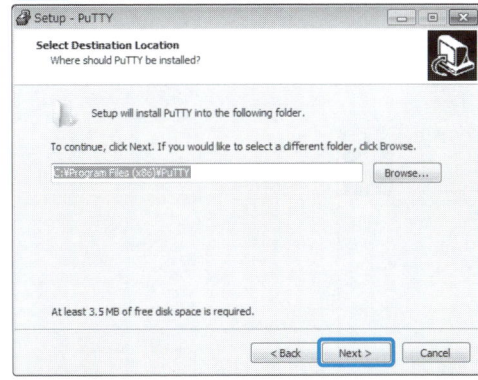

図2.13 スタートメニューフォルダの設定

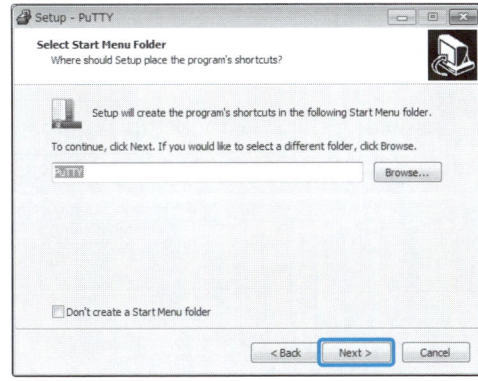

図2.14 デスクトップアイコンなどの設定

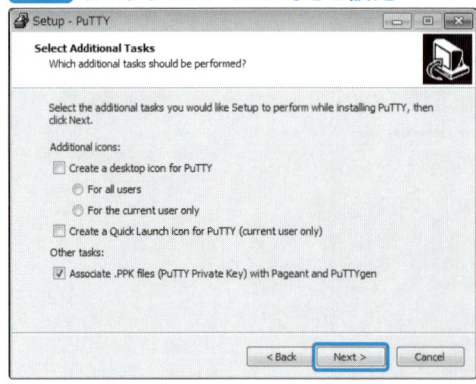

インストールの準備が完了すると、「Ready to Install」ダイアログボックスが表示されるので、「Install」ボタンを押してインストールを開始します（図2.15）。

図2.15 インストール開始

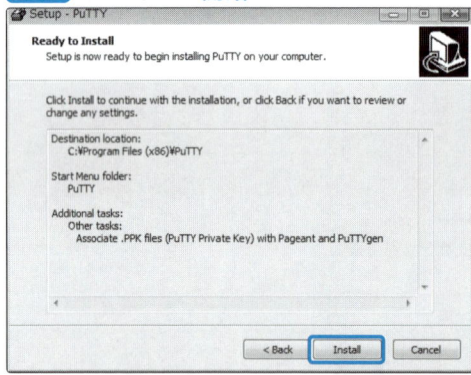

インストールが完了すると、「Completing the PuTTY Setup Wizard」ダイアログボックスが表示されるので、「Finish」ボタンを押してインストーラを終了します（図2.16）。

図2.16 インストール完了

インストールできたら、スタートメニューから「PuTTY」を選択して起動します（図2.17）。

図2.17 PuTTYの起動

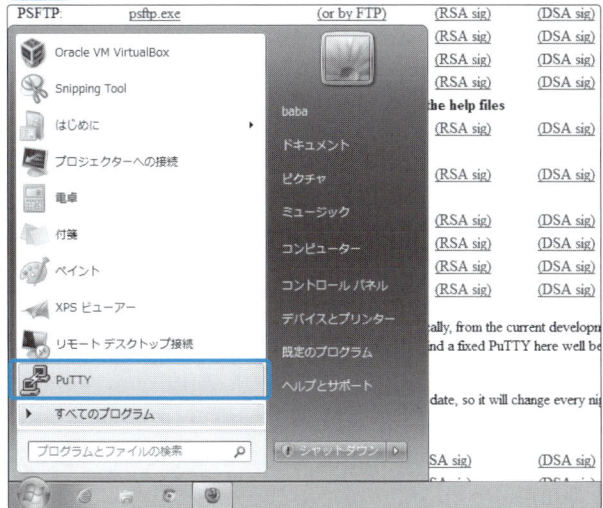

接続してみましょう。ホスト名は先ほど確認したIPアドレスを指定します。「Host Name (or IP address)」欄に「192.168.56.101」を入力して「Open」ボタンを押します（図2.18）。

図2.18 ホストへの接続

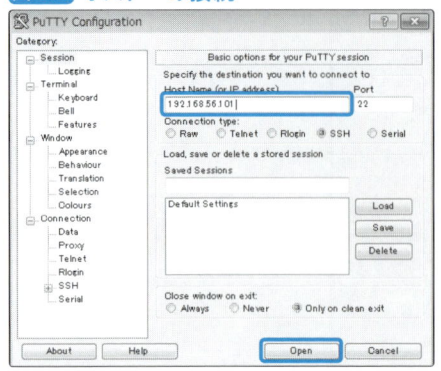

初回接続時だけ「本当に接続していいですか？」という趣旨の質問が表示されますが、ここは「はい（Y）」ボタンを押します（図2.19）。

図2.19 接続の確認

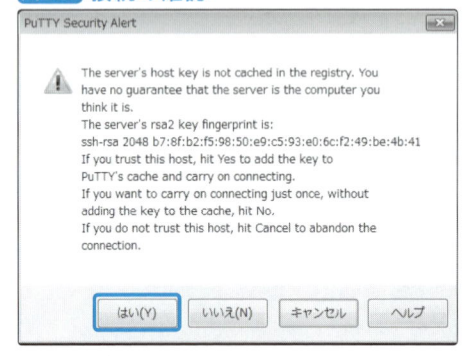

ログイン画面が表示されます。ユーザ名は「root」です。rootユーザのパスワードは、最初に設定した「b00tc@mpb00tc@mp」を入力してください（図2.20）。ここもエコーバックはありません。

図2.20 ログイン画面

ログインに成功するとコマンドプロンプトが表示され、コマンド入力を待つ画面になります（**図2.21**）。

図2.21 コマンド入力の待機画面

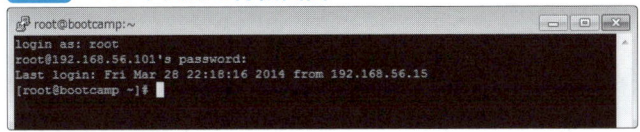

2-7-2　MacOS Xでターミナルを使う

MacOS Xの場合は、標準で付属しているターミナル（Terminal.app）を使用します。ターミナルは「アプリケーション」の「ユーティリティ」の中にあります（**図2.22**）。

図2.22 ターミナル

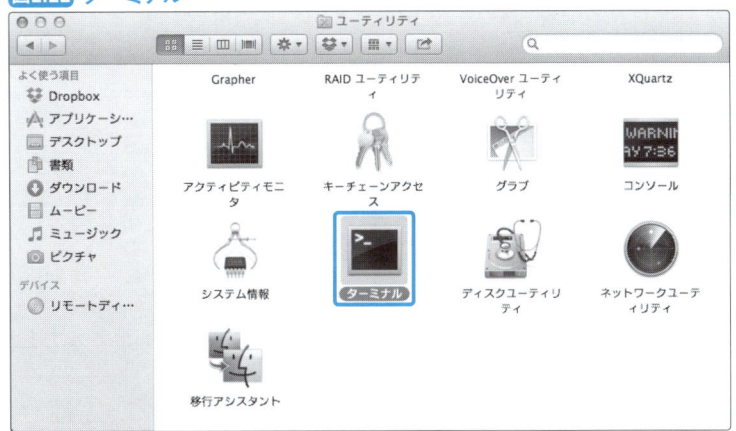

ターミナルを起動し、sshコマンドでVMに接続してみましょう。
sshコマンドの使い方は下記のとおりです。

書式 sshコマンド

```
$ ssh ［<ユーザ>@］<ホストネーム>
```

ユーザ名は「root」です。ホスト名は先ほど確認したIPアドレス「192.168.56.101」を指定します（**図2.23**）。

図2.23 ホストへの接続

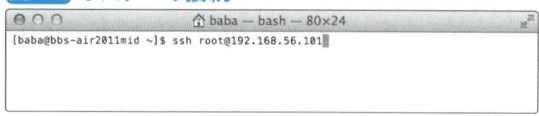

```
[baba@bbs-air2011mid ~]$ ssh root@192.168.56.101
```

初回接続時だけ「本当に接続していいですか？」という趣旨の質問が表示されますが、ここは「yes」と入力して［return］を押します（**図2.24**）。

図2.24 接続の確認

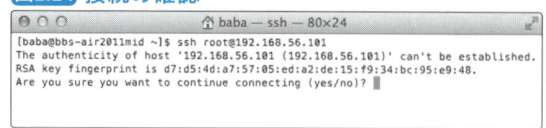

```
[baba@bbs-air2011mid ~]$ ssh root@192.168.56.101
The authenticity of host '192.168.56.101 (192.168.56.101)' can't be established.
RSA key fingerprint is d7:d5:4d:a7:57:05:ed:a2:de:15:f9:34:bc:95:e9:48.
Are you sure you want to continue connecting (yes/no)?
```

rootユーザのパスワードは、最初に設定した「b00tc@mpb00tc@mp」を入力して［return］を押します（**図2.25**）。ここもエコーバックはありません。

図2.25 パスワードの入力

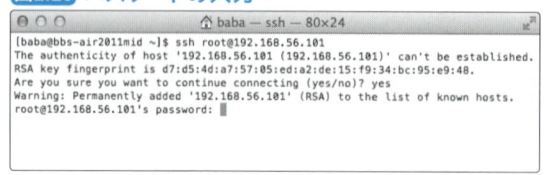

```
[baba@bbs-air2011mid ~]$ ssh root@192.168.56.101
The authenticity of host '192.168.56.101 (192.168.56.101)' can't be established.
RSA key fingerprint is d7:d5:4d:a7:57:05:ed:a2:de:15:f9:34:bc:95:e9:48.
Are you sure you want to continue connecting (yes/no)? yes
Warning: Permanently added '192.168.56.101' (RSA) to the list of known hosts.
root@192.168.56.101's password:
```

ログインに成功するとコマンドプロンプトが表示され、コマンド入力を待つ画面になります（**図2.26**）。

図2.26 コマンド入力の待機画面

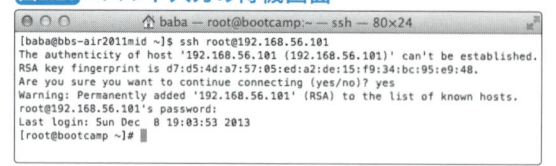

```
[baba@bbs-air2011mid ~]$ ssh root@192.168.56.101
The authenticity of host '192.168.56.101 (192.168.56.101)' can't be established.
RSA key fingerprint is d7:d5:4d:a7:57:05:ed:a2:de:15:f9:34:bc:95:e9:48.
Are you sure you want to continue connecting (yes/no)? yes
Warning: Permanently added '192.168.56.101' (RSA) to the list of known hosts.
root@192.168.56.101's password:
Last login: Sun Dec  8 19:03:53 2013
[root@bootcamp ~]#
```

Column｜SSH_AUTH_SOCK環境変数

もし「Received disconnect from 192.168.56.101: 2: Too many authentication failures for root」というエラーメッセージが表示されて接続できない場合、SSH_AUTH_SOCK環境変数を空にすると接続できるかもしれません。

```
$ SSH_AUTH_SOCK= ssh root@192.168.56.101
```

2時間目の実践はこれでおしまいです。お疲れさまでした！

確認テスト

Q1 grep、wcの両方のコマンドを利用して、/root/anaconda-ks.cfgからnetworkという文字列を含む行数を数えてください（ほかのコマンドも利用してかまいません）。

Q2 cp、mvコマンドを使わずに、/root/anaconda-ks.cfgと同じ内容のファイル/root/anaconda-ks2.cfgを作成してください。

Q3 cut、uniqの両方のコマンドを利用して、/var/log/messagesから何時何分に何行のログが出力されているかを表示してください（ほかのコマンドも利用してかまいません）。

Q4 /var/log/messagesから何時何分に何行のログが出力されているか表示してください。毎時0分から10分ごとにまとめてください。例えば12:15と12:18の出力は12:10にまとめてください。

3時間目 CentOSのエディタに慣れる

CentOSでは、操作方法が独特なviというテキストエディタ（以降、単に「エディタ」と表記します）が標準で装備されています。3時間目はそのviを使えるようになりましょう。

今回のゴール

・ファイルのオープン・編集・検索・保存・コピー・ペーストなど、基本的な操作をviでできるようになること
・viの便利な機能を使えるようになること

3-1 viとは

　エディタはファイル編集ツールです。いろいろな編集機能がありますが、今回は基本的な機能で、利用シーンがもっとも多いテキスト編集に絞って説明していきます。

　CentOSのツールはたくさんありますが、エディタはキーボードの次くらいに長時間利用します。エディタでの操作が楽になれば、それだけ作業の速度や正確性が上がります。エディタは手作業でテキスト編集をするためのツールです。

　手作業は手軽に行えますが、手間も時間も非常にかかり、ミスの可能性も高くリスキーな作業です。このリスキーな作業をいかにこなして楽に目的を達成するかが大切です。

　ただし、最初から意気込んで使いこなそうとせず、少しずつ操作の知識を増やしていって、徐々に慣れていくようにしてください。

Linuxのサーバにインストールされているエディタの定番はvi（vim）、Emacs、nanoなどです。CentOSのデフォルトのエディタはviですが、CentOS 6.5のviでは、実際はvimのminimal版が起動します。

3-2 vi／vimのモード

vimにはいくつかモードがあります。カーソル移動ができるノーマルモードが基本ですが、そのほかにテキスト編集ができる挿入モード、テキスト選択ができるビジュアルモード、検索や置換などができるコマンドラインモードがあります。

最初のうちは、コマンドラインモードは難しいので、まず、ノーマルモード、挿入モード、ビジュアルモードを使えるようになりましょう。

3-2-1　モードを切り替える

ノーマルモードで図3.1のようにキー入力すると、モードを変更できます。ノーマルモードに戻る場合は［Esc］を連打してください。

なお、モード切り替えなどをノーマルモードで操作する際は、日本語入力のIMEはオフになっている必要があります。Macの場合はIMEのオン／オフがトグル（同じボタンを押すたびにON／OFFが切り替わる方式）ではないので、英数キーを何度か押してから操作をする習慣をつけると楽です。

Windowsを使用する場合は気をつけて使ってください。

図3.1 モードの切り替え

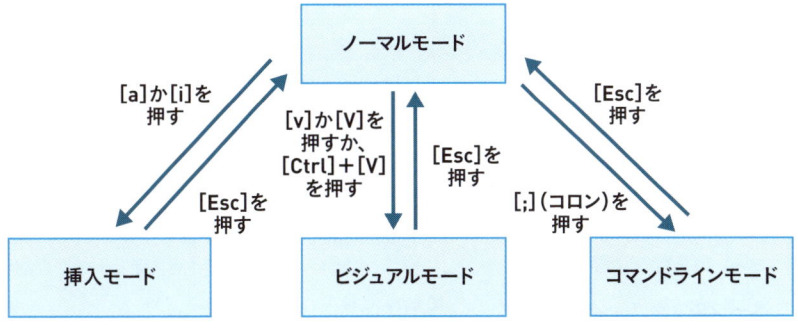

3-2-2 vi／vimを終了する

これから、覚えておくべきショートカットキーとその利用シーンを確認しますが、最初にvi／vimの終了の方法を覚えておきましょう。終了の仕方さえわかれば何も怖くありません。

vi／vimの終了方法は、コマンドモードで「q!」、つまり［Esc］を2、3回連打し、ノーマルモードになって「:q!」です。この方法は、保存していない編集内容を破棄して強制終了します。

3-2-3 ノーマルモードの基本操作

3時間目では、ノーマルモード、コマンドラインモードともに、意図的に紹介するショートカットキーの数を少なくしています。同じ動作を実現するための操作が複数あることが多いので、慣れてきたら効率のよい使い方を調べてみてください。

ノーマルモードの基本操作は**表3.1**のとおりです。

表3.1 ノーマルモードの基本操作

利用シーン	キー
とにかく困ったとき （ノーマルモードに戻る）	［Esc］
テキスト編集（挿入モードに移行）	［i］
テキスト選択 （ビジュアルモードに移行）	文字選択：［v］、行選択：［V］、矩形選択：［Ctrl］＋［v］
便利機能の実行 （コマンドラインモードに移行）	テキスト内検索：［/］、その他コマンド：［:］
カーソルを左に移動	［h］
カーソルを下に移動	［j］
カーソルを上に移動	［k］
カーソルを右に移動	［l］
カーソルを行頭に移動	［^］※正規表現と同じと覚えましょう
カーソルを行末に移動	［$］※正規表現と同じと覚えましょう
ページダウン（forward）	［Ctrl］＋［f］
ページアップ（back）	［Ctrl］＋［b］

利用シーン	キー
カーソルのある文字を削除	[x]
選択部分をコピー(yank)	[y]
コピーしたテキストを貼り付け	[p]
元に戻す(undo)	[u]

テキスト内検索関連の操作は**表3.2**のとおりです。

表3.2 テキスト内検索関連の操作

利用シーン	キー
検索	「/」に続いて検索対象文字列を設定(例:「/hoge」はhogeを検索)
次にマッチした箇所へ移動	[n]
前にマッチした箇所へ移動	[N]

3-2-4　コマンドラインモードの基本操作

続いてコマンドラインモードの基本操作を紹介します。

vim(vim-enhanced)であれば、コマンドラインモードは[Tab]で入力の補完ができます。たとえば「:qu」と入力して[Tab]を押すと、「qu」で始まるコマンドを候補として表示してくれます。入力候補は[Tab]を押すたびに表示されるので、入力したいコマンドが出てくるまで押してみてください。このあたりはbashと同じなので非常に覚えやすいですね。

コマンドラインモードでの基本操作は**表3.3**のとおりです。

表3.3 コマンドラインモードでの基本操作

内容	キー入力(ノーマルモードの場合)	例
編集するファイルを指定	:edit <パス>(:e <パス>でも可)	:edit file.txt
新規保存	:saveas <パス>(:sav <パス>でも可)	:saveas file.txt
上書き保存	:write(:wでも可)	:write
閉じる	:quit(:qでも可)	:quit

内容	キー入力(ノーマルモードの場合)	例
置換	:<対象範囲>substitute/<置換前文字列>/<置換後文字列>/ (:<対象範囲>s/<置換前文字列>/<置換後文字列>/でも可)	
強制的に○○する	!	:quit! (とにかく閉じる)

置換は少し複雑ですが、<対象範囲>に指定する「%」は全体を指すので、最初はそのまま「:%s/<置換前文字列>/<置換後文字列>/」と覚えてください。これならよくある正規表現なので、覚えやすいですね。正規表現は、インフラやプログラムに関わらずいろいろなところでよく使うので、知らない方は覚えてください。

3-3 便利な機能を使って楽をしてトラブルを減らす

vimには入力補完や矩形選択やマクロなどの便利な機能が標準でたくさん搭載されています。ここではvi／vimを使ううえでぜひ使ってほしい便利な機能と使い方を紹介します。

紹介する機能は、標準のviには搭載されていないものがありますが、yumコマンドでvim-enhancedをインストールすると利用可能になります。yumコマンドの使い方は次の**4時間目**以降で説明します。

3-3-1 行番号を表示する

viでは行番号の表示はなく、vimでの行番号は画面の右下に表示されるだけですが、ノーマルモードで「:set number」を実行すると、各行の左側に行番号を表示することができます。ちなみに行番号を非表示にしたい場合は、ノーマルモードで「:set nonumber」を実行します（setコマンドの設定オプションは、先頭に「no」を付けると無効にできることが多いです）。

3-3-2 コマンドや検索のヒストリバック

コマンドラインモードではヒストリバックができます。

コマンドラインモードに切り替えて、[Ctrl]＋[p]を押すと、前回実行したコマンドが表示されます。[Ctrl]＋[n]と[Ctrl]＋[p]で候補を選択できます。検索や置換でトライ&エラーを繰り返す場合などに重宝します。

3-3-3　行選択・矩形選択で確実・スピーディに編集する

ビジュアルモードでのテキスト選択には3種類あります。

- 文字単位……[v]
- 行単位………[V]
- 矩形…………[Ctrl]＋[v]

テキストの一部分のコピー・ペースト・削除などをする場合、意図した部分を的確に選択できているかどうかが一目でわかると作業の精度・速度が格段に上がります。

◆行選択

たとえば、行単位の選択は次のように複数行を丸ごと操作するときに使います。今回はdummy-host1のVirtualHostディレクティブとdummy-host2のVirtualHostディレクティブの順番を入れ替えてみます。

まず、dummy-host1のVirtualHostディレクティブを選択します。カーソルをVirtualHostディレクティブの先頭に移動して[V]を押し、[j]で複数行を選択します（図3.2）。

図3.2　dummy-host1のVirtualHostディレクティブを選択

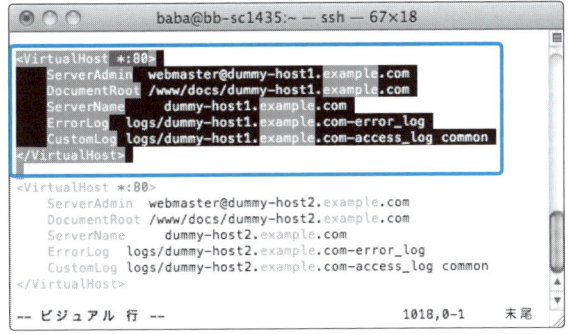

[y]でコピー（yank）します（図3.3）。

図3.3 選択範囲をコピー

[j]などでカーソルを貼り付け先に移動します（**図3.4**）。

図3.4 カーソルを貼り付け先に移動

[p]で貼り付けます（**図3.5**）。

図3.5 貼り付け

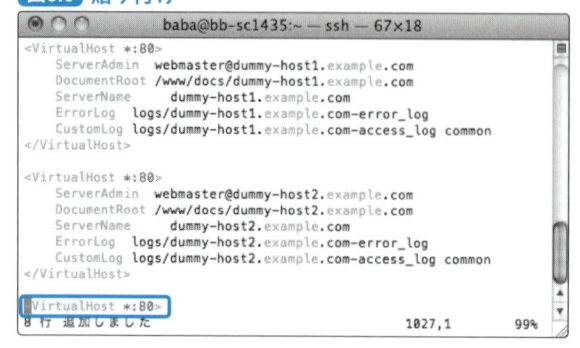

［V］などで削除する部分を再度選択します（**図3.6**）。

図3.6 削除する範囲を選択

［x］で削除します（**図3.7**）。

図3.7 選択範囲を削除

◆矩形選択

　矩形選択は下記のように使います。今回はログファイル名の「dummy」を「puppy」に替えます。

　［Ctrl］＋［v］のあとに［j］［l］などでカーソルを移動し、対象箇所を選択します（**図3.8**）。

図3.8 矩形選択

［x］で削除します（**図3.9**）。

図3.9 選択範囲を削除

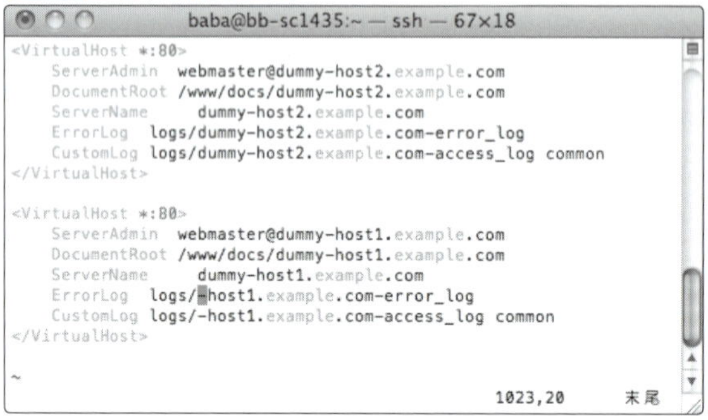

再度［Ctrl］＋［v］のあとに［j］で選択します（**図3.10**）。

図3.10 再度、矩形選択

［I］で挿入モードへ移行します（vim-enhancedが必要）。
「puppy」と入力します（図3.11）。

図3.11　「puppy」を挿入

```
<VirtualHost *:80>
    ServerAdmin     webmaster@dummy-host2.example.com
    DocumentRoot    /www/docs/dummy-host2.example.com
    ServerName      dummy-host2.example.com
    ErrorLog        logs/dummy-host2.example.com-error_log
    CustomLog       logs/dummy-host2.example.com-access_log common
</VirtualHost>

<VirtualHost *:80>
    ServerAdmin     webmaster@dummy-host1.example.com
    DocumentRoot    /www/docs/dummy-host1.example.com
    ServerName      dummy-host1.example.com
    ErrorLog        logs/puppy-host1.example.com-error_log
    CustomLog       logs/-host1.example.com-access_log common
</VirtualHost>
~
-- 挿入 --                                  1023,25       末尾
```

［Esc］でノーマルモードへ戻ります。

　行選択や矩形選択を活用すると、設定ファイル編集の際の作業ミスが格段に少なくなります。たとえば、特定のブロックをまとめてコメントアウトする場合なども1行ずつ作業しなくてもよくなるので、ぜひ活用してください。

3-3-4　シンタックスハイライト(vim-enhancedが必要)

　vimにはシンタックスハイライト（構文に基づいた自動色付け）の機能があります。シンタックスハイライトを利用すると、カッコの閉じ忘れなど、設定ファイルの文法的なミスに気づくことができるので、ぜひ使うようにしてください。

　シンタックスハイライトを有効にするには、ノーマルモードで「:syntax on」を実行します。

　どのようにカラーリングするかは、filetypeごとに指定されています。うまく指定できていない場合は手動で設定しましょう。たとえば、Apacheの設定ファイルの場合、ノーマルモードで:set filetype=apacheを実行するとApacheの設定ファイル用のシンタックスハイライトにすることができます。

3-3-5　検索結果ハイライト（vim-enhancedが必要）

「/」で検索したときは、マッチした箇所にカーソルが移動しますが、そのほかのマッチした箇所もハイライトされているとわかりやすくて便利です。そんなときには、ノーマルモードで:set hlsearchコマンドですべての検索結果をハイライトすることができます。

また、うっかり半角スペースなどを検索して画面中がハイライトだらけになってしまった場合は、:set nohlsearchコマンドで、検索結果ハイライトを無効にできます。

そのほかにも、検索で大文字小文字を区別しないようにする:set ignorecaseコマンドも便利です。

3-3-6　テキスト入力補完（vim-enhancedが必要）

vimは標準で単語補完ができます。設定ファイルの定型句や、プログラムの変数名を入力するときに利用すると、タイプミスがなくなり、とても便利です。

タイプミスがなくなるということは、コーディングのミスが少なくなり、修正の時間も短縮できますし、なにより気が楽です。

挿入モードで数文字を入力し、［Ctrl］＋［n］を入力すると補完の候補が表示されるので、［Ctrl］＋［n］（1つ後）と［Ctrl］＋［p］（1つ前）で候補を選択します。

まず、「L」まで入力します（図3.12）。

図3.12 文字列を入力

```
#!/bin/bash

LOG_DIR=/var/log
LOG_FILENAME=hogefile.log

find $L
~
~
~
~
~
~
~
~
~
~
~
-- 挿入 --                                    6,9        全て
```

［Ctrl］＋［n］で補完候補を表示します（図3.13）。

図3.13 補完候補を表示

```
#!/bin/bash

LOG_DIR=/var/log
LOG_FILENAME=hogefile.log

find $LOG_DIR
       LOG_DIR
       LOG_FILENAME
~
~
~
~
~
~
~
~
-- キーワード補完 (^N^P)  1 番目の該当 (全該当 2 個中)
```

［Ctrl］＋［n］（1つ後）と［Ctrl］＋［p］（1つ前）で候補を選択して続きを入力します。

3時間目の実践はこれでおしまいです。お疲れさまでした！

確認テスト

Q1 viで/etc/sysconfig/network-scripts/ifcfg-loを開き、NAMEを「loopback」から「System loopback」に変更してください。そのとき、NAMEの行への移動は検索を利用してください。

4時間目 ネットワークの基礎知識

4時間目はネットワークについて学習します。現代ではサーバとネットワークは切っても切れない密接な関係があります。ブラウザやSSHを使うときに、何がどうやってつながっているのかをイメージできるようになりましょう。

今回のゴール

- ネットワークの基本であるレイヤーとプロトコルの概念を理解すること
- IPアドレス、ポート、ドメインについて理解すること

4-1 ネットワークはレイヤーとプロトコルでできている

　なぜ、ネットワーク越しに通信ができるのかを知るために、例として携帯電話でのインターネット通信の手順をたどっていくことにしましょう。

　最初に、携帯電話で通信するための条件は何かを考えてみます。

　まず、携帯電話本体の電源が入っていて、通信の媒体となる電波がないといけません。そして、サーバが正常に稼働している必要があります（サーバの調子が悪いとつながらなかったり、Twitterのクジラのようなエラー画面が表示されたりします）。

　携帯電話の例から推察すると、通信には以下の3つの条件が重要だということがわかります。

- 電波を媒体として電気信号を送受信できること

- 送受信している電気信号をお互いに解釈できること
- 通信するときは通信相手が稼働していること

　次に、PCとサーバの間の通信について考えてみましょう。

　まず、お互いに通信できるようにするためには、お互いがある媒体（携帯電話の場合は電波）を介して物理的に電気信号を交換できる状況にある（＝つまり、お互いが通信圏内にいる）必要があります。

　通信する一番簡単な方法は、LANケーブルを使った有線接続ですが、最近はLANケーブルの代わりに無線LANを利用することも増えてきました（最近のPCやタブレット端末は無線LANが基本装備されていることが多いです）。

　電気信号が交換できるようになれば、デジタルデータを構成する0と1の信号を送ることができるようになります。あとは0と1をどのように使うかが決まれば通信が成立します。その「どのように使うか」のような取り決めのことを一般に「プロトコル（規約）」と呼びます（図4.1）。

図4.1 プロトコルの例

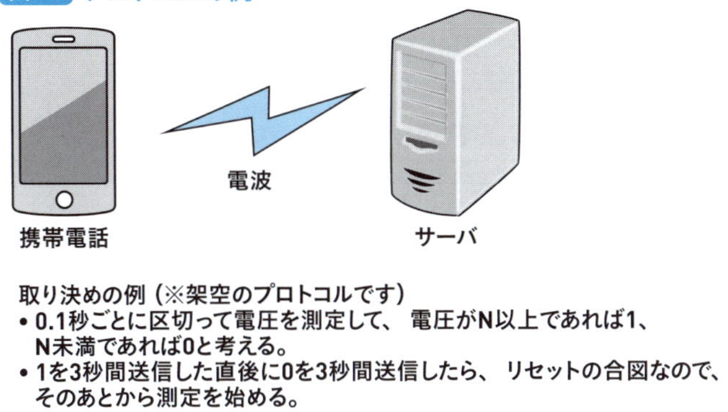

取り決めの例（※架空のプロトコルです）
- 0.1秒ごとに区切って電圧を測定して、電圧がN以上であれば1、N未満であれば0と考える。
- 1を3秒間送信した直後に0を3秒間送信したら、リセットの合図なので、そのあとから測定を始める。

　LANケーブルでも無線LANでも携帯電話の電波でも同じようにブラウザでGoogleが使えるのは、このように物理接続、電気信号交換……と実装技術がレイヤー（層）に階層化されていること、プロトコルが規定されていることが理由です。レイヤー化・プロトコル化により、ほかのレイヤーの実現方法（物理接続が有線か無線かなど）に依存せず、0と1さえ送れば通信できるようになっています。

Column プロトコルを具体的に考えてみる

　簡単なプロトコルの例を考えてみます。たとえば、まず電波レベルのプロトコルは**図4.1**にあるものを使うと仮定しましょう。

　その次のレイヤーでは「0と1の羅列は2進数として解釈し、8個ごとに区切って10進数に変換する」というプロトコルを利用することにしましょう。そうすると、このプロトコルは2進数で00000000〜11111111＝10進数で0〜255の数字を扱うことができます。

　さらにその次のレイヤーで「11→あ、12→い、13→う……、21→か……」と解釈するプロトコルを利用することにしましょう。すると、このプロトコルはひらがなの「あ」〜「ん」を扱うことができます（**表A**）。

表A 数字でひらがなを扱うプロトコル

		1桁目									
		1	2	3	4	5	6	7	8	9	0
2桁目	1	あ	か	さ	た	な	は	ま	や	ら	わ
	2	い	き	し	ち	に	ひ	み		り	
	3	う	く	す	つ	ぬ	ふ	む	ゆ	る	を
	4	え	け	せ	て	ね	へ	め		れ	
	5	お	こ	そ	と	の	ほ	も	よ	ろ	ん

　ここまで決まると、ひらがなをやりとりするには十分です。「00010101 01100001 10000101 00010011」と送ることで、相手に「おはよう」と届きます。以下のようになります。

　　00010101 ＝ 15 ＝ お
　　01100001 ＝ 61 ＝ は
　　10000101 ＝ 85 ＝ よ
　　00010011 ＝ 13 ＝ う

　このようにプロトコルをきちんと決めておけば、電圧をタイミングよく上げ下げするだけで、意味のある内容を通信することができるのです。逆に、プロトコルが定まっていないと通信がままならないこともわかりますね。

インターネットの場合、レイヤーは**表4.1**のようになっています。

表4.1 インターネットのレイヤー

レイヤー番号	名称	実装例
7	アプリケーション層	HTTP、SMTP、POP、FTP
4	トランスポート層	TCP、UDP
3	ネットワーク層	IP、ICMP
2	データリンク層	Ethernet、トークンリング
1	物理層	1000BASE-TX、100BASE-TX

レイヤー番号の5、6がないのは、OSI参照モデルにできるだけ合わせるようにしているためです。OSI参照モデルは国際標準化機構（ISO）で国際的に規定されたコンピュータ通信の基本モデルなのです。インターネットで利用されているTCP/IPはOSI参照モデルとあまりきれいに整合していないのですが、このレイヤー番号は日常的に使うのでこのまま覚えるようにしてください。

相互に接続して通信したいというニーズはいろいろなソフトウェアで発生するものですし、どうせいろいろなソフトウェアで共通して利用するものなので、最近のたいていのOSではL1（「L」はレイヤーの略です）からL4までのプロトコルを実装しています。

> **Column　昔のOSはインターネットが使えなかった？**
>
> 1995年に発売されたWindows 95では、TCP/IPプロトコルは標準でサポートされていませんでした。今では考えられないことですが、TCP/IPプロトコルのサポートプログラムを追加でインストールしないと、インターネットを利用できなかったのです。

今回の仮想環境では、L1〜L2（レイヤー1〜レイヤー2）の機能はVirtualBoxが担ってくれます。L3のIPアドレス付与もVirtualBoxがDHCPで自動的に実施しています。

インストールするときにvboxnet0を作成しましたが、これはPC内におけるL1・L2の環境構築とDHCPの設定をしたのです。

4-2 インターネットの基本はIPアドレス・ポート番号・プロトコル

　実際の業務においては、IPアドレス・ポート番号・プロトコル、すなわちL3・L4・L7を取り扱うことがほとんどです。この3つのレイヤーの基礎をしっかり押さえておきましょう。

　覚えておいてほしいのは、通信するためには通信相手のIPアドレス・ポート番号・プロトコルが必要ということです。

　ここでは簡単にネットワークのしくみについて詳しく見ていくことにします。とりあえず以下の用語を覚えておいてください。

- IPアドレス……ネットワーク上でのアドレス（所在地）を示すID。IPv4（アイピーブイフォー）、IPv6（アイピーブイシックス）の2種類がある（現在の主流はIPv4なので本書ではIPv4を使用する）。0〜255の数字4つを「.」で区切って表記する。それぞれの数字をオクテットと呼ぶ。たとえば、192.168.0.2の第2オクテットは168。
- ポート番号……0〜65535の番号。
- ネットマスク……同一ネットワークに所属するIPアドレスの範囲を示す。「255.255.255.0」などとIPアドレスのように表記する場合と、「/24」のように束ねてビット数表記する場合がある。どちらもよく使う。

　IPアドレスはネットマスクによりグループが区切られていて、そのグループ内（＝同一ネットワーク）であれば図4.2のように直接やりとりをします。

図4.2 ネットマスクで区切られたグループ

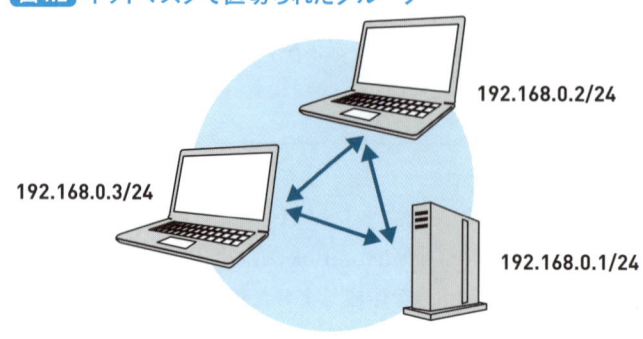

192.168.0.2/24
192.168.0.3/24
192.168.0.1/24

Column｜プライベートIPアドレスとグローバルIPアドレス

　IPアドレスは、ローカルネットワークで自由に利用することができるプライベートIPアドレス（ローカルIPアドレス）と、プロバイダなどが管理・付与しているグローバルIPアドレスの2種類があります。IPアドレスは0.0.0.0〜255.255.255.255のバリエーションがありますが、プライベートIPアドレスとして利用できるIPアドレスは下記のように決まっています。

- 10.0.0.0〜10.255.255.255
- 172.16.0.0〜172.31.255.255
- 192.168.0.0〜192.168.255.255

　グローバルIPアドレスは世界中で重複がないように管理・付与されていますが、プライベートIPアドレスはLANなどのネットワーク内であれば自由に設定して利用できるため、世界中で同じIPアドレスを持つ機器が多数存在します。そのため、プライベートIPアドレスからプライベートIPアドレスへの通信は、基本的にグローバルIPアドレスのネットワークを経由できません。

　ただし、NAT（Network Address Translation）やNAPT（Network Address Port Translation）という技術を利用し、グローバルIPアドレス宛ての通信を特定のプライベートIPアドレスに転送することで、プライベートIPアドレス→グローバルIPアドレス→プライベートIPアドレスと変換し、通信を実現しています。

　ネットワークの教科書的な本はたいてい「192.168.0.0/24」を使ったり、無線LANの機械を買ってきてマニュアルどおりに設置するとデフォルトで「192.168.11.0/24」のネットワークが使われたりするのは、このIPアドレス・ネットワークがプライベートIPアドレスだからなのです。

　また「127.0.0.0/8」はループバックアドレス、「169.254.0.0/16」はリンクローカルアドレスという特別なIPアドレス帯です。

　「127.0.0.1」は自分を指すIPアドレスとして利用します。リンクローカルアドレスはDHCPでIPアドレス割り当てに失敗したときなどに利用します。

　通信相手が同一ネットワークにいない場合、同一ネットワークのうちのどれかを別のネットワークと接続し、それを経由することで別のネットワークにあるサーバと通

信します（**図4.3**）。

図4.3 ほかのネットワークにいる通信相手との通信

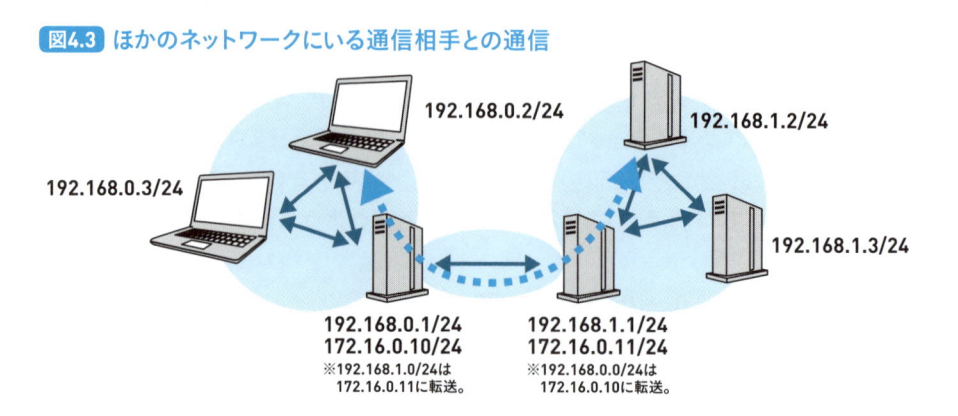

192.168.0.2/24
192.168.1.2/24
192.168.0.3/24
192.168.1.3/24
192.168.0.1/24
172.16.0.10/24
※192.168.1.0/24は
172.16.0.11に転送。
192.168.1.1/24
172.16.0.11/24
※192.168.0.0/24は
172.16.0.10に転送。

通信相手が直接つながっているネットワークに存在しない場合、そこを経由してデータをその先に送ってもらうことで、先のネットワークにあるサーバと通信できます。そこにも通信相手がいない場合は、さらにその先……というように繰り返していきます。この、データをあちこちに取り回す処理を「ルーティング」と呼び、この処理をする機器をルータと呼びます（**図4.4**）。

図4.4 ルーティング

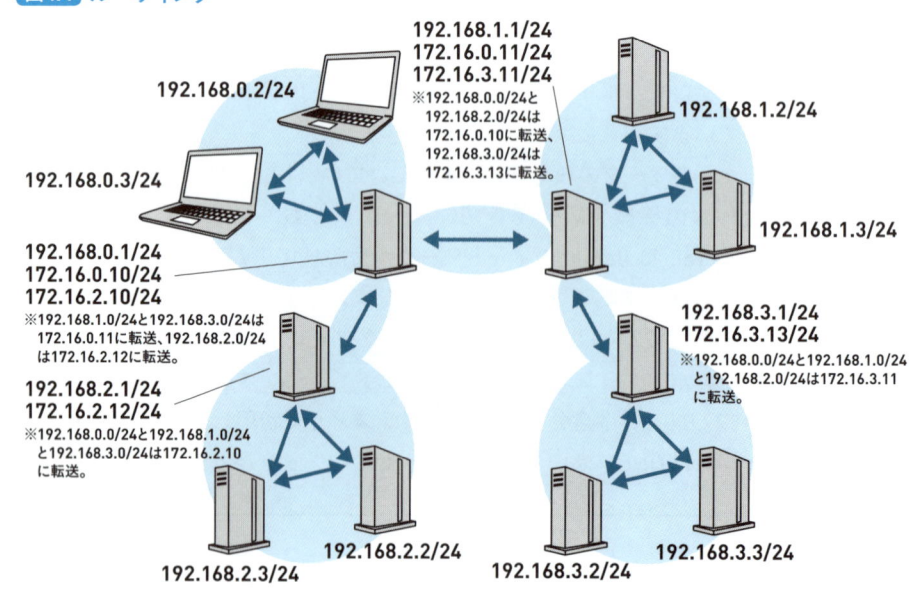

192.168.1.1/24
172.16.0.11/24
172.16.3.11/24
192.168.0.2/24
※192.168.0.0/24と
192.168.2.0/24は
172.16.0.10に転送、
192.168.3.0/24は
172.16.3.13に転送。
192.168.1.2/24
192.168.0.3/24
192.168.1.3/24
192.168.0.1/24
172.16.0.10/24
172.16.2.10/24
※192.168.1.0/24と192.168.3.0/24は
172.16.0.11に転送、192.168.2.0/24
は172.16.2.12に転送。
192.168.3.1/24
172.16.3.13/24
※192.168.0.0/24と192.168.1.0/24
と192.168.2.0/24は172.16.3.11
に転送。
192.168.2.1/24
172.16.2.12/24
※192.168.0.0/24と192.168.1.0/24
と192.168.3.0/24は172.16.2.10
に転送。
192.168.2.3/24
192.168.2.2/24
192.168.3.2/24
192.168.3.3/24

なお、IPアドレスやポート番号の表記は**表4.2**のようにさまざまなバリエーションがあるので、ひと通り覚えておきましょう。

表4.2 IPアドレスやポート番号の表記

表記	例
<IPアドレス>:<ポート番号>	192.168.0.1:80、172.16.0.443
<ポート番号>/<プロトコル>	80/TCP、56/UDP

Column　IPv4アドレスの枯渇問題

　グローバルIPアドレスはプロバイダなどから付与されると説明しましたが、日本国内のグローバルIPアドレスはJPNIC（Japan Network Information Center：一般社団法人日本ネットワークインフォメーションセンター）が管理していて、JPNICはAPNIC（Asia Pacific Network Information Centre）に所属しています。そのおおもとの統括はAPNICの上部団体のIANA（Internet Assigned Numbers Authority）という機関です。

　2011年2月3日にIANAが持っているIPv4アドレスの在庫がなくなり、APNICのような地域ごとの管理組織への新規割り当てができなくなりました。2011年4月15日にはAPNICの持つIPv4アドレスの在庫もなくなり、APNIC管轄下であるアジア太平洋地域ではIPv4アドレスの新規発行ができなくなりました。IPv4アドレスの新規発行がなくなったため、流通在庫の奪い合いの状況になっていますが、一方で携帯電話や家電にもIPアドレスが付けられるようになり、IPアドレスの需要は高まり続けています。

　対応策は2つあります。1つはNAT技術の活用、もう1つはIPv6の利用です。国内ではプロバイダや携帯電話事業者がNAT技術を活用し、各端末に割り振るIPアドレスをグローバルIPアドレスではなくプライベートIPアドレスにするようにしてこの問題に対応しています。現状ではIPv6はほとんど普及していないこともあり、このような延命策で対応している状況です。

4-3　IPアドレスとドメイン名

4-2で「通信するためには通信相手のIPアドレス・ポート番号・プロトコルが必要」

と説明しましたが、IPアドレスの数字の羅列を人間が覚えるのは大変です。

IPアドレスについては名前解決（Name Resolution）という、ドメイン名やホスト名とIPアドレスを変換する方法により、その問題を解決しています。

たとえば、「example.com」や「yahoo.co.jp」や「gmail.com」などがドメイン名です。また、今回は「bootstrap」がホスト名です。

「www.example.com」のように「www」などが付いているものもあり、FQDN（Fully Qualified Domain Name）と呼びます。

Column ドメインの取得と維持

ドメインはお名前.comなどの事業者を通じて誰でも取得することができます。ドメインは世界中に同じものがないものなので、そのあたりの重複管理や維持のために多少のお金がかかります。

ドメインの命名にはルールがあり、一番右側の「.com」や「.jp」の部分をトップレベルドメイン（TLD）と呼びます。TLDには「.com」や「.net」のようなgTLD(generic Top Level Domain)や、「.jp」のようなccTLD(country code Top Level Domain)などがあります。

種類ごとに発行ルールがありますが、そのルールがどの程度守られているかはものによりさまざまです。たとえば、日本で「.go.jp」を取得するには、日本の政府関連の団体である証明書が必要というようなルールがあります。「.com」や「.net」は取得・維持費用も安いので、ぜひ自分のドメインを取得して運用してみてください。

名前解決にはDNS（Domain Name System）を使うのが一般的ですが、サーバ・PCの単位ではhostsファイルを使うこともできます。

```
[root@bootcamp ~]# cat /etc/hosts
127.0.0.1    localhost localhost.localdomain localhost4 localhost4.↩
localdomain4
::1          localhost localhost.localdomain localhost6 localhost6.↩
localdomain6
```

デフォルトでは「localhost=127.0.0.1」だけが設定されています。書式は次のとおりです。

> **書式** hostファイル
> <IPアドレス> <ホスト名> ［<エイリアス（ホスト名の別名）>……］

たとえば、検証などの際にexample.comを意図的に自分に向けたい場合は、/etc/hostsに「127.0.0.1 example.com」と追記します。これは、DNSに登録するまでもないテスト環境のホストの名前解決や、簡単な動作確認をする際に重宝します。

サーバ全体の名前解決機構に設定を追加するため、そのサーバで動かすソフトウェアすべてに設定を適用できるのが特徴です。

なお、通常はDNSよりもhostsファイルが優先されますが、CentOSではこの優先順位を/etc/nsswitch.confで設定できます。また、どのDNSサーバをどのように使うかは/etc/resolv.confで設定します。

```
[root@bootcamp ~]# grep ^hosts /etc/nsswitch.conf
hosts:      files dns
```

ポート番号は**表4.3**の3種類に分けられています。このうちWELL KNOWN PORTはIANAが規定・公開しています。

表4.3 ポート番号

ポート番号	種類
0〜1023	WELL KNOWN PORT
1024〜49151	REGISTERED PORT
49152〜65535	EPHEMERAL PORT

CentOSをはじめとして多くのLinuxやUNIX系OSでは、WELL KNOWN PORTを使うためにはroot権限が必要になります。

ポート番号とプロトコルの対応もIANAが規定・公開しており、CentOSをはじめとした多くのLinuxやUNIX系OSでは/etc/servicesに対応が記載されています。

```
[root@bootcamp ~]# grep -v ^# /etc/services | head
tcpmux          1/tcp                           # TCP port service ⏎
multiplexer
tcpmux          1/udp                           # TCP port service ⏎
multiplexer
rje             5/tcp                           # Remote Job Entry
rje             5/udp                           # Remote Job Entry
echo            7/tcp
echo            7/udp
discard         9/tcp           sink null
discard         9/udp           sink null
systat          11/tcp          users
```

Column　サンプルで使えるドメイン名

　本書のような書籍やドキュメントでサンプルとして利用すべきドメイン名はRFC2606とRFC6761で決められています。

- RFC2606
  http://www.rfc-editor.org/rfc/rfc2606.txt

- RFC6761
  http://www.rfc-editor.org/rfc/rfc6761.txt

　以下のドメインは、例示用途で利用できるようにIANAが予約しているので、個人のブログなどにドメイン名を明示する場合などに利用してください。

- example.com
- example.net
- example.org

4-4 TCPとUDP

すでに説明したように、L4にはTCPとUDPがあります。

TCPの特徴は通信の信頼性が高いことです。エラー有無検証やエラー発生時のリトライなど、通信の信頼性を担保するためのしくみがプロトコルに組み込まれています。通常はTCPを使います。

UDPの特徴はTCPに比べて通信の信頼性が低い代わりに、通信が高速なことです。データの損失を覚悟で通信速度を確保したい動画ストリーミングなどに利用します。動画ストリーミングの場合、データ損失によって画像や音声の一部が欠落しても、とにかくリアルタイムに大量のデータを送って全体的な動画配信を成立させるほうがよいので、UDPを使います。

Column｜UDPの使いどころ

通信の信頼性は低くないけれども速度が遅い場合、たとえば日本とアメリカ間で大容量データを送受信する場合に、UDPを使って短時間で送受信を済ませたいときにはTsunami UDPというソフトウェアが使えるかもしれません。

- Tsunami UDP
  http://tsunami-udp.sourceforge.net/

Column｜ICMPの役割

あまり登場しないICMPですが、通信するうえで非常に重要な役割を担っています。

通信を制御するためのパケットサイズの調整など、通信機器同士が必要な情報をやりとりするのに使うので、むやみに遮断してはいけません。

4-5 URLとURI

FQDN、IPアドレス、ポート番号、サービス、プロトコルについて学習しましたが、これを表記する統一規格があります。

RFC3986で規定されているURI（Uniform Resource Identifier）です。

- RFC3986
  http://www.ietf.org/rfc/rfc3986.txt

よく聞くURL（Uniform Resource Locator）はURIのサブセットです。つまり、URIはURLを包含した規格です。

URIはとても表現力が豊かですが複雑なので、全容は原典を確認してください。

- Uniform Resource Identifier (URI): Generic Syntax
  http://tools.ietf.org/html/rfc3986

多少アバウトですが、基本の構文は覚えておきましょう。構文のそれぞれは省略できることがあります。

またポート番号はschemeから推測できるため省略可能なことが多いのですが、敢えてWELL KNOWN PORT以外で起動することもあるため、指定の書式を覚えておきましょう。

書式 URI

＜スキーム＞：//＜ユーザ名＞：＜パスワード＞@＜ホスト＞：＜ポート＞＜パス＞

それぞれのURIの書式の具体的な例は**表4.4**のとおりです。

表4.4 URIの読み方

URI	スキーム	ユーザ名	パスワード	ホスト	ポート	パス
http://www.example.com/	http	なし	なし	www.example.com	なし	/
http://www.example.com:8080/admin	http	なし	なし	www.example.com	8080	/admin

URI	スキーム	ユーザ名	パスワード	ホスト	ポート	パス
http://127.0.0.1:5000/admin/	http	なし	なし	127.0.0.1	5000	/admin/
https://me:pass@dav.example.com/	https	me	pass	dav.example.com	なし	/
mailto:boss@example.com	mailto	boss	なし	example.com	なし	なし

4時間目の実践はこれでおしまいです。お疲れさまでした！

確認テスト

Q1 http://www.example.com/hoge と http://www.example.com/hoge/ の違いを技術的に説明してください。

Q2 L4で使われている代表的なプロトコルを2つ挙げ、特徴を説明してください。

5時間目 サーバ構築の基礎知識

5時間目からいよいよサーバの基礎を開始します。サーバを構築するうえで必要な知識・技術を学びます。基本を押さえて、想定外のことが起きたときにも対応できる要点をつかんでいきましょう。

今回のゴール

- yumコマンドでソフトウェアをインストールできるようになること
- CentOSの設定ファイルの配置を覚えること
- OSを起動する流れを理解すること

5-1 ソフトウェアの追加インストールを準備する

　CentOSにソフトウェアをインストールする場合、いくつか方法がありますが、以下の順番で検討しましょう。以前よりLinuxを使っているユーザの中には③の方法を好んで選択する人がいますが、この方法は多数のサーバを効率的かつ安全に管理する場合には非常に手間がかかるのであまりお勧めできません。

① パッケージをソフトウェアリポジトリから入手してインストールする
② パッケージを直接入手してインストールする
③ ソースコードからコンパイルしてインストールする

　ソフトウェアを格納して簡単にインストールできるようにしてあるのがソフトウェアリポジトリです（以下、単に「リポジトリ」と表記します）。リポジトリはCentOS

公式のもの、個人作成のものなど多数あり、使いたいリポジトリをOSに登録することで利用できるようになります。

　CentOSのソフトウェアはrpm形式（Windowsのmsiにあたります）でパッケージングされて配布されており、リポジトリにはそのrpm形式のファイルが大量に登録されています。CentOSをインストールした直後の状態では、CentOSの公式リポジトリが数種類登録されています。

　CentOSでは、リポジトリからの一覧取得、ダウンロード、インストールなどを行うためにyumコマンドを使います。yumコマンドを使うことで、バージョンアップの有無の確認、rpm形式のファイルの取得、インストールなどを一括で実行できます。なお、rpm形式のファイルを直接取り扱うためにはrpmコマンドを使います。

　まとめると、yumコマンドとrpmコマンドは、下記のように使い分けます。

- リポジトリからソフトウェアをインストールする……yumコマンド
- rpm形式のファイルからインストールする……rpmコマンド

　では、yumコマンドを使って現在登録されているリポジトリを確認してみましょう。

```
[root@bootcamp ~]# yum repolist
読み込んだプラグイン :fastestmirror
base                                              | 3.6 kB  00:00:00
extras                                            | 3.4 kB  00:00:00
updates                                           | 3.4 kB  00:00:00
(1/4): extras/7/x86_64/primary_db                 |  26 kB  00:00:00
(2/4): base/7/x86_64/group_gz                     | 157 kB  00:00:00
(3/4): base/7/x86_64/primary_db                   | 4.9 MB  00:00:06
(4/4): updates/7/x86_64/primary_db                | 3.6 MB  00:00:06
Determining fastest mirrors
 * base: ftp.tsukuba.wide.ad.jp
 * extras: ftp.tsukuba.wide.ad.jp
 * updates: ftp.tsukuba.wide.ad.jp
リポジトリー ID             リポジトリー名                              状態
base/7/x86_64              CentOS-7 - Base                            8,465
```

```
extras/7/x86_64            CentOS-7 - Extras                    44
updates/7/x86_64           CentOS-7 - Updates                1,011
repolist: 9,520
```

base、extras、updatesの3つのリポジトリを利用できることがわかります。

次に、これらのリポジトリを利用してmanコマンドをインストールしましょう。

yumコマンドは、引数にサブコマンドを指定していろいろな動作をさせることができます。代表的なサブコマンドは表5.1のとおりです（「yum --help」で一覧を確認できます）。

表5.1 yumコマンドの代表的なサブコマンド

サブコマンド	意味	利用例
list	リポジトリに登録されているソフトウェアの一覧を表示する	yum list
search	リポジトリを検索する	yum search hoge
install	ソフトウェアをインストールする	yum install hoge
check-update	インストール済みのソフトウェアにアップデートがあるかどうかを確認する	yum check-update
update	インストール済みのソフトウェアをアップデートする	yum update
remove	インストール済みのソフトウェアをアンインストールする	yum remove hoge

Column　サーバをインターネットに接続していない場合のDVD-ROMの使い方

　サーバをインターネットに接続していない場合は、付属のDVD-ROMを使ってください。

　まず、ホストOSでDVD-ROMをマウントします。VirtualBoxの「bootcamp」を選択して「設定（S）」を押し、「ストレージ」タブで「コントローラー：IDE」の「空」のストレージを選択し、ダイアログ右側の円盤アイコンをクリックして「仮想CD/DVDディスクファイルの選択…」で「15terms.iso」を選択して割り当て、「OK」ボタンを押します（図A）。

図A DVD-ROMのマウント

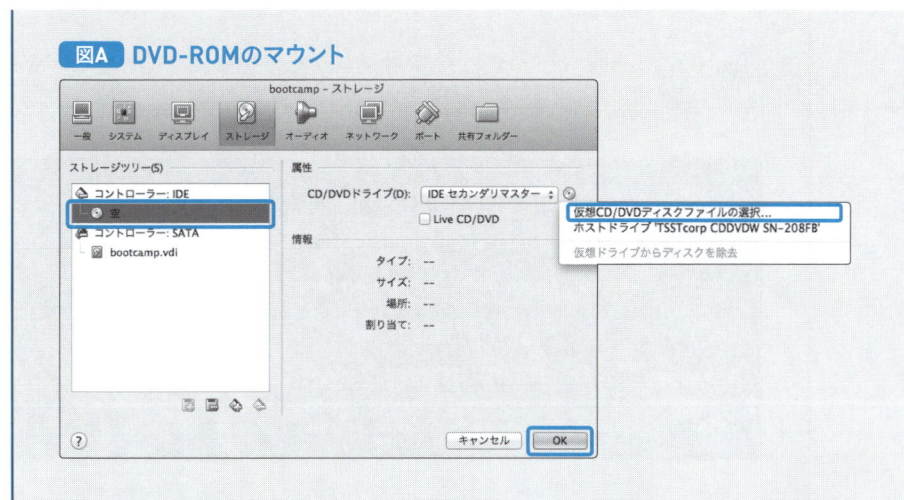

CentOSを起動・ログインし、mountコマンドを使ってDVD-ROM内の15terms.isoをマウントします。

```
[root@bootcamp ~]# mount -t iso9660 /dev/sr0 /media
```

インターネットに接続していないとCentOSのデフォルトリポジトリは使えないので、rmコマンドでリポジトリを消去してしまいましょう（「y」を押す）。

```
[root@bootcamp ~]# rm /etc/yum.repos.d/*
```

DVD-ROMの中にある独自リポジトリを利用できるように、「/etc/yum.repos.d/15terms.repo」にyumコマンドの設定ファイルを作成します。

```
[root@bootcamp ~]# cp /media/15terms.repo /etc/yum.repos.d/.
[root@bootcamp ~]# cat /etc/yum.repos.d/15terms.repo
[15terms]
name=15terms
baseurl=file:///media/repo
```

「yum repolist」で、追加したリポジトリだけを認識していることを確認してください。

```
[root@bootcamp ~]# yum repolist
Loaded plugins: fastestmirror
Loading mirror speeds from cached hostfile
repo id                repo name              status
15terms                15terms                506
repolist: 506
```

また、「yum install」を実行する際には--nogpgcheckオプションが必要なので、以降、「yum install」を「yum --nogpgcheck install」と適宜読み替えてください。

Column プロキシ環境下でのyumコマンドの利用方法

一部企業や学校などでは、HTTP通信を利用するためにプロキシを設定していることがあります。その場合は、yumコマンドの設定ファイルに次のようにプロキシを記述する必要があります。

```
proxy=http://example.com:8080/
```

また、コマンドラインで一時的にプロキシを設定したい場合は、次のように環境変数http_proxyにプロキシを設定します。

```
export http_proxy="http://example.com:8080/"
```

詳しくは、「man yum.conf」を実行してマニュアルを参照してください（manのインストールと使い方は次項で説明します）。

> **Column** プログラム実行環境とライブラリのインストールのトレンド
>
> 本書ではyumコマンドでプログラム実行環境をインストールしますが、最近はOSのパッケージ管理システムではなく、言語ごとのパッケージ管理システムを利用するのがトレンドです。Rubyであればgemとrbenv、あるいはgemとrvm、Pythonであればpipとvirtualenv、Perlであればcpanmとperlbrewなどを利用します。
>
> OS全体で利用しているプログラム実行環境とは別に、独立してアプリケーションを管理できます。こうすることで依存関係の問題を回避することができ、OS全体とアプリケーションのそれぞれを適切に管理できるようになります。

5-2 リポジトリからソフトウェアをインストールする

それではソフトウェアをインストールしましょう。今回は例として、DNSの問い合わせを行う「dig」をインストールしてみます。

5-2-1　yumからインストールする

インストールには「yum」を利用します。実際にインストールする前に、まずはdigがインストールされているか確認しましょう。少し乱暴ですが、試しに実行してみます。

```
[root@bootcamp ~]# dig
-bash: dig: コマンドが見つかりません
```

インストールされていないようです。digは「bind-utils」というパッケージ名でパッケージングされています。これについても、現在インストールされているか確認してみましょう。

```
[root@bootcamp ~]# yum list bind-utils
読み込んだプラグイン:fastestmirror
Loading mirror speeds from cached hostfile
 * base: ftp.tsukuba.wide.ad.jp
 * extras: ftp.tsukuba.wide.ad.jp
 * updates: ftp.tsukuba.wide.ad.jp
利用可能なパッケージ
bind-utils.x86_64              32:9.9.4-14.el7              base
```

この結果を見ると、bind-utilsは「利用可能なパッケージ」となっており、利用可能だがインストールされていない状態だとわかります。

別の方法としてrpmでも確認してみましょう。rpmコマンドに「-qa」オプションを付けると、インストールされているパッケージの一覧が表示されます。大量に表示されるので、「grep」を使ってフィルタリングしましょう。

```
[root@bootcamp ~]# rpm -qa | grep -iw bind-utils -c
0
```

結果が「0」と表示されており、bind-utilsらしいものが1つもインストールされていないことを確認できました。

それではbind-utilsをインストールしましょう。パッケージはyumで簡単にインストールできます。

```
[root@bootcamp ~]# yum install bind-utils
```

途中で2度質問が表示されて「y/N」と入力を促されますが、両方とも「y」と入力してください。1回目の「Is this ok [y/N]:」はインストール内容が正しいかどうかという質問で、2回目の「Is this ok [y/N]:」はGPG鍵のインポートをしてよいかどうかという質問です。

1回目の質問のときに確認すべきポイントは以下の2点です。

- インストール対象に指定したソフトウェアが「Installing」にあるかどうかを確認する（とくにソフトウェアを複数指定した場合）。
- 「Installing for dependencies」に意図しないソフトウェアが表示されることがあるので、それをインストールしてよいかどうかを確認する。

では1回目の確認の直前の出力を見てみましょう。

```
================================================================
 Package          アーキテクチャー    バージョン          リポジトリー      容量
================================================================
インストール中：
 bind-utils       x86_64          32:9.9.4-14.el7     base          198 k
依存性関連でのインストールをします：
 bind-libs        x86_64          32:9.9.4-14.el7     base          1.0 M

トランザクションの要約
================================================================
インストール   1 パッケージ（+1 個の依存関係のパッケージ）
```

　今回は上記のとおり、インストールしたいbind-utilsがインストール中になっています。またbind-libsが「依存性関連でのインストールをします」となっています。今回、bind-libsは意図的にインストールするわけではありませんが、bind-utilsを動かすにはこの2つが必要であるという依存関係が指定されているためインストールすることになっています。

　Linuxはいろいろなソフトウェアを組み合わせてソフトウェアを作る文化があり、たいていのソフトウェアは別のソフトウェアを利用して作られています。そのため、あるソフトウェアを動かすために必要なソフトウェアを依存関係として指定することで、それらのソフトウェアが漏れなくインストールできるしくみになっています。

　なお、2回目のほうは指定したリポジトリを本当に利用してよいかどうかの確認で、リポジトリごとに最初の1回目だけ確認されます。

　これでインストールは完了です。正しくインストールできているか確認してみましょう。

```
[root@bootcamp ~]# dig -v
 DiG 9.9.4-RedHat-9.9.4-14.el7
```

バージョンが表示されました。rpmコマンドでbind-utilsパッケージを確認してみましょう。

```
[root@bootcamp ~]# rpm -qa | grep -iw bind-utils -c
1
```

それらしきものが1つインストールされています。

```
[root@bootcamp ~]# rpm -qa | grep -iw bind-utils
bind-utils-9.9.4-14.el7.x86_64
```

bind-utilsがインストールされていることを確認できました。これでdigが使えるようになります。

5-2-2　manを活用する

あるコマンドの使い方がわからなくなったときに立ち返るのは「--help」「-h」の2つのオプションと「man」コマンドです。これら2つのオプションmanコマンドはとても重要です。

```
[root@bootcamp ~]# man man
```

下記の画面が表示されましたか？　表示されたら［↑］［↓］を押すか、viを使うときのように［j］［k］でカーソルを上下に動かして読んでみましょう。［q］で終了できます。

```
MAN(1)                    Manual pager utils                    MAN(1)

NAME
       man - an interface to the on-line reference manuals

SYNOPSIS
       man [-C file] [-d] [-D] [--warnings[=warnings]] [-R encoding]
       [-L locale] [-m
       system[,...]] [-M path] [-S list] [-e extension] [-i|-I]
       [--regex|--wildcard]
       [--names-only] [-a] [-u] [--no-subpages] [-P pager]
       [-r prompt] [-7] [-E
       encoding] [--no-hyphenation] [--no-justification]
       [-p string] [-t]
       [-T[device]] [-H[browser]] [-X[dpi]] [-Z] [[section] page ...]
       ...
       man -k [apropos options] regexp ...
       man -K [-w|-W] [-S list] [-i|-I] [--regex] [section] term ...
       man -f [whatis options] page ...
       man -l [-C file] [-d] [-D] [--warnings[=warnings]]
       [-R encoding] [-L locale]
       [-P pager] [-r prompt] [-7] [-E encoding] [-p string]
       [-t] [-T[device]]
       [-H[browser]] [-X[dpi]] [-Z] file ...
       man -w|-W [-C file] [-d] [-D] page ...
       man -c [-C file] [-d] [-D] page ...
       man [-?V]

(略)
```

正常に動いていることが確認できました。

では、これからmanの読み方を説明します。今度はechoコマンドのmanを表示してみましょう。

```
[root@bootcamp ~]# man echo
ECHO(1)                         User Commands                        ECHO(1)

NAME
       echo - display a line of text

SYNOPSIS
       echo [SHORT-OPTION]... [STRING]...
       echo LONG-OPTION

DESCRIPTION
       Echo the STRING(s) to standard output.

       -n     do not output the trailing newline

       -e     enable interpretation of backslash escapes

       -E     disable interpretation of backslash escapes (default)
（略）
AUTHOR
       Written by Brian Fox and Chet Ramey.


COPYRIGHT
       Copyright   2013 Free Software Foundation, Inc.   License GPLv3+: 
GNU GPL ver-
       sion 3 or later <http://gnu.org/licenses/gpl.html>.
       This  is free software: you are free to change and redistribute 
it.  There is
```

```
       NO WARRANTY, to the extent permitted by law.


   SEE ALSO
       The full documentation for echo is maintained as a Texinfo ⏎
manual.  If  the
       info and echo programs are properly installed at your site, ⏎
the command

              info coreutils 'echo invocation'

       should give you access to the complete manual.


GNU coreutils 8.22              June 2014                       ECHO(1)
```

　ざっと見るとわかりますが、manはブロックごとに分けて書かれています。上記では「NAME」「SYNOPSIS（要約）」「DESCRIPTION（説明）」「AUTHOR（著者）」「COPYRIGHT（コピーライト）」「SEE ALSO（参照）」に分かれています。

　注目するポイントは、「SYNOPSIS」と「DESCRIPTION」と「SEE ALSO」です。「SYNOPSIS」には、コマンドの使い方が書かれているので、コマンドの使い方を知るにはまずここを見ましょう。

　「DESCRIPTION」には、コマンドの詳しい説明が書かれています。各コマンドラインオプションの意味や設定可能値などもここにあります。

　「SEE ALSO」には、関連するコマンドが書かれています。ここに書かれたコマンドもチェックすることで、コマンドの理解がより深まります。各コマンドのあとには「(1)」と書かれていますが、この（）内の数字にはもちろん意味があります。この中の数字は「セクション」と呼ばれ、それがどういう用途のコマンドなのかを示しています。

　英語版のmanのmanに記載されているセクションの一覧は以下のとおりです（カッコ内の日本語訳は筆者によるもの）。

```
1 User Commands（ユーザコマンド）
2 System Calls（システムコール）
3 C Library Functions（C ライブラリ関数）
4 Devices and Special Files（デバイスとスペシャルファイル）
5 File Formats and Conventions（ファイルフォーマットと変換）
6 Games et. Al.（ゲームなど）
7 Miscellanea（その他いろいろ）
8 System Administration tools and Deamons（システム管理ツールとデーモン）
```

　セクションを確認すると、そのコマンドがどういう用途に使われるものなのか、おおよそ見当がつきます。

　名称は重複することがあります。たとえば、printfコマンドにはセクション1と3があります。「man printf」を実行して、「SEE ALSO」を見てみてください。その場合、manコマンドを実行する際にどのセクションのマニュアルを見たいのかをmanコマンドの引数で指定します。

> ## Column 日本語のmanと英語のman
>
> 　ほとんどのmanの原本は英語ですが、CentOSでは多くのmanが日本語に訳されています。ただし、これは有志の活動によるものが多いので、英語版が更新されても日本語版が更新されていないことがあります。
>
> 　また、ソフトウェアエンジニアの中には、ソースコードを書くのは得意でもドキュメントを書くのは苦手な人がいたりするので、manや公式ドキュメントに違和感を覚えたら英語版を参照する習慣をつけてください。専門用語以外は中学生レベルの英語でだいたい読めます。
>
> 　コマンドの使い方がわかりにくいときにGoogle検索に頼りたくなる気持ちはわかりますが、個人のブログなどは情報が古かったり、不正確であったりすることがよくあります。ヒントとしてはとてもよいのですが、鵜呑みにしないように注意してください。
>
> 　manで英語のマニュアルを読みたい場合は、次に示すようにmanコマンドの前にLANG=Cと書いて言語を指定することで英語版を確認できます。

```
LANG=C man bash
```

5-3 ホスト名を変更してみる

　前置きが長くなりましたが、コマンドを使ってみましょう。最初にホスト名を変更してみます。ホスト名はコマンドプロンプトの@以降に表示されていますし、hostnameコマンドや「uname -n」でも表示できます。

　ホスト名はhostnameコマンドでも変更できますが、CentOS 7ではNetwork Managerで設定するため、「nmcli」コマンドで設定します。まず、変更前の状態を確認しましょう。

```
[root@bootcamp ~]# hostname
bootcamp
[root@bootcamp ~]# uname -n
bootcamp
```

　ホスト名は「bootcamp」となっています。

　それではホスト名を変更しましょう。まずは「nmcli --help」でnmcliコマンドの使い方を確認しましょう。

```
[root@bootcamp ~]# nmcli --help
使い方: nmcli [ オプション ] オブジェクト { コマンド | help }

オプション
  -t[erse]                         簡潔な出力
  -p[retty]                        人間が読みやすい出力
  -m[ode] tabular|multiline        出力モード
  -f[ields] <field1,field2,...>|all|common    出力フィールドの指定
```

127

```
    -e[scape] yes|no                値内のコラムセパレーターをエスケープ
    -n[ocheck]                      nmcli および NetworkManager のバー
                                    ジョンをチェックしない
    -a[sk]                          足りないパラメーターを問い合わせる
    -w[ait] <seconds>               動作の完了を待機するタイムアウトを設定
    -v[ersion]                      プログラムバージョン
    -h[elp]                         このヘルプを出力

オブジェクト
    g[eneral]        NetworkManager の全般的な状態と動作
    n[etworking]     全体的なネットワーク制御
    r[adio]          NetworkManager ラジオスイッチ
    c[onnection]     NetworkManager の接続
    d[evice]         NetworkManager で管理しているデバイス
```

ホスト名は全般的な話なので、オブジェクトに「general」を指定して再度ヘルプを見てみましょう。

```
[root@bootcamp ~]# nmcli general --help
Usage: nmcli general { COMMAND | help }

COMMAND := { status | hostname | permissions | logging }

  status

  hostname [<hostname>]

  permissions

  logging [level <log level>] [domains <log domains>]
```

「nmcli general hostname」の後に、指定したいホスト名を引数として書けばよさそうです。今回は試しに、ホスト名を「sandbox」という名前に変更してみましょう。変更し終えたら、設定する前と設定したあとを比較してみましょう。

```
[root@bootcamp ~]# nmcli general hostname sandbox
[root@bootcamp ~]# hostname
sandbox
[root@bootcamp ~]# uname -n
sandbox
```

「uname -n」でホスト名が「sandbox」に変更されているのが確認できました。しかし、プロンプトのホスト名が「bootcamp」のままです。これは、プロンプトの表示内容はログイン時に決まっていて、ホスト名が変わっても更新しないためです。変更後にexitコマンドでログアウトして再度ログインすれば、プロンプトの表示も変わります。

では、rebootコマンドを実行してサーバを再起動してみましょう。再起動したらログインして、再度変更を確認します。

```
[root@sandbox ~]# hostname
sandbox
[root@sandbox ~]# uname -n
sandbox
```

これでホスト名の変更は完了しましたので、確認したらホスト名を元の「bootcamp」に戻しておいてください。

> **Column　サーバの再起動について**
>
> サーバの設定を変更した場合、その都度サーバを再起動するようにしてください。再起動でリセットされてしまうことがあるかもしれません。

> 設定変更の反映には、オンラインとオフラインの2種類があります。
>
> ・オンラインでの設定変更……対象のサーバやサービスを停止・再起動せずに設定変更を反映する
> ・オフラインでの設定変更……対象のサーバやサービスを停止・再起動して設定変更を反映する
>
> 一昔前まではオフラインでの設定変更で問題ないことが多かったのですが、現在はインターネットが普及して24時間365日稼働し続ける前提のシステムが増えているため、オンラインでの設定変更のニーズが増えています。

5-4 OS設定ファイル

OSの設定ファイルを見ていきましょう。よく使うものなので、しっかり覚えてください。

1時間目で学習したとおり、設定ファイルは/etc配下にあります。

◆/etc/resolv.conf

名前解決の設定を行います。具体的には、利用するDNSサーバやその使い方を設定します。DHCPクライアントやNetworkManagerのようなネットワーク設定ツールによって内容が書き換えられます。CentOS 6まではサーバ管理者が環境に応じて設定していましたが、CentOS 7ではNetworkManagerを利用して設定します。

設定は、ファイルを書き込んだタイミングで反映されます。今回の実習環境の場合は、VirtualBoxがDHCPで配布したものをDHCPクライアントが自動的に設定しています。

◆/etc/hosts

IPアドレスと名前を設定します。内容は、簡易的な名前解決のためのIPアドレス-ホスト名の対照表です。サーバ管理者が必要に応じて設定します。設定は、ファイルを書き込んだタイミングで反映されます。

DNSを使う名前解決と比較して、DNS問い合わせがない分、応答が速いのですが、

1つのシステム内にサーバが複数台ある場合、各サーバの設定がずれると、ホストAのファイルを消すつもりでホストBのファイルを消してしまうなどの事故が起こり、悲惨なことになります。

◆/etc/services

ポート番号とプロトコル、サービス名を設定します。IANAで登録された、一般的によく使われているポート番号とプロトコル、サービス名が記載されています。通常、このファイルを編集することはありません。

設定は、ファイルを書き込んだタイミングで反映されます。

◆/etc/hosts.allow、/etc/hosts.deny

TCP Wrapper（libwrap）というライブラリを利用する場合のアクセス制御を設定します。サーバ管理者が必要に応じて設定します。設定は、ファイルを書き込んだタイミングで反映されます。

sshdもTCP Wrapperを利用していますが、どのプログラムのどのバージョンがTCP Wrapperを利用しているかについては、調べないとわかりません。

TCP Wrapperを利用しているプログラムであれば、同じ方法でアクセス制御ができるのが利点です。

/etc/hosts.allowがホワイトリスト、/etc/hosts.denyがブラックリストとして機能します。denyhosts（http://denyhosts.sourceforge.net/）のように、アクセスログを基に自動的にブラックリストを作成・維持するソフトウェアもあります。

◆/etc/sysctl.conf

OSの核の部分であるカーネルを設定します。

サーバ管理者が必要と環境に応じて設定します。設定の反映にはsysctlコマンドを利用します。sysctlコマンドで反映を実施したタイミング、またはサーバ再起動によって設定が反映されます。設定項目のことを「カーネルパラメータ」と呼びます。カーネルパラメータのデフォルトはソースコードで規定されているもののほかに、起動時にメモリ容量などによって動的に決定されるものもあるので、むやみに固定値を設定しないようにします。

◆/etc/centos-release、/etc/os-release、/etc/redhat-release、/etc/system-release

インストールされているCentOSのバージョンが記載されています。手動で編集す

ることはなく、yumコマンドによるアップデートで書き換えられます。

◆/etc/init.d/*

サーバ起動時・終了時に実行するスクリプトが配置されています。yumコマンドでソフトウェアをインストールしているうちは、手動で編集することはほとんどありません。

◆/etc/sysconfig/*

各種デーモンやシステムの設定ファイルが配置されています。サーバ管理者が必要と環境に応じて設定するファイルが大半ですが、/etc/sysconfig/iptablesなどの一部のファイルは、ユーティリティによって自動的に更新されます。

デーモンの起動オプションや動作オプションを指定するために編集することが多いです。

設定の変更を反映するタイミングはソフトウェアによりますが、ほとんどの場合、ソフトウェアを再起動したタイミングで反映されます。

◆/etc/sysconfig/network

ネットワークの基本設定ファイルです。ホスト名やネットワークの利用の有無などを、サーバ管理者が必要と環境に応じて設定します。CentOS 6まではサーバ管理者が環境に応じて設定していましたが、CentOS 7では直接ファイルを編集せず、NetworkManagerを通して設定します。設定は、ネットワークの再起動（service network restart）またはサーバを再起動したタイミングで反映されます。

◆/etc/sysconfig/network-scripts/*

ネットワークの設定ファイルや支援スクリプトが配置されています。インターフェースごとの設定ファイル（ifcfg-*）や、インターフェース起動時のスクリプト（ifup-*）、インターフェース停止時のスクリプト（ifdown-*）、ルーティング設定（ifup-routes、ifdown-routes）など、ネットワークに関する具体的な設定ファイル・スクリプトがあります。

CentOS 6まではサーバ管理者が環境に応じて設定していましたが、CentOS 7ではほとんどのファイルは直接編集せず、NetworkManagerを通して設定します。

◆/etc/profile、/etc/bashrc、/etc/profile.d/*

各種環境設定が配置されています。システム全体の設定は/etc/profileに、ログイン

環境の設定は/etc/bashrcに記載されています。

　これらの環境設定は、サーバ管理者が必要と環境に応じて行いますが、設定を変更する場合、これらのファイルを直接編集することはせずに、/etc/profile.d/*にファイルを作成するようにします。

　設定は、設定ファイルを書き込んだ以降のログインやプログラムを起動したタイミングで反映されます。

◆/etc/security/limits.conf、/etc/security/limits.d/*

　ユーザごとのシステムリソース利用制限を設定します。設定は、サーバ管理者が必要と環境に応じて行いますが、設定を変更する場合、limits.confを直接編集することはせず、/etc/security/limits.d/*にファイルを作成するようにします。

　設定は、設定ファイルを書き込んだ以降のログインやプログラムを起動したタイミングで反映されます。

　ulimitコマンドでも同じように設定することができますが、継続管理するサーバでは設定ファイルで明示的に設定するべきです。なお、デーモンのリソース設定は/etc/sysconfig/*にulimitを書いたほうがよいです。

◆/etc/passwd、/etc/shadow

　ユーザとユーザ情報の一覧、認証情報の一覧を設定します。設定はサーバ管理者が必要と環境に応じて行いますが、このファイルを直接編集することはせず、useradd、usermod、userdel、passwd、chpasswdなど、目的に応じたユーティリティコマンドを利用し、設定を変更します。どうしてもエディタで編集したい場合は、vipwコマンドを利用します。

　設定は、設定ファイルを書き込んだタイミングで反映されます。

　なお、ファイル名の最後に「-」が付いている/etc/passwd-と/etc/shadow-はバックアップファイルです。

◆/etc/group

　グループとグループ情報の一覧を設定します。設定はサーバ管理者が必要と環境に応じて行いますが、このファイルを直接編集することはせず、groupadd、groupdel、groupmodなど、目的に応じたユーティリティコマンドを利用します。どうしてもエディタで編集したい場合にはvigrコマンドを利用します。

　設定は、設定ファイルを書き込んだタイミングで反映されます。

　なお、ファイル名の最後に「-」が付いている/etc/group-はバックアップファイル

です。

◆/etc/skel/*

新規にユーザを作成した場合に作成されるホームディレクトリのひな形です。/etc/skel/.bashrcを編集すると、それ以降にユーザを追加した場合には必ず編集済みのファイルが配布されます。

設定は、サーバ管理者が必要と環境に応じて行います。設定ファイルを書き込んだ以降のユーザ作成時から有効となります。

5-5 OSログファイル

OSのログファイルを見ていきましょう。こちらもよく使うものなので、しっかり覚えてください。

1時間目で学習したとおり、ログファイルは/var配下にあります。

以下のファイルに限らず、/var/logの配下にはさまざまなログファイルがあるので、どこかがうまく動作しない場合は、まずこの配下のログファイルを見るようにしてください。

◆/var/log/messages

さまざまな出力を集めた基本的なログファイルです。

◆/var/log/maillog

メール関連の出力を集めたログファイルです。

◆/var/log/secure

ログインなどの認証関連の情報を集めたログファイルです。

◆/var/log/cron

cron関連の出力を集めたログファイルです。

5-6 OS起動の流れ

　ここで、VirtualBoxで起動ボタンを押してからCentOSが起動するまでの流れを確認しましょう。基本的な流れは以下のとおりです。

① BIOSがブートローダを読み込み、実行する
② ブートローダがカーネルと初期ファイルシステム（initramfs）を読み込み、実行する
③ カーネルがルートファイルシステムをマウントして起動処理（init）を実行する

　CentOSのブートローダはgrub2です。今まで起動処理中にはプログレスバーが出ていたと思いますが、起動処理の裏側を垣間見るために、起動処理の詳細が画面に表示されるようにgrubの設定を変更してみましょう。
　起動すると、BIOSの画面が表示されます（図5.1）。

図5.1 BIOS画面

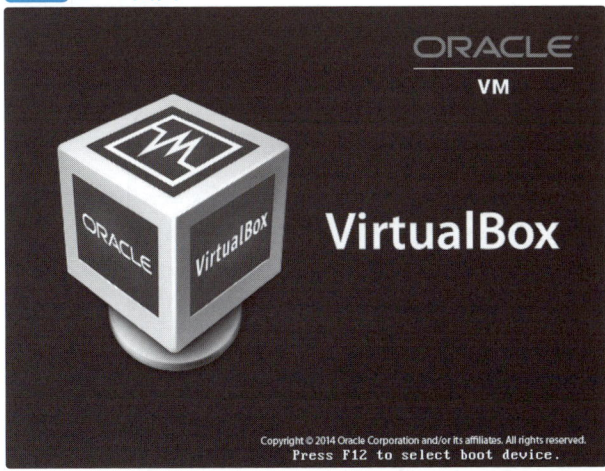

　少し待つと、自動的に次の画面に進みます（図5.2）。grubの設定を進めるために、このタイミングで何かキーを押してgrubのメニューを表示させます。

図5.2 何かキーを押して先に進む

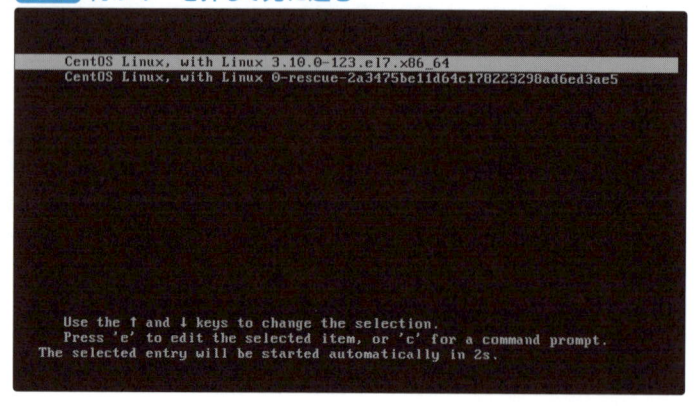

```
CentOS Linux, with Linux 3.10.0-123.el7.x86_64
CentOS Linux, with Linux 0-rescue-2a3475be11d64c178223298ad6ed3ae5




       Use the ↑ and ↓ keys to change the selection.
       Press 'e' to edit the selected item, or 'c' for a command prompt.
       The selected entry will be started automatically in 2s.
```

　インストールされているカーネルのバージョンが表示されます（**図5.3**）。バージョンアップなどにより複数のカーネルがインストールされている状態だと、複数行表示されます。複数のカーネルがインストールされている状態で、あえて古いバージョンのカーネルで起動したい場合には、この画面で古いバージョンを選択します。

　それでは、カーネルの起動オプションを変更するために［e］を押して編集メニューに入りましょう。

図5.3 インストールされているカーネルのバージョン

```
CentOS Linux, with Linux 3.10.0-123.el7.x86_64
CentOS Linux, with Linux 0-rescue-2a3475be11d64c178223298ad6ed3ae5




       Use the ↑ and ↓ keys to change the selection.
       Press 'e' to edit the selected item, or 'c' for a command prompt.
       The selected entry will be started automatically in 2s.
```

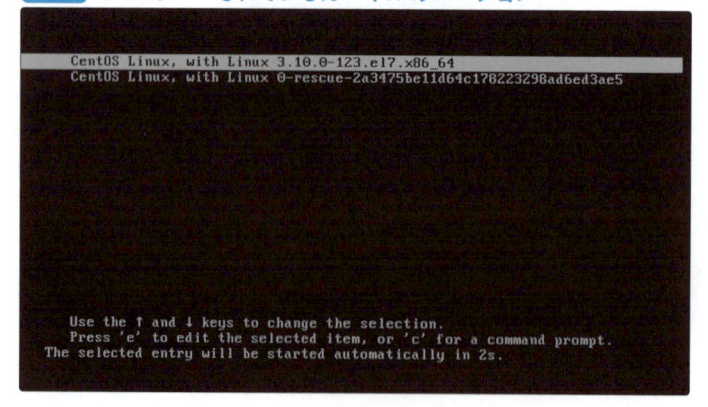

　編集メニューが表示されます（**図5.4**）。起動処理のプログレスバー表示を消すには、この中の「linux16」の行のオプションを編集します。矢印キーで下のほうに移動します（**図5.5**）。

図5.4 編集メニュー

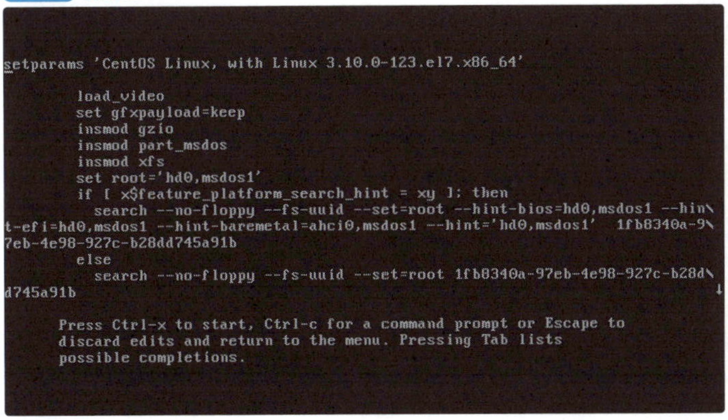

```
setparams 'CentOS Linux, with Linux 3.10.0-123.el7.x86_64'

        load_video
        set gfxpayload=keep
        insmod gzio
        insmod part_msdos
        insmod xfs
        set root='hd0,msdos1'
        if [ x$feature_platform_search_hint = xy ]; then
          search --no-floppy --fs-uuid --set=root --hint-bios=hd0,msdos1 --hin\
t-efi=hd0,msdos1 --hint-baremetal=ahci0,msdos1 --hint='hd0,msdos1'  1fb8340a-9\
7eb-4e98-927c-b28dd745a91b
        else
          search --no-floppy --fs-uuid --set=root 1fb8340a-97eb-4e98-927c-b28d\
d745a91b

      Press Ctrl-x to start, Ctrl-c for a command prompt or Escape to
      discard edits and return to the menu. Pressing Tab lists
      possible completions.
```

図5.5 矢印キーで下のほうに移動し、「linux16」の行を表示させる

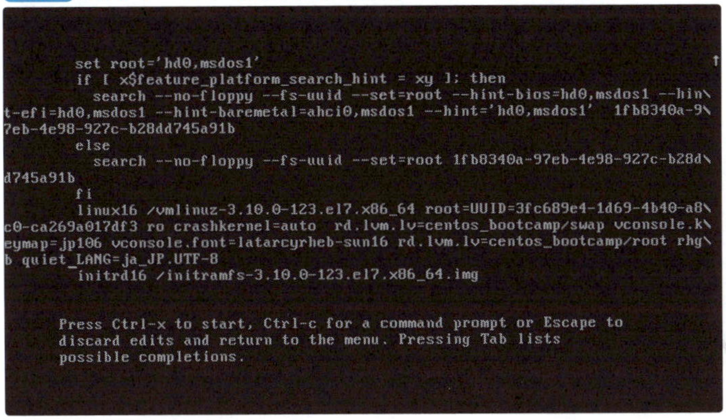

```
        set root='hd0,msdos1'
        if [ x$feature_platform_search_hint = xy ]; then
          search --no-floppy --fs-uuid --set=root --hint-bios=hd0,msdos1 --hin\
t-efi=hd0,msdos1 --hint-baremetal=ahci0,msdos1 --hint='hd0,msdos1'  1fb8340a-9\
7eb-4e98-927c-b28dd745a91b
        else
          search --no-floppy --fs-uuid --set=root 1fb8340a-97eb-4e98-927c-b28d\
d745a91b
        fi
        linux16 /vmlinuz-3.10.0-123.el7.x86_64 root=UUID=3fc689e4-1d69-4b40-a8\
c0-ca269a017df3 ro crashkernel=auto  rd.lvm.lv=centos_bootcamp/swap vconsole.k\
eymap=jp106 vconsole.font=latarcyrheb-sun16 rd.lvm.lv=centos_bootcamp/root rhg\
b quiet_LANG=ja_JP.UTF-8
        initrd16 /initramfs-3.10.0-123.el7.x86_64.img


      Press Ctrl-x to start, Ctrl-c for a command prompt or Escape to
      discard edits and return to the menu. Pressing Tab lists
      possible completions.
```

矢印キーで行末まで移動し、「rhgb」と「quiet」を削除します（**図5.6**）。

1 2 3 4 5 時間目 6 7 8 9 10 11 12 13 14 15

図5.6 「rhgb」と「quiet」を削除

```
        set root='hd0,msdos1'
        if [ x$feature_platform_search_hint = xy ]; then
          search --no-floppy --fs-uuid --set=root --hint-bios=hd0,msdos1 --hin\
t-efi=hd0,msdos1 --hint-baremetal=ahci0,msdos1 --hint='hd0,msdos1'  1fb8340a-9\
7eb-4e98-927c-b28dd745a91b
        else
          search --no-floppy --fs-uuid --set=root 1fb8340a-97eb-4e98-927c-b28d\
d745a91b
        fi
        linux16 /vmlinuz-3.10.0-123.el7.x86_64 root=UUID=3fc689e4-1d69-4b40-a8\
c0-ca269a017df3 ro crashkernel=auto  rd.lvm.lv=centos_bootcamp/swap vconsole.k\
eymap=jp106 vconsole.font=latarcyrheb-sun16 rd.lvm.lv=centos_bootcamp/root LAN\
G=ja_JP.UTF-8
        initrd16 /initramfs-3.10.0-123.el7.x86_64.img

      Press Ctrl-x to start, Ctrl-c for a command prompt or Escape to
      discard edits and return to the menu. Pressing Tab lists
      possible completions.
```

削除が完了したら、[Ctrl] と [x] を同時に押してください。これで起動処理が始まります。起動するための処理が画面に次々と表示されます。

図5.7 起動処理が始まる

```
[  OK  ] Started Create list of required static device nodes ...current kernel.
         Starting Create static device nodes in /dev...[    3.166049] systemd-jo
urnald[434]: Vacuuming done, freed 0 bytes

         Starting Remount Root and Kernel File Systems...
[  OK  ] Started udev Coldplug all Devices.
[  OK  ] Started Remount Root and Kernel File Systems.
         Starting Import network configuration from initramfs...
         Starting Configure read-only root support...
         Starting Load/Save Random Seed...
systemd-fsck[427]: /sbin/fsck.xfs: XFS file system.
[  OK  ] Started Load/Save Random Seed.
[  OK  ] Started Configure read-only root support.
[  OK  ] Started Create static device nodes in /dev.
         Starting udev Kernel Device Manager...
[  OK  ] Reached target Local File Systems (Pre).
[  OK  ] Started Import network configuration from initramfs.
[  OK  ] Started udev Kernel Device Manager.
[    3.357228] systemd-udevd[460]: starting version 208
[    3.444422] parport_pc 00:03: reported by Plug and Play ACPI
[    3.486783] piix4_smbus 0000:00:07.0: SMBus base address uninitialized - upgr
ade BIOS or use force_addr=0xaddr
[    3.538469] e1000: Intel(R) PRO/1000 Network Driver - version 7.3.21-k8-NAPI
[    3.538953] e1000: Copyright (c) 1999-2006 Intel Corporation.
```

5時間目の実践はこれでおしまいです。お疲れさまでした！

確認テスト

Q1 ソフトウェアを追加インストールする方法を3つ挙げ、その方法をどのように選択すべきかを説明してください。

Q2 /etc/passwd と /etc/shadow が分かれている理由を「man 5 shadow」で確認して説明してください。

6時間目 サーバセキュリティの基礎知識

6時間目はセキュリティについて学習します。セキュリティというと難しそうな感じがしますが、ある程度の基本を押さえるだけで安全性は格段に向上します。今回はその基本となる考え方と、実際にどの程度までのセキュリティを実装するのかを学びましょう。

今回のゴール

- セキュリティの基本的な考え方を理解すること
- ファイル権限やディレクトリ権限によるアクセス制御を使えるようになること
- ネットワークセキュリティの基本的な考え方を理解すること
- SSHで公開鍵認証を設定・利用できるようになること

» 6-1 セキュリティの基本的な考え方

　どんなサーバでも、インターネットに接続しただけで攻撃を受ける可能性があるのが現実です。攻撃してくるのは人ばかりではなくコンピュータの場合もあり、全自動式の定型化された攻撃を乱れ打ちしてきます。防御する側は、この定型化された攻撃に対処しなくてはなりません。

　「標的型攻撃」と呼ばれる、攻撃者が攻撃対象の内部事情を鑑みて標的に最適化した攻撃をされることもあります。このような標的型攻撃に対処する方法は非常に難しいため、別途専門書を参照するなどして対処してください（攻撃の具体例と参考書は次のコラムを参照してください）。

> **Column 最強の攻撃方法は何か**
>
> サーバ攻撃は、人間に対する標的型攻撃が最強と言えるでしょう。標的型攻撃には人質をとって脅迫するだけではなく、だまして情報を奪うなどいろいろな方法があります。たとえば、高圧的な上司のふりをして気弱な部下に電話をかけて顧客リストを奪う、出入りの清掃業者のふりをしてゴミ箱を回収し機密情報を収集するなど、映画さながらの方法で情報を奪うのです。このような、人間に対する攻撃を「ソーシャル・エンジニアリング」と呼びます。いくら技術的な方法でセキュリティを高めても、このソーシャル・エンジニアリングによって突破されてしまうことがあります。
>
> ソーシャル・エンジニアリングの脅威については、ケビン・ミトニック氏らが『欺術―史上最強のハッカーが明かす禁断の技法』という書籍にまとめられています。副読本としてぜひ読んでください。

セキュリティ対策を進めるうえで一番難しいのは、どこまで対策するのかを決めることです。セキュリティ向上の観点から実施すべき対策と、それに伴って発生する金銭的・人的コストを勘案し、落としどころを決めるのが難しいのです。

サーバ攻撃は大きく分けてサービス停止と乗っ取りの2種類があります。セキュリティ情報を確認するときには、どちらに対する対策なのか、よく確認しましょう。

◆サービス停止

システムが提供するサービスを停止させ、サービス提供者や利用者に損害を与えたり不利益を被らせるための攻撃です。「DoS攻撃」（Denial of Service attack）と呼ばれます。

手法としては、大量のアクセスによってシステムのリソースを使い尽くすものや、システムの不具合などを突いてプログラムやシステムを強制的に停止状態に追い込むものなどがあります。技術力・実行力の誇示や脅迫のために実施されることが多いです。

◆乗っ取り

システムを利用するためのIDやパスワードを不正取得したり、システムやソフトウェアの不備や不具合などを突いてパスワードなどのセキュリティ対策を回避したりして、システムを不正に利用する方法があります。不正侵入したあとにそのシステムを

乗っ取り、次の攻撃のための手駒にしたり、システム内の情報を不正取得して売却したりするなどの目的で実施されることが多いです。

6-2 セキュリティ実装の基本

セキュリティの実装の基本を見ていきましょう。

基本の1つ目は、ホワイトリストを使う方式です。このほかにブラックリスト方式もありますが、両者の違いは次のとおりです。

- ホワイトリスト方式……基本的にすべてのアクセスを拒否し、所定の要件に合致する場合のみ許可する
- ブラックリスト方式……基本的にすべてのアクセスを許可し、所定の要件に合致する場合のみ拒否する

セキュリティ実装を進めるにあたって、まずホワイトリスト方式を検討します。ホワイトリストは、いつ・誰が・どこから・どのような内容を・どのように通信するのかをすべて把握し、変更があればその都度反映しなくてはなりませんので、管理が煩雑になるきらいがあります。すべてをホワイトリストで対処しようとすると大変なので、使いどころをよく考えるようにしてください。

基本的にL4ではホワイトリスト方式で運用し、L7でホワイトリスト運用が難しい部分はブラックリスト方式とすることが多いです。

セキュリティ実装の基本の2つ目は、できるだけ"手前"で対処するということです。攻撃側からシステムまでのデータの流れを見て、できるだけ手前のノード・できるだけ低いレイヤーで対処することが重要なのです。

全自動式の定型化された攻撃の場合、攻撃者は外部にいてインターネット越しに攻撃してくることが多いのですが、不正侵入による情報漏洩の場合は、内部の人間が攻撃者となることも多々あります。

セキュリティ強度は、システムの一番弱い部分で決まります。そうした弱い部分がシステム全体の中に1点でもあると、そこからセキュリティが突破されてしまいます。また、攻撃者は外部だけでなく内部にもいるかもしれないということを忘れないでください。対外的なセキュリティばかりに気を取られて、内部に対するセキュリティもおろそかにしないように対策を立てましょう。

6-3 ユーザとグループ

　CentOSではサーバの利用者をユーザ（user）とグループ（group）で管理します。ユーザと言っても、ある特定の人間ではなく、OS上の権限のことを指します。すべてのプログラムは必ずいずれかのユーザ（の権限）で実行されます。また、すべてのファイルやディレクトリもユーザが所有者（owner）として設定され、所属グループも設定されます。

　ユーザが持つ属性情報は**表6.1**のとおりです。人によっては、ユーザ名をユーザIDと呼ぶこともあります。混同しやすいので注意してください。

表6.1 ユーザが持つ属性情報

項目	例
UID	1、1000
ユーザ名	root、daemon、hoge
主グループ	root、daemon、adm（1つは必須）
補助グループ	daemon、adm（0～複数設定可）
ホームディレクトリ	/root、/home/hoge
ログインシェル	/bin/bash、/sbin/nologin
コメント	※ユーザのフルネームを設定することが多い

　グループが持つ属性情報は**表6.2**のとおりです。

表6.2 グループが持つ属性情報

項目	例
GID	1、1000
グループ名	daemon、hoge

　CentOSでは特別な権利を持つrootユーザがあらかじめ作成されています。rootは「ルート」と読み、「根」という意味です。「スーパーユーザ」「特権ユーザ」「管理者ユーザ」と呼ぶこともあります。CentOSにおいて、rootはすべての権限を持っていて、システムの停止、プロセスの起動停止、ファイルの削除などができます。rootはユーザ名が「root」で固定されています。パスワードの扱いには十分に注意してください。

143

ユーザの情報はidコマンドで取得できます。次のようにrootユーザの情報を確認してみてください。rootがいかに特別なユーザかがわかります。

```
[root@bootcamp ~]# id -a root
uid=0(root) gid=0(root) groups=0(root)
```

本書では今のところ便宜上rootでログインしていますが、実際の現場ではrootは極力使わないようにします。root以外のユーザでログインし、必要に応じてrootの権限を取得し、操作するようにします。

ログイン後のroot権限の取得には、後述するsuコマンドやsudoコマンドを利用します。

6-4 uid／gidの決め方とグループの使い方

idコマンドで確認したとおり、rootユーザはuidが0、rootグループはgidが0でした。CentOS 7では、1000より小さいuidはシステム（デーモンなど）で使うので、管理者がログインユーザを作成する場合は1000以降をuidとして利用してください。useraddコマンドを利用してユーザを作成すると、自動的に1000番以降の空いている番号を割り当ててくれます。

NFSを利用して複数サーバ間でファイルを共有する場合、サーバ間でuidとユーザを一致させる必要があります。複数サーバを連携させてシステムを構築する場合は、たとえOS既定のユーザでなくてもシステムの処理で利用するユーザは同一のuidになるように設定してください。

それでは、useraddコマンドを利用してユーザを作成し、uidなどを確認してみましょう。今回はrookieユーザを作成します。

```
[root@bootcamp ~]# useradd rookie
[root@bootcamp ~]# id -a rookie
uid=1000(rookie) gid=1000(rookie) groups=1000(rookie)
```

通常CentOSでユーザを作成すると、ユーザと同じグループを作成し、そのグルー

プをユーザの主グループに設定します。この管理方法を「ユーザプライベートグループ」と言います。

6-5 ユーザによるファイルディレクトリ権限設定

　CentOSではユーザやグループを利用してファイルやディレクトリの操作権限を設定します。権限のことを「パーミッション」とも呼び、ファイルやディレクトリには所有者（owner）・所有グループ（group）を設定できます。

　この所有者・所有グループ・その他の3種類に対して、r、w、xの3つの権限を設定します。rはRead、wはWrite、xはeXecuteを意味します。ファイルは読み込み（r）、書き込み（w）、プログラムとして実行（x）の3種類、ディレクトリは読み込み（r）、ファイル・ディレクトリ作成（w）、参照（x）の3種類の権限を設定できます。

　rwxは二進数を十進数に変換した表記をよく利用します。rは100→4、wは010→2、xは001→1、-は000→0です。権限はこれらを加算して表します。つまり、rwxは4＋2＋1＝7、rw-は4＋2＋0＝6、r--は4＋0＋0＝4、r-xは4＋0＋1＝5になります。

　サンプルファイルを作って検証してみましょう。権限の確認はlsコマンド、ディレクトリ作成はmkdirコマンド、所有者やグループの変更はchownコマンド、権限の変更はchmodコマンドを使います。

　chmodコマンドでは権限をrwxで指定することもできますが、一般的には数字で指定することが多いので、数値表現も扱えるようにしてください。たとえば、「chmod 705 file」は「chmod u=rwx,g=,o=rx file」と同じ意味です。

　なお、特定のユーザ権限でコマンドを実行するためにはsuコマンドまたはsudoコマンドを利用します。suコマンドをrootで実行する場合、パスワードは必要ありませんが、個別のユーザがsuコマンドでほかのユーザの権限を取得する場合は、相手のパスワードを知っている必要があります。たとえば、rootユーザの権限を得るためにはrootユーザのパスワードを知っていなくてはなりません。一方、sudoコマンドの場合は自分のパスワードがわかっていれば大丈夫です。つまり、suは相手に成り代わるためのコマンド、sudoは相手の代わりに処理を実行するためのコマンドということになります。rootのパスワードを大人数で共有するのはセキュリティ上の問題があるので、特別な理由がない限り、通常はsudoコマンドを利用します。

　rookieユーザで「id -a」を実行するとき、suコマンドの場合は「su rookie -c "id -a"」となります（ログインシェルを利用する場合は「su -l rookie -c "id -a"」また

は「su - rookie -c "id -a"」)。sudoコマンドの場合は「sudo -u rookie id -a」となります。

権限ごとの動作を確認しましょう。まず、必要なユーザを作成します。

```
[root@bootcamp ~]# id -a rookie
uid=1000(rookie) gid=1000(rookie) groups=1000(rookie)
[root@bootcamp ~]# useradd newbie
[root@bootcamp ~]# id -a newbie
uid=1001(newbie) gid=1001(newbie) groups=1001(newbie)
[root@bootcamp ~]# usermod -a -G rookie newbie
[root@bootcamp ~]# id -a newbie
uid=1001(newbie) gid=1001(newbie) groups=1001(newbie),1000(rookie)
[root@bootcamp ~]# useradd veteran
[root@bootcamp ~]# id -a veteran
uid=1002(veteran) gid=1002(veteran) groups=1002(veteran)
```

次に、いろいろな権限のファイルを作成します。

```
[root@bootcamp ~]# mkdir /tmp/bootcamp
[root@bootcamp ~]# echo "test1" > /tmp/bootcamp/test1
[root@bootcamp ~]# chown rookie:rookie /tmp/bootcamp/test1
[root@bootcamp ~]# chmod 777 /tmp/bootcamp/test1
```

```
[root@bootcamp ~]# echo "test2" > /tmp/bootcamp/test2
[root@bootcamp ~]# chown rookie:rookie /tmp/bootcamp/test2
[root@bootcamp ~]# chmod 770 /tmp/bootcamp/test2
```

```
[root@bootcamp ~]# echo "test3" > /tmp/bootcamp/test3
[root@bootcamp ~]# chown rookie:root /tmp/bootcamp/test3
[root@bootcamp ~]# chmod 770 /tmp/bootcamp/test3
```

```
[root@bootcamp ~]# echo "test4" > /tmp/bootcamp/test4
[root@bootcamp ~]# chown rookie:root /tmp/bootcamp/test4
[root@bootcamp ~]# chmod 700 /tmp/bootcamp/test4
```

```
[root@bootcamp ~]# echo "test5" > /tmp/bootcamp/test5
[root@bootcamp ~]# chown rookie:root /tmp/bootcamp/test5
[root@bootcamp ~]# chmod 500 /tmp/bootcamp/test5
```

```
[root@bootcamp ~]# echo "test6" > /tmp/bootcamp/test6
[root@bootcamp ~]# chown rookie:root /tmp/bootcamp/test6
[root@bootcamp ~]# chmod 100 /tmp/bootcamp/test6
```

```
[root@bootcamp ~]# ls -al /tmp/bootcamp/*
-rwxrwxrwx. 1 rookie rookie 6  2月  1 15:55 2014 /tmp/bootcamp/test1
-rwxrwx---. 1 rookie rookie 6  2月  1 15:55 2014 /tmp/bootcamp/test2
-rwxrwx---. 1 rookie root   6  2月  1 15:55 2014 /tmp/bootcamp/test3
-rwx------. 1 rookie root   6  2月  1 15:55 2014 /tmp/bootcamp/test4
-r-x------. 1 rookie root   6  2月  1 15:55 2014 /tmp/bootcamp/test5
---x------. 1 rookie root   6  2月  1 15:55 2014 /tmp/bootcamp/test6
```

準備ができたら検証します。このようにしてtest1〜test6を確認してください。

```
[root@bootcamp ~]# cat /tmp/bootcamp/test1
[root@bootcamp ~]# sudo -u rookie cat /tmp/bootcamp/test1
[root@bootcamp ~]# sudo -u newbie cat /tmp/bootcamp/test1
[root@bootcamp ~]# sudo -u veteran cat /tmp/bootcamp/test1
```

検証結果は**表6.3**のようになるはずです（○は読み込み可能、×は読み込みエラー）。

表6.3 検証結果

user	test1	test2	test3	test4	test5	test6
root	○	○	○	○	○	○
rookie	○	○	○	○	○	×
newbie	○	○	×	×	×	×
veteran	○	×	×	×	×	×

このしくみを利用すれば、複数の人間による複数のプロジェクトが同じサーバで進行するような場合にも対応できます。

人ごとにユーザを発行し、プロジェクトごとにグループを作成し、ユーザの補助グループにプロジェクトのグループを設定することで、各プロジェクトをうまく管理できます。また、プロジェクトの掛け持ちや脱退・加入もスムーズにできるようになります。

6-6 特殊なファイル・ディレクトリ権限

　CentOSではrwx以外にも、SUID、SGID、スティッキービットという特殊な権限があります。SUIDは、実行ファイルに付与することで、プログラム実行時の実効ユーザIDがファイルの所有者に設定されます。同様に、SGIDは実行ファイルに付与することで、プログラム実行時の実効グループIDがファイルの所有グループに設定されます。SUIDを設定する場合には、「chmod u+s」、SGIDを設定する場合には「chmod g+s」とします。

　実効ユーザID、実効グループIDとはファイルアクセスの権限ではなく、メッセージキュー、共有メモリ、セマフォなどの共有リソースにアクセスするときの判定に利用されます。プログラムの内部動作の話なので、プログラム作成者の指示に従って設定してください。設定については「man credentials」に詳しく書かれているので、ぜひ読んでください。

　スティッキービットをディレクトリに設定すると、そのディレクトリと配下のファイルとディレクトリは所有者（とroot）しか削除やリネームができなくなります。このとき、設定されているrwxのアクセス権限は無視されます。スティッキービットを設定する場合は「chmod o+t」とします。このスティッキービットは/tmpなどで利用されています。

　なお、ディレクトリにSGIDを設定すると、その配下にファイルやディレクトリを

作成した場合には、自動的に親ディレクトリの所有グループが設定されます。umask（user file-creation mask）と組み合わせることで、複数の人間で同一ディレクトリ配下のファイルを共同管理する際の不便を解消できます。

　umaskを変更すると、ユーザがファイルやディレクトリを作成する際のデフォルトの権限を変更できます。CentOSのデフォルトのumaskは0002で、ファイルやディレクトリを作成すると0775になります。通常は、この設定で困ることはないと思いますが、もしユーザが作成するファイルやディレクトリのデフォルト権限を変更したいということがあったら調べてみてください。

> **Column　「su」と「su -」**
>
> 　umaskの実行結果のところで「su -」ではなく「su」とすると結果が変わります。なぜでしょう？
> 「man su」を見て答えを探してください。
> 　このように、コマンドラインが少し違うと挙動が変わることがあるので十分注意してください。

6-7　さらに高度なファイルアクセス制御

　通常のファイルやディレクトリのアクセス制御では、ユーザやグループごとに個別の権限を与えることはできませんが、ACL（Access Control Lists）を利用すると細かい制御ができるようになります。CentOS 7のデフォルトのファイルシステムであるXFSではこの機能を利用できます。

> **Column　CentOS 6でACLを利用するには**
>
> 　CentOS 6などで標準のファイルシステムであるext4でACLを利用するためには、ファイルシステムをマウントするときにaclオプションを指定してACLを有効にしている必要があります。
> 　現在マウントされているファイルシステムの一覧は/proc/mountsに書かれているので「cat /proc/mounts」などで確認してください。簡単なところだとdfでも確認できますが、マウントオプションもわかる/proc/mountsと

> tune2fsを使いましょう。/proc/mountsでマウントオプションを、tune2fsでデフォルトのマウントオプションを確認できます。
> 　aclは、setfaclコマンドとgetfaclコマンドで設定します。詳しい使い方はmanを見て確認してください。

以下の例では、rootユーザにしか読み書き権限がないファイルを、ACLを使ってrookieユーザが読み込めるようにします。まず、rootユーザしか読み書きができないファイルを作成します。

```
[root@bootcamp ~]# echo "secret" > /tmp/secret
[root@bootcamp ~]# chmod 600 /tmp/secret
[root@bootcamp ~]# ls -al /tmp/secret
-rw-------. 1 root root 7 10月 15 20:35 /tmp/secret
[root@bootcamp ~]# getfacl /tmp/secret
getfacl: Removing leading '/' from absolute path names
# file: tmp/secret
# owner: root
# group: root
user::rw-
group::---
other::---
```

rootユーザ以外はアクセスできないことを確認します。

```
[root@bootcamp ~]# sudo -u rookie cat /tmp/secret
cat: /tmp/secret: 許可がありません
[root@bootcamp ~]# sudo -u newbie cat /tmp/secret
cat: /tmp/secret: 許可がありません
```

次に、ACLを設定してrookieユーザが読み込みのみできるように設定します。

```
[root@bootcamp ~]# setfacl -m u:rookie:r /tmp/secret
[root@bootcamp ~]# ls -al /tmp/secret
-rw-r-----+ 1 root root 7 10月 15 20:35 /tmp/secret
[root@bootcamp ~]# getfacl /tmp/secret
getfacl: Removing leading '/' from absolute path names
# file: tmp/secret
# owner: root
# group: root
user::rw-
user:rookie:r--
group::---
mask::r--
other::---
```

設定ができたので、動作を確認しましょう。

```
[root@bootcamp ~]# sudo -u rookie cat /tmp/secret
secret
[root@bootcamp ~]# echo "newsecret" | sudo -u rookie tee -a /tmp/secret
tee: /tmp/secret: 許可がありません
newsecret
[root@bootcamp ~]# sudo -u rookie cat /tmp/secret
secret
[root@bootcamp ~]# sudo -u newbie cat /tmp/secret
cat: /tmp/secret: 許可がありません
```

acl設定によって、newbieユーザはファイルが読めないまま、rookieユーザがファイルの読み込みのみできるようになりました。このような細かい制御が**どうしても必**要になったときには、ここで解説した方法を思い出してください。

6-8 内部リソース制限について

内部リソース制限としてLinuxで一番有名なのがSELinux（Security-Enhanced Linux）です。ファイルやディレクトリごとにあらかじめラベルを設定し、そのラベルに従ってアクセスを制御します。実装としては、ファイルシステムの機能であるファイルやディレクトリごとのxattr属性にラベル情報を格納して利用しています。

前項のようなユーザやグループを利用したアクセス制御に加えてこのSELinuxを使うことで、システムのセキュリティをより強化することができます。

このようなカーネルレベルの強制アクセス制御の手法をMAC（Mandatory Access Control）と言います。rootですら自由にファイルを書き換えたりできないようにするためにはこのMACが必要になります。CentOS 7ではSELinuxはデフォルトで有効になっているのですが、各々のファイル、ディレクトリについて権限を厳密に指定しなければならないこと、透過的に動くため知らないうちに作用していることなどから、このSELinuxはとても煙たがられています。初心者には扱えない機能なので、本書でもあとでオフにします。

SELinuxの動作状況は、getenforceコマンドで確認できます。Enforcingは有効、Permissiveはログ出力のみ有効、Disabledは無効です。

```
[root@bootcamp ~]# getenforce
Enforcing
```

Column その他のMAC実装

LinuxのMACではSELinuxが有名ですが、そのほかの実装としてAppArmorやTOMOYO Linuxなどがあります。AppArmorはUbuntuディストリビューションが採用しています。TOMOYO Linuxは日本人が開発者です。

TOMOYOという名前の由来は開発者が好きなアニメのキャラクターの名前だそうです。覚えやすいですね。

CentOSではメモリリークなどによるリソース枯渇を防ぐために、同時ファイルオープン数、同時起動プロセス数などが制限されています。これは、DoS攻撃の対策も

兼ねています。これらのリソース制限を変更するためにはulimitコマンドを使います。実際の変更方法の説明は他書に譲りますが、ここではそのような制限があるということを覚えておいてください。

CentOS 6からはulimitコマンドに加えてcgroupsという機能も追加されました。CentOS 7でももちろん利用可能です。cgroupsを使うことで、さらに高度なリソース制限ができるようになるので覚えておきましょう。

6-9 ネットワークセキュリティを設定する

前述したとおり、セキュリティの基本はホワイトリスト方式です。インターネット上で利用するサーバであれば、接続元IPアドレス・接続先ポート・接続ユーザ・URL・時間帯など、ホワイトリスト化できるものはできるだけホワイトリスト化しましょう。

サーバのネットワークセキュリティ設定では「firewalld」を利用します。firewalldをきちんと利用することで、ファイアウォール専用機器を利用したかのような安全性を実現できます。

firewalldでは、「public」（公共の場）、「home」（家庭）などのゾーンを定義し、ネットワークインターフェースを適切な「ゾーン」に紐付けることで、そのときどきのネットワーク環境に適切な制御を実現します（**図6.1**）。Windowsの「ネットワークの場所」によく似ています。ノートパソコンで便利そうな機能ですが、CentOS 7の標準機能なのでサーバでも利用します。また、それぞれのゾーンではサービスの利用可否を設定します。

図6.1 ゾーン

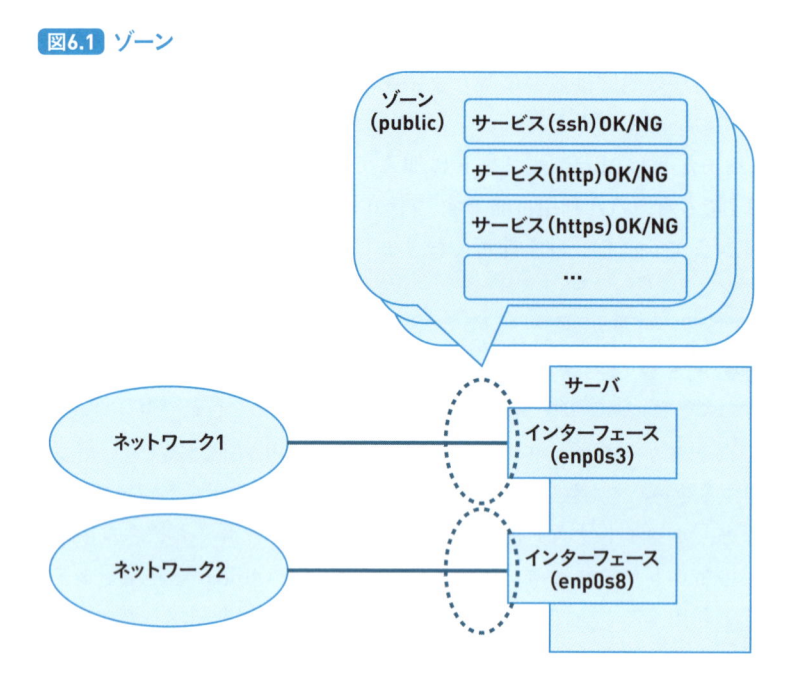

firewalldに対する操作はfirewall-cmdコマンドで行います。

```
[root@bootcamp ~]# firewall-cmd --get-zones
block dmz drop external home internal public trusted work
```

なお、本格的に操作を始める前に、ここで［TAB］によるシェル補完が効くようにしておきましょう。bash-completionパッケージをインストールします。

```
[root@bootcamp ~]# yum install bash-completion
```

インストールができたら、いったんログアウトしてログインし直してください。これでbashの初期設定ファイルが読み込まれ、補完が効くようになります。

それでは、firewalldを使ってみましょう。先ほどの図に示したインターフェース、ゾーン、サービスの一覧を確認してみましょう。

```
[root@bootcamp ~]# firewall-cmd --list-interfaces
enp0s3 enp0s8
```

```
[root@bootcamp ~]# firewall-cmd --get-zones
block dmz drop external home internal public trusted work
```

```
[root@bootcamp ~]# firewall-cmd --get-services
amanda-client bacula bacula-client dhcp dhcpv6 dhcpv6-client dns ftp
high-availability http https imaps ipp ipp-client ipsec kerberos kpasswd
ldap ldaps libvirt libvirt-tls mdns mountd ms-wbt mysql nfs ntp openvpn
pmcd pmproxy pmwebapi pmwebapis pop3s postgresql proxy-dhcp radius rpc-
bind samba samba-client smtp ssh telnet tftp tftp-client transmission-
client vnc-server wbem-https
```

CentOS 7では、これらを組み合わせてネットワークセキュリティを管理します。

個別のリストが確認できたので、それぞれの紐付けを確認していきましょう。firewalldではゾーンを軸に考えます。現在の設定状況は、firewall-cmdコマンドの--list-allオプションで確認できます。ゾーンごとに、紐付いているインターフェース、利用可能になっているサービスなどが表示されます。

```
[root@bootcamp ~]# firewall-cmd --list-all
public (default, active)
  interfaces: enp0s3 enp0s8
  sources:
  services: dhcpv6-client ssh
  ports:
  masquerade: no
  forward-ports:
```

```
    icmp-blocks:
    rich rules:
```

--list-allでは利用中のゾーンだけが表示されましたが、--list-all-zonesオプションを使うと定義されているすべてのゾーンを表示できます。

```
[root@bootcamp ~]# firewall-cmd --list-all-zones
block
    interfaces:
    sources:
    services:
    ports:
    masquerade: no
    forward-ports:
    icmp-blocks:
    rich rules:

dmz
    interfaces:
    sources:
    services: ssh
    ports:
    masquerade: no
    forward-ports:
    icmp-blocks:
    rich rules:
(略)
```

今回は、publicゾーンでHTTP(80/TCP)への接続を許可する設定をしてみましょう。サービスの追加には--add-serviceオプションを使います。

```
[root@bootcamp ~]# firewall-cmd --add-service=http --zone=public
success
[root@bootcamp ~]# firewall-cmd --list-all
public (default, active)
  interfaces: enp0s3 enp0s8
  sources:
  services: dhcpv6-client http ssh
  ports:
  masquerade: no
  forward-ports:
  icmp-blocks:
  rich rules:
```

使いたいサービスがサービス一覧にない場合は、「--add-port=<ポート番号>/<プロトコル>」で許可することもできます。TCPプロトコルのポート5666を接続許可する場合は次のように設定します。

```
[root@bootcamp ~]# firewall-cmd --add-port=5666/tcp --zone=public
success
[root@bootcamp ~]# firewall-cmd --list-all
public (default, active)
  interfaces: enp0s3 enp0s8
  sources:
  services: dhcpv6-client http ssh
  ports: 5666/tcp
  masquerade: no
  forward-ports:
  icmp-blocks:
  rich rules:
```

ここで一度サーバを再起動してみてください。

```
[root@bootcamp ~]# firewall-cmd --list-all
public (default, active)
  interfaces: enp0s3 enp0s8
  sources:
  services: dhcpv6-client ssh
  ports: 5666/tcp
  masquerade: no
  forward-ports:
  icmp-blocks:
  rich rules:
```

再起動したところ設定が消えていますね。設定を永続化するときは、必ず--permanentオプションを付けてください。このオプションで設定した内容は--reloadオプションで読み込めます。--permanentオプションを付け忘れると、サーバを再起動したときに設定が消えてしまいます。今回は「5666/tcp」を設定して永続化してみましょう。

```
[root@bootcamp ~]# firewall-cmd --list-all
public (default, active)
  interfaces: enp0s3 enp0s8
  sources:
  services: dhcpv6-client ssh
  ports:
  masquerade: no
  forward-ports:
  icmp-blocks:
  rich rules:
```

```
[root@bootcamp ~]# firewall-cmd --permanent --add-port=5666/tcp 
--zone=public
success
[root@bootcamp ~]# firewall-cmd --reload
success
[root@bootcamp ~]# firewall-cmd --list-all
public (default, active)
  interfaces: enp0s3 enp0s8
  sources:
  services: dhcpv6-client ssh
  ports: 5666/tcp
  masquerade: no
  forward-ports:
  icmp-blocks:
  rich rules:
```

設定ができたらサーバを再起動し、--list-allオプションで確認してみましょう。設定が正しく保存されていれば、また5666/tcpが許可された状態になっているはずです。

> ### Column firewalldの裏側
>
> CentOS 7ではfirewalldを利用しますが、CentOS 6まではiptablesを利用していました。実のところ、firewalldは裏でiptablesを利用しています。
>
> iptablesは非常にシンプルです。iptablesの設定状況は「iptables -L」で表示できます。筆者はよく「iptables -nv -L --line-numbers」を使っています。
>
> ```
> [root@bootcamp ~]# iptables -nv -L --line-numbers
> Chain INPUT (policy ACCEPT 0 packets, 0 bytes)
> num   pkts bytes target     prot opt in     out     source              
>             destination
> ```

```
1    2969  212K ACCEPT     all  --  *      *       0.0.0.0/0   ↵
              0.0.0.0/0           ctstate RELATED,ESTABLISHED
2       0     0 ACCEPT     all  --  lo     *       0.0.0.0/0   ↵
              0.0.0.0/0
3     292 60680 INPUT_direct  all  --  *   *                   ↵
0.0.0.0/0          0.0.0.0/0
4     292 60680 INPUT_ZONES_SOURCE  all  --  *    *            ↵
0.0.0.0/0          0.0.0.0/0
5     292 60680 INPUT_ZONES  all  --  *     *       0.0.0.0/0  ↵
              0.0.0.0/0
6       0     0 ACCEPT     icmp --  *      *       0.0.0.0/0   ↵
              0.0.0.0/0
7     291 60616 REJECT     all  --  *      *       0.0.0.0/0   ↵
              0.0.0.0/0           reject-with icmp-host-prohibited

Chain FORWARD (policy ACCEPT 0 packets, 0 bytes)
num   pkts bytes target     prot opt in     out     source    ↵
              destination
1       0     0 ACCEPT     all  --  *      *       0.0.0.0/0   ↵
              0.0.0.0/0           ctstate RELATED,ESTABLISHED
2       0     0 ACCEPT     all  --  lo     *       0.0.0.0/0   ↵
              0.0.0.0/0
3       0     0 FORWARD_direct  all  --  *  *                  ↵
0.0.0.0/0          0.0.0.0/0
4       0     0 FORWARD_IN_ZONES_SOURCE  all  --  *   *        ↵
   0.0.0.0/0          0.0.0.0/0
5       0     0 FORWARD_IN_ZONES  all  --  *     *             ↵
0.0.0.0/0          0.0.0.0/0
6       0     0 FORWARD_OUT_ZONES_SOURCE  all  --  *   *       ↵
      0.0.0.0/0          0.0.0.0/0
```

```
7        0        0 FORWARD_OUT_ZONES  all  --  *     *         ↵
0.0.0.0/0            0.0.0.0/0
8        0        0 ACCEPT     icmp --  *     *         0.0.0.0/0 ↵
       0.0.0.0/0
9        0        0 REJECT     all  --  *     *         0.0.0.0/0 ↵
       0.0.0.0/0            reject-with icmp-host- ↵
prohibited

Chain OUTPUT (policy ACCEPT 1602 packets, 297K bytes)
num   pkts bytes target     prot opt in     out      source ↵
            destination
1     1602  297K OUTPUT_direct  all  --  *     *         ↵
0.0.0.0/0            0.0.0.0/0
（略）
```

　サーバに来るデータはINPUT、サーバから出ていくデータはOUTPUTに入ります。FORWARDはルータとして使う場合のものなので、今は考えなくてかまいません。
　INPUTに着目すると、INPUTのnum 7がREJECT（拒否）なので、何がしかアクセスを許可するルールを追加する場合にはINPUTのnum 7の前に追加する必要があります。
　ルールを直接操作するにはiptablesコマンドを利用しますが、CentOS 7ではfirewalldを通して操作するようにしましょう。詳しくは、「man firewalld」と「man iptables」を見てください。

> Column ネットワークセキュリティの新潮流

ネットワークのセキュリティはファイアウォールで向上させることが多かったのですが、最近はさらに踏み込んでUTM（Unified Threat Management）を利用することもあります。

UTMの狙いはファイアウォール機能だけではなく、侵入検知やコンテンツフィルタリングなどを実施することでセキュリティレベルをさらに向上させることです。

ITは日進月歩ですが、その中でもとくにセキュリティに関しては変化が早いので、専門事業者をうまく活用するなどして対応するようにしましょう。

サーバに対するアクセス制御としては、firewalldでのネットワークレベルの対応と、tcp_wrappersによるデーモンレベルの対応があります。この2種類の違いはデータを受け取るプログラムの起動の有無です。ネットワークレベルで遮断してしまえばプログラムが起動しませんが、デーモンレベルであればプログラムが起動します。プログラムの起動にもCPUやメモリなどのマシンリソースが必要なので、できるだけfirewalldで制御するようにしましょう。

tcp_wrappersでの制御は、**5時間目**で学習したとおり、/etc/hosts.allowと/etc/hosts.denyで設定します。サーバにうまく接続できないときなどは、それらも確認してみてください。

6-10 SSHはパスワードより安心な公開鍵認証

SSHのログインではIDとパスワードを検証しています。パスワードは入力の手間や記憶できる文字数などを考えると、多くても十数文字が現実的なところです。これは、コンピュータで解析すれば割り出せる程度の数です。そうした問題を避けるために広く使われているのが公開鍵認証です。

公開鍵暗号の特徴は、暗号化用の鍵（公開鍵）と複合用の鍵（シークレット鍵）が別々であることです。サーバにパスワードではなく公開鍵を登録しておき、その鍵で暗号化したデータを正しく送り返せるかどうかで利用者を検証します。

図6.2 公開鍵認証の基本的なしくみ

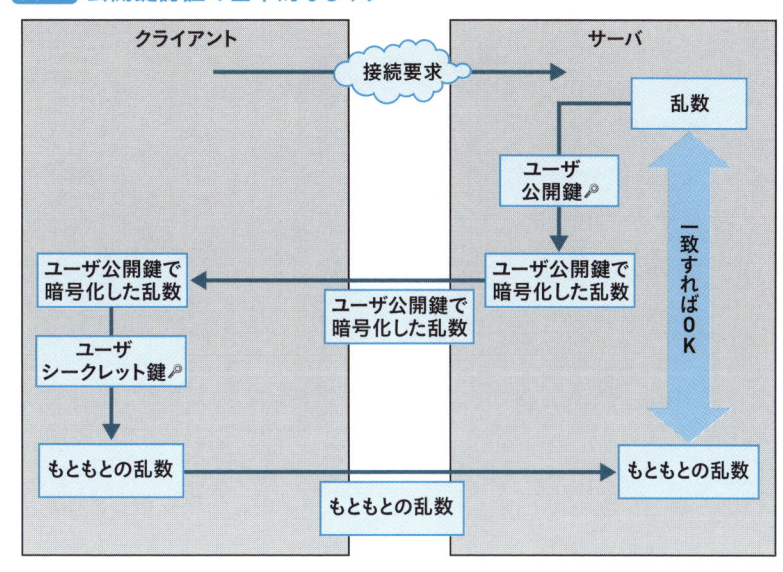

基本的なしくみは**図6.2**のとおりです。実際にはサーバ側の公開鍵・シークレット鍵を組み合わせること、サーバの公開鍵を記録しておくことで、送り返すときもデータを暗号化し、安全な通信を実現しています。

それではシークレット鍵と公開鍵のキーペアを作成してみましょう。SSHで使う鍵はssh-keygenコマンドを使って自分で作成できます。パスワードは必要ありません。

```
[root@bootcamp ~]# ssh-keygen
Generating public/private rsa key pair.
Enter file in which to save the key (/root/.ssh/id_rsa):
Created directory '/root/.ssh'.
Enter passphrase (empty for no passphrase):
Enter same passphrase again:
Your identification has been saved in /root/.ssh/id_rsa.
Your public key has been saved in /root/.ssh/id_rsa.pub.
The key fingerprint is:
4b:d7:12:11:cb:ce:c3:15:e3:c2:87:7b:a6:96:a7:a6 root@bootcamp
```

```
The key's randomart image is:
+--[ RSA 2048]----+
|       o.o       |
|      o = o      |
|       B +       |
|      + B        |
|       S O +     |
|      . o B      |
|       . + .     |
|        ..o      |
|        Eo.      |
+-----------------+
```

これで~/.ssh/id_rsa（シークレット鍵）と~/.ssh/id_rsa.pub（公開鍵）が作成できました。

次に、この公開鍵をサーバに登録しましょう。本来はネットワーク越しの別サーバに登録するのですが、今回は自分自身に登録してみましょう。鍵の登録にはssh-copy-idコマンドを使います。

```
[root@bootcamp ~]# ssh-copy-id localhost
The authenticity of host 'localhost (::1)' can't be established.
RSA key fingerprint is b7:8f:b2:f5:98:50:e9:c5:93:e0:6c:f2:49:be:4b:41.
Are you sure you want to continue connecting (yes/no)? yes
Warning: Permanently added 'localhost' (RSA) to the list of known hosts.
root@localhost's password:
Now try logging into the machine, with "ssh 'localhost'", and check in:

  .ssh/authorized_keys

to make sure we haven't added extra keys that you weren't expecting.
```

これで登録できました。sshコマンドでアクセスしてみましょう。

```
[root@bootcamp ~]# ssh localhost
Last login: Sun Mar 23 12:27:58 2014 from 192.168.56.1
[root@bootcamp ~]#
```

パスワードを入力せずに接続できました。どうしてもパスワード認証でなければならない特別な理由がなければ、基本的には公開鍵認証を使うようにしましょう。公開鍵認証の準備をしたうえで、SSHDの設定を変更し、パスワード認証とrootでのログインを禁止するのが一般的な手順です。

6時間目の実践はこれでおしまいです。お疲れさまでした！

確認テスト

Q1 権限が750、オーナーがrookie、グループがnewbieのディレクトリがあったとき、このディレクトリにあるfoo.sh（権限が711、オーナーがroot、グループがroot）というファイルは、root、rookie、newbie、veteranのうち誰が実行できるでしょうか。

Q2 セキュリティの基本は○○方式と言います。○○には何が入りますか。

7時間目 LAMPサーバの構築実習

7時間目から本格的なサーバを実践していきます。簡単なプログラムを動かして、ブラウザで結果を表示するところまでいきましょう。

今回のゴール

- SELinuxを無効化できるようになること
- yumコマンドでLAMP環境を構築できるようになること
- 動作確認の基本を理解して実行できるようになること
- 手元のPCから構築したサーバにブラウザでアクセスして画面を表示できるようになること

　今回は、yumコマンドを使って必要なソフトウェアをインストールします。WebサーバとしてApache、データベースとしてMySQL互換のRDBMS（Relational DataBase Management System）であるMariaDB、プログラム実行環境としてPHP（PHP:Hypertext Preprocessor）を利用します。なお、CentOS 6までは標準リポジトリからMySQLをインストールできましたが、CentOS 7では標準リポジトリからMySQLをインストールすることはできず、代わりに互換性のあるMariaDBがインストールできるようになっています。

7-1 下準備としてSELinuxを無効にする

　まず、SELinuxを無効にしておきましょう。セキュリティの強化に使えるのでデフォルトで有効になっているのですが、初心者が有効にしておくにはまだ早すぎます。

　無効にするには、getenforceコマンドでdisabledになるようにします。SELinuxの設定は/etc/selinux/configを書き換えてOSを再起動することで変更できます。

```
[root@bootcamp ~]# grep -v ^# /etc/selinux/config
SELINUX=enforcing
SELINUXTYPE=targeted
[root@bootcamp ~]# getenforce
Enforcing
```

　SELINUX=enforcingとなっていますね。ここを、vimを使ってdisabledに変更します。まだvim-enhancedがインストールされていなければ、yumでインストールしてください。タイプミスがないよう必ず補完を使ってください。タイプミスがあると、OSが起動しなくなることがあります。また、ファイルを編集する前にバックアップを取得しておきましょう。

```
[root@bootcamp ~]# cp -a /etc/selinux/config{,.bak}
[root@bootcamp ~]# vim /etc/selinux/config
```

　書き替えが終わったら、念のためバックアップファイルとの差分を「diff」コマンドで確認しておきます。

```
[root@bootcamp ~]# diff -u /etc/selinux/config.bak  /etc/selinux/config
--- /etc/selinux/config.bak      2014-10-14 13:23:51.990805399 +0900
+++ /etc/selinux/config 2014-10-19 22:31:21.070448912 +0900
@@ -4,7 +4,7 @@
```

167

```
#       enforcing - SELinux security policy is enforced.
#       permissive - SELinux prints warnings instead of enforcing.
#       disabled - No SELinux policy is loaded.
-SELINUX=enforcing
+SELINUX=disabled
# SELINUXTYPE= can take one of these two values:
#       targeted - Targeted processes are protected,
#       minimum - Modification of targeted policy. Only selected ⤶
processes are protected.
```

「-SELINUX=enforcing」「+SELINUX=disabled」となっているので、意図どおり、enforcingがdisabledに書き換わっていることが確認できました。ファイルが書き換わってもgetenforceコマンドを実行するとEnforcingのままになっていますが、rebootコマンドでOSを再起動すればSELinuxが無効になります。

```
[root@bootcamp ~]# reboot
[root@bootcamp ~]# getenforce
Disabled
```

今度はgetenforceコマンドを実行すると無事Disabledになりました。
では、インストールを開始しましょう。

7-2 インストールして起動

今回の構成では、データの流れは次のようになります（**図7.1**）。

① ブラウザが80/TCPにアクセスする
② OSがデータを中継し、Apacheに引き渡す
③ ApacheがPHPを呼び出す
④ PHPが3306/TCPにアクセスし、MariaDBに接続してデータを取得する

⑤ PHPが応答を生成し、Apacheに引き渡す
⑥ ApacheがOSにデータ送信を依頼する
⑦ OSがブラウザにデータを送信する
⑧ ブラウザにデータが表示される

図7.1 サーバのデータの流れ

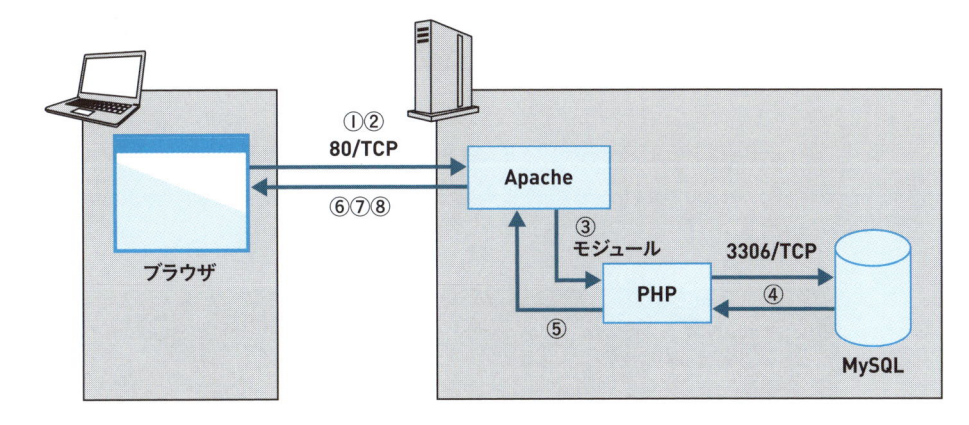

yumでのパッケージ名はApacheがhttpd、PHPがphp、MariaDBがmariadb-serverです。このほかにPHPでMariaDBに接続するためのphp-mysqlをインストールします。

インストールにはyumコマンドを使います。

```
[root@bootcamp ~]# yum install httpd php php-mysql mariadb-server
```

ApacheとMariaDBは常時起動する常駐型のプログラムで、このようなソフトウェアを「デーモン」と呼びます。デーモンはあらかじめ起動しておく必要がありますが、CentOSではsystemctlコマンドを使ってデーモンを起動します。「systemctl list-unit-files --type service」で起動できるサービスの一覧を確認できます。

```
[root@bootcamp ~]# systemctl list-unit-files --type service | grep ↵
-i httpd
httpd.service                                          disabled
[root@bootcamp ~]# systemctl list-unit-files --type service | grep ↵
-i mariadb
mariadb.service                                        disabled
```

Apache は httpd.service、MariaDB は mariadb.service という名前で登録されているので、httpd.service を起動しましょう。サービスの起動は「systemctl start <サービス名>」です。

```
[root@bootcamp ~]# systemctl start httpd.service
[root@bootcamp ~]# systemctl start mariadb.service
```

念のため、起動後の状態を確認しておきましょう。

```
[root@bootcamp ~]# ps aufx
(略)
root      2358  0.0  1.2 399372 13196 ?        Ss   22:50   0:00 /usr↵
/sbin/httpd -DFOREGROUND
apache    2360  0.0  0.6 399372  6608 ?        S    22:50   0:00  \_ ↵
/usr/sbin/httpd -DFOREGR
apache    2361  0.0  0.6 399372  6608 ?        S    22:50   0:00  \_ ↵
/usr/sbin/httpd -DFOREGR
apache    2362  0.0  0.6 399372  6608 ?        S    22:50   0:00  \_ ↵
/usr/sbin/httpd -DFOREGR
apache    2363  0.0  0.6 399372  6608 ?        S    22:50   0:00  \_ ↵
/usr/sbin/httpd -DFOREGR
```

```
apache     2364  0.0  0.6 399372  6608 ?        S    22:50   0:00  \_
/usr/sbin/httpd -DFOREGR
mysql      2593  0.1  0.1 115344  1700 ?        Ss   23:01   0:00 /bin
/sh /usr/bin/mysqld_safe
mysql      2751  1.5  8.5 910696 86884 ?        Sl   23:01   0:00  \_
/usr/libexec/mysqld --ba
[root@bootcamp ~]# ss -lnpt
State      Recv-Q Send-Q         Local Address:Port
     Peer Address:Port
LISTEN     0      100                127.0.0.1:25
           *:*     users:(("master",1436,13))
LISTEN     0      50                         *:3306
           *:*     users:(("mysqld",2751,14))
LISTEN     0      128                        *:22
           *:*     users:(("sshd",1128,3))
LISTEN     0      100                      ::1:25
           :::*    users:(("master",1436,14))
LISTEN     0      128                      :::80
           :::*    users:(("httpd",2364,4),("httpd",2363,4),
("httpd",2362,4),("httpd",2361,4),("httpd",2360,4),("httpd",2358,4))
LISTEN     0      128                      :::22
           :::*    users:(("sshd",1128,4))
```

psの結果を見ると、Apache（httpd）、MariaDB（mysqld）ともに起動していることがわかります。ssの結果からは、Apacheが80/TCP、MariaDBが3306/TCPを待ち受けしていることも確認できました。

この例では手動でサービスを起動しましたが、サーバを再起動したときに自動的にサービスが起動するように自動起動を設定しましょう。

```
[root@bootcamp ~]# systemctl enable httpd.service
ln -s '/usr/lib/systemd/system/httpd.service' '/etc/systemd/system/↵
multi-user.target.wants/httpd.service'
[root@bootcamp ~]# systemctl enable mariadb.service
ln -s '/usr/lib/systemd/system/mariadb.service' '/etc/systemd/system/↵
multi-user.target.wants/mariadb.service'
```

設定を変更したら、list-unit-filesオプションでApacheとMariaDBを見てみましょう。先ほどdisabledだった右側の項目がenabledに変わったのが確認できます。

```
[root@bootcamp ~]# systemctl list-unit-files --type service | grep ↵
-i httpd
httpd.service                                enabled
[root@bootcamp ~]# systemctl list-unit-files --type service | grep ↵
-i mariadb
mariadb.service                              enabled
```

なお、yumでインストールしたファイルの一覧は「rpm -ql」で確認できます。Apacheのインストールでインストールされたファイルの一覧を見ると、設定ファイルらしきもの（.conf）がいくつかあります。このうち、httpd.confがApacheの標準設定ファイルです。標準設定ファイルなどが見つからないときにも参考にしてください。

```
[root@bootcamp ~]# rpm -ql httpd
/etc/httpd
/etc/httpd/conf
/etc/httpd/conf.d
/etc/httpd/conf.d/README
/etc/httpd/conf.d/welcome.conf
/etc/httpd/conf/httpd.conf
```

```
/etc/httpd/conf/magic
/etc/httpd/logs
/etc/httpd/modules
/etc/httpd/run
(略)
```

> **Column　CentOS 6以前とCentOS 7のサービスの設定方法**
>
> CentOS 6までは、サービスの起動停止はservice、自動起動設定はchkconfigを利用して設定します。CentOS 6以前のバージョンを使う場合は**表A**のとおり読み替えてください。
>
> 表A
>
> | CentOS 7 | CentOS 6まで |
> |---|---|
> | systemctl restart httpd.service | service httpd restart |
> | systemctl list-unit-files --type service | chkconfig --list |
> | systemctl enable httpd.service | chkconfig httpd on |
> | systemctl disable httpd.service | chkconfig httpd off |

7-3　動作確認1：個別動作の確認

　ここからは動作確認を進めていきます。最初はApache、PHP、MySQLを個別に、次に1つずつつなげて、最後にすべてつなげて動作確認します。手間がかかるようですが、自分の行った操作の結果が期待した状態になっていることを1つずつ着実に確認するのが鉄則であり、上達の近道でもあります。

　まず、Apache、PHP、MariaDBそれぞれの動作を個別に確認しましょう。単体での動作確認なので、順番は問いません。今回は最低限の動作確認方法を覚えましょう。

7-3-1　Apache単体の動作確認

最初はApacheの動作を確認します。ブラウザでアクセスして何か画面に表示されるか見てみましょう。まずネットワークを介さず、ローカルからテキストブラウザでアクセスしましょう。

ApacheのデフォルトではURLの/が/var/www/html/を指しています。URLを/test.txtにしたい場合は、/var/www/html/test.txtにテスト用のファイルを置けばよいのです。/var/www/html/test.txtにファイルを置いて、curlというコマンドラインブラウザでローカルループバックアドレスである127.0.0.1にアクセスしてみましょう。URLはhttp://127.0.0.1/test.txtです。

```
[root@bootcamp ~]# ls -la /var/www/html/
合計 0
drwxr-xr-x 2 root root  6  7月 23 23:48 .
drwxr-xr-x 4 root root 31 10月 19 22:38 ..
[root@bootcamp ~]# echo 'Hello World!' > /var/www/html/test.txt
[root@bootcamp ~]# ls -la /var/www/html/
合計 4
drwxr-xr-x 2 root root 21 10月 19 23:17 .
drwxr-xr-x 4 root root 31 10月 19 22:38 ..
-rw-r--r-- 1 root root 13 10月 19 23:17 test.txt
[root@bootcamp ~]# curl http://127.0.0.1/test.txt
Hello World!
```

/var/www/html/test.txtに書いた内容が取得できました。

7-3-2　PHP単体の動作確認

次はPHPです。phpコマンドを実行して結果が得られるかどうかを確認しましょう。プログラムを実行できるのが一番よいのですが、PHPがインストールできているかどうかを確認するだけであれば、ヘルプやバージョンの表示で十分です。

```
[root@bootcamp ~]# php -v
PHP 5.4.16 (cli) (built: Sep 30 2014 09:44:39)
Copyright (c) 1997-2013 The PHP Group
Zend Engine v2.4.0, Copyright (c) 1998-2013 Zend Technologies
```

PHPのバージョン5.4.16を起動できることが確認できました。

7-3-3　MariaDB単体の動作確認

最後はMariaDBです。ひとまずMariaDBに接続できればOKとしましょう。mysqlコマンドを利用して接続します。なお、mysqlはMariaDBに接続するためのクライアントコマンド、mysqld（mysqld_safe）はMariaDBサーバです。

```
[root@bootcamp ~]# mysql
Welcome to the MariaDB monitor.  Commands end with ; or \g.
Your MariaDB connection id is 2
Server version: 5.5.37-MariaDB MariaDB Server

Copyright (c) 2000, 2014, Oracle, Monty Program Ab and others.

Type 'help;' or '\h' for help. Type '\c' to clear the current input ↲
statement.

MariaDB [(none)]>
```

エラーもなく、接続できました。MariaDBは稼働しているようです。mysqlコマンドはデフォルトでOSユーザ（今回はroot）を使ってソケット接続をするのですが、MariaDBではデフォルトでrootがパスワードなしで接続できるため、今回は接続できたのです。

これで、Apache、PHP、MySQLのそれぞれが稼働していることが確認できました。

7-4 動作確認2：結合動作の確認

まずはApache＋PHPの動作を確認しましょう。CentOSでApacheとPHPをインストールして、DocumentRoot配下に拡張子.phpのファイルを置くと、PHPとして実行するようにデフォルトで設定されます。そこで、下記のようにアクセス時刻を表示するプログラムである/var/www/html/test2.phpを作成し、http://127.0.0.1/test2.phpにアクセスして動作を確認しましょう（「'」（シングルクォーテーション）、「"」（ダブルクォーテーション）を正しく入力するように注意してください）。

curlコマンドでアクセスするたびに表示される時刻が変わり、動的に動作していることがわかります。

```
[root@bootcamp ~]# echo '<?php print date("r"); print "\n" ?>' > /var/www/html/test2.php
[root@bootcamp ~]# cat /var/www/html/test2.php
<?php print date("r"); print "\n" ?>
[root@bootcamp ~]# curl http://127.0.0.1/test2.php
Sun, 19 Oct 2014 14:20:26 +0000
```

次に、PHP＋MariaDBの動作を確認しましょう。まず、/var/www/html/test3.phpを下記のとおり作成します。1行では収まらないので、vimなどのエディタで作成してください。

```
<?php
$con = mysql_connect();
$res = mysql_query("select sysdate() as date;");
while ( $row = mysql_fetch_assoc($res) ){
  print $row['date'] . "\n";
}
mysql_close($con);
?>
```

ファイルが作成できたら実行して確認しましょう。

```
[root@bootcamp ~]# php /var/www/html/test3.php
2014-10-19 23:21:48
```

MariaDBを含めての動作が確認できました。
　それでは最後にApache＋PHP＋MariaDBの接続を確認しましょう。先ほど作成したtest3.phpはDocumentRoot配下に置いてあるので、curlコマンドでアクセスしてみましょう。

```
[root@bootcamp ~]# curl http://127.0.0.1/test3.php
2014-10-19 23:22:22
```

エラーもなく、データが表示できました。
　うまくいかない場合は、ログを確認しましょう。Apacheのログは/var/log/httpd/access_logと/var/log/httpd/error_logにあります。PHPのログはデフォルトでは出力されませんが、コマンドラインで実行したときは標準エラー出力に、Apacheと組み合わせて実行したときはApacheのエラーログに出力されます。MariaDBのログは/var/log/mariadb/mariadb.logにあります。

7-5　手元のPCからブラウザで接続する

　最後に、手元のPCからブラウザで接続してみましょう。URLの書式は以下のようになります。

書式　URL
```
http://<仮想マシンのIPアドレス>/test3.php
```

　IPアドレスはipコマンドで確認できます。VirtualBoxの設定上の都合で、今回はenp0s8に割り当てられたIPアドレスにアクセスします。

```
[root@bootcamp ~]# ip addr show enp0s8
3: enp0s8: <BROADCAST,MULTICAST,UP,LOWER_UP> mtu 1500 qdisc pfifo_
fast state UP qlen 1000
    link/ether 08:00:27:03:55:1a brd ff:ff:ff:ff:ff:ff
    inet 192.168.56.101/24 brd 192.168.56.255 scope global enp0s8
    inet6 fe80::a00:27ff:fe03:551a/64 scope link
       valid_lft forever preferred_lft forever
```

この場合は192.168.56.101です。では、ブラウザで接続してみましょう（**図7.2**）。

図7.2 ブラウザで接続

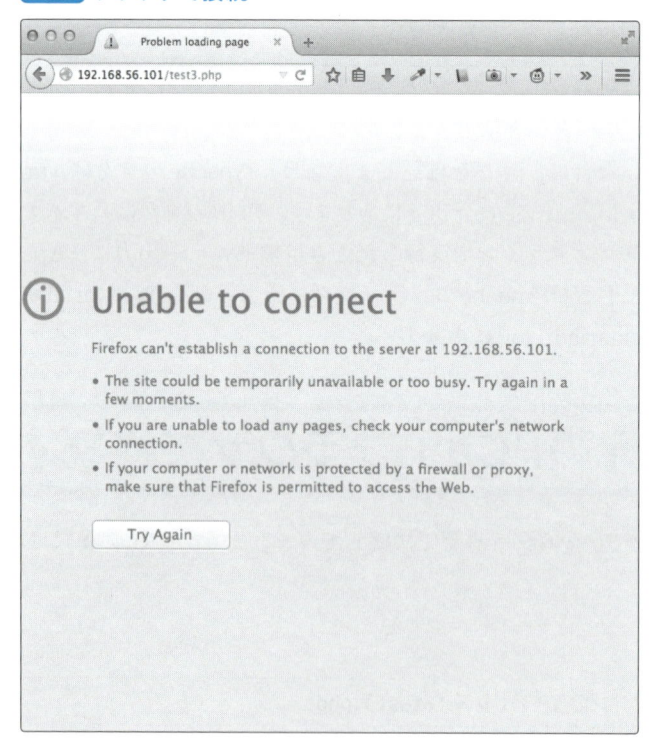

エラーになりましたので、デバッグします。デバッグは低いレイヤーからが鉄則です。まず、pingコマンドを使って疎通を確認しましょう。

7-5-1　Windowsの場合

Windowsであればコマンドプロンプトでターミナルを起動します。

```
C:\Users\baba>ping -n 3 192.168.56.101

192.168.56.101 に ping を送信しています 32 バイトのデータ:
192.168.56.101 からの応答: バイト数 =32 時間 <1ms TTL=64
192.168.56.101 からの応答: バイト数 =32 時間 <1ms TTL=64
192.168.56.101 からの応答: バイト数 =32 時間 <1ms TTL=64
192.168.56.101 の ping 統計:
    パケット数: 送信 = 3、受信 = 3、損失 = 0 (0% の損失)、
ラウンド トリップの概算時間 (ミリ秒):
    最小 = 0ms、最大 = 0ms、平均 = 0ms
```

疎通していることが確認できました。

7-5-2　Macの場合

Macであればターミナルを起動してください。

```
[baba@bbair2014 ~]$ ping -c 3 192.168.56.101
PING 192.168.56.101 (192.168.56.101): 56 data bytes
64 bytes from 192.168.56.101: icmp_seq=0 ttl=64 time=0.332 ms
64 bytes from 192.168.56.101: icmp_seq=1 ttl=64 time=0.502 ms
```

```
64 bytes from 192.168.56.101: icmp_seq=2 ttl=64 time=0.444 ms


--- 192.168.56.101 ping statistics ---
3 packets transmitted, 3 packets received, 0.0% packet loss
round-trip min/avg/max/stddev = 0.332/0.426/0.502/0.071 ms
```

　こちらも疎通していることが確認できました。ICMPは疎通するのに同じレイヤーのHTTPは疎通しないということ、ローカルからは接続できていたことから、何らかの外部からのアクセスについて制御が入っていることが考えられます。

　ネットワークアクセス制御については**6時間目**で学習しました。「6-9　ネットワークセキュリティを設定する」で解説した手順を参考にして、HTTPの接続許可を追加し、再度自分のPCからアクセスしてみましょう（**図7.3**）。

図7.3 80/TCP（HTTP）の接続許可を追加してブラウザから接続

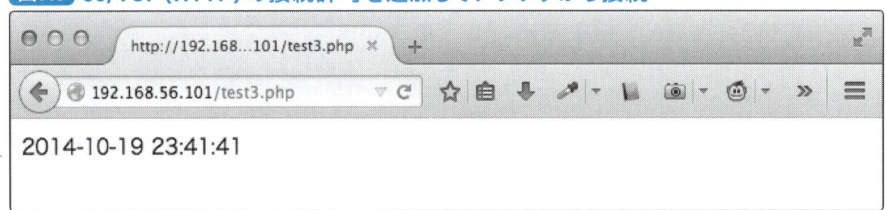

```
http://192.168...101/test3.php
192.168.56.101/test3.php
2014-10-19 23:41:41
```

　アクセスできました。

　7時間目の実践はこれでおしまいです。お疲れさまでした！

確認テスト

Q1 動作確認の基本を説明してください。

Q2 7時間目でインストールしたApacheとMariaDBの自動起動設定がONになっているかどうかをどのように確認するか説明してください。

8時間目 WordPressでブログサーバの構築実習

8時間目は前半のまとめとして、**WordPress**を使ってブログサーバを構築します。

今回のゴール

・WordPressを使ったブログサーバが構築できるようになること

》 8-1 テスト環境を用意する

1時間目の手順に従ってもう1つ環境を作ってください。設定項目は表8.1のようにしてください。

表8.1 テスト環境の設定項目

項目	設定
言語	日本語
キーボード	日本語
ネットワーク設定	デフォルト
ホスト名	myblog
rootパスワード	myb10gp@ssw0rd

WordPressのインストールにあたり、WordPress関連の設定は表8.2のとおりにしてください。

表8.2 WordPress関連の設定項目

項目	設定
ブログ名	my first blog
WordPressユーザ	wpadmin
同パスワード	myp@ssw0rd
メールアドレス	root@example.com
MariaDBデータベース名	wpdata
MariaDBユーザ	wpdbuser
同パスワード	wpdbp@ss

8-2 簡単な手順

　まず、簡単な手順を示します。この手順と、**7時間目**の学習内容を組み合わせてブログサーバを構築してください。

　最初にApache、PHP、MariaDBをインストールします。PHPは下記の拡張モジュールもインストールします。

- php-gd
- php-mbstring
- php-mysql
- php-pspell
- php-xml
- php-xmlrpc

　次に、「curl -O https://ja.wordpress.org/wordpress-4.0-ja.zip」でWordPressをダウンロードし、unzipコマンドで解凍します（付属DVD-ROMのwordpress-4.0-ja.zipを使ってもかまいません）。そして、展開したファイルをDocumentRoot(/var/www/html)に配置し、mysqlコマンドでMariaDBに接続します。

　次のようにして、データベースを作成します。

```
create database wpdata;
```

MariaDB内のユーザを作成し、wpdataデータベースの全権限を許可します。

```
grant all on wpdata.* to wpdbuser@'localhost' identified by 'wpdbp@ss';
```

権限設定を反映します。

```
flush privileges;
```

「7-5　手元のPCからブラウザで接続する」の手順を参考にIPアドレスを確認してブラウザでアクセスし、ウィザードに従ってインストールします。

最後に、管理画面（/wp-admin/）にログインし、新規投稿を実施します。投稿した内容がブログの画面に表示されたら成功です（図8.1）。

図8.1　新規投稿を表示

今までの実践を振り返って問題を解決し、わからないことはWordpressやApache、

PHP、MariaDBやMySQLの公式サイトを見て、それでもだめならインターネットで検索してヒントを得ることでインストールできるはずです。うまくいかない場合は、次項に具体的な手順を書いておくので、こちらを参考にしてください。

> **Column もしSSHエラーが発生したら**
>
> もしSSH接続するときに以下のようなエラーメッセージが出た場合は、手元のPCのknown_hostsファイルを修正してください。
>
> ```
> @@@@@@@@@@@@@@@@@@@@@@@@@@@@@@@@@@@@@@@@@@@@@@@@@
> @    WARNING: REMOTE HOST IDENTIFICATION HAS CHANGED!     @
> @@@@@@@@@@@@@@@@@@@@@@@@@@@@@@@@@@@@@@@@@@@@@@@@@
> IT IS POSSIBLE THAT SOMEONE IS DOING SOMETHING NASTY!
> Someone could be eavesdropping on you right now (man-in-the-
> middle attack)!
> It is also possible that a host key has just been changed.
> The fingerprint for the RSA key sent by the remote host is
> a0:b6:d1:68:76:2c:1f:ac:1b:4d:b0:bf:8c:28:f9:6f.
> Please contact your system administrator.
> Add correct host key in /Users/baba/.ssh/known_hosts to get
> rid of this message.
> Offending RSA key in /Users/baba/.ssh/known_hosts:407
> RSA host key for 192.168.56.101 has changed and you have
> requested strict checking.
> Host key verification failed.
> ```
>
> このように192.168.56.101が重複した場合は、次のようにして該当IPアドレスとして記録されている行を~/.ssh/known_hostsから削除しておきましょう。
>
> ```
> ssh-keygen -R 192.168.56.101
> ```

> SSHでは、各接続先の初回接続時に接続先とホストキーの組み合わせをknown_hostsに記録しており、接続先が同じでもホストキーが変更された場合は接続できないようになっています。
>
> 接続先が同じでホストキーが変更された場合は、本来の接続先との間に別の第三者が入り込む中間者攻撃（Man In The Middle Attack）を受けている可能性があるため、このような実装になっています。

8-3 詳細な手順

まずrootでログインし、IPアドレスを確認します。

```
[root@myblog ~]# ip addr show enp0s8
```

SELinuxをオフにします。このあたりからSSHで接続して作業するとよいでしょう。このファイルを編集するのは2度目なので、できるだけvimは使わず、コマンドラインのみで完了できるようsedを使いましょう。sedがどうしてもわからないときはvimで編集してください。

```
[root@myblog ~]# getenforce
[root@myblog ~]# grep ^SELINUX /etc/selinux/config
[root@myblog ~]# sed -i.bak -r 's/^(SELINUX=).*/\1disabled/' /etc/selinux/config
[root@myblog ~]# grep ^SELINUX /etc/selinux/config
[root@myblog ~]# reboot
[root@myblog ~]# getenforce
```

getenforceが「Disabled」になっていればOKです。

次に、yumコマンドで必要なものをインストールして起動します。自動起動も設定します。

```
[root@myblog ~]# yum install httpd php mariadb-server php-gd ↵
php-mbstring php-mysql php-pspell php-xml php-xmlrpc
[root@myblog ~]# systemctl start httpd.service
[root@myblog ~]# systemctl start mariadb.service
[root@myblog ~]# systemctl enable httpd.service
[root@myblog ~]# systemctl enable mariadb.service
[root@myblog ~]# systemctl status httpd.service
[root@myblog ~]# systemctl status mariadb.service
```

Apache、MariaDBが両方とも「active(running)」になっていればOKです。

```
[root@myblog ~]# systemctl list-unit-files --type service | grep ↵
-iE '(httpd|mariadb)'
```

Apache、MariaDBが両方とも「enabled」になっていればOKです。
次にWordPressをダウンロードします。

```
[root@myblog ~]# curl -O https://ja.wordpress.org/wordpress-4.0-ja.zip
[root@myblog ~]# ls -al
```

インターネットからのダウンロードではなく、付属のDVD-ROMを使う場合は次のようにします。

```
[root@myblog ~]# cp /mnt/wordpress-4.0-ja.zip ~/.
[root@myblog ~]# ls -al
```

wordpress-4.0-ja.zipが作成されていればOKです。yumコマンドでunzipコマンドをインストールし、unzipコマンドでWordPressを解凍します。

```
[root@myblog ~]# yum install unzip
[root@myblog ~]# unzip wordpress-4.0-ja.zip
[root@myblog ~]# ls -al
```

wordpressディレクトリが作成されていればOKです。
解凍したファイルをDocumentRootに配置します。

```
[root@myblog ~]# ls -al /var/www/html/
[root@myblog ~]# mv wordpress/* /var/www/html/.
[root@myblog ~]# ls -al /var/www/html/
```

index.phpなどが作成されていればOKです。
次に、HTTPアクセスを許可して永続化します。

```
[root@myblog ~]# firewall-cmd --add-service=http --permanent
[root@myblog ~]# firewall-cmd --reload
[root@myblog ~]# firewall-cmd --list-all
```

「services」に「http」が入っていればOKです。
次に、MariaDBに接続し、データベースとユーザを作成します。最初にデータベースを作成します。

```
[root@myblog ~]# mysql
MariaDB [(none)]> show databases;
MariaDB [(none)]> create database wpdata;
MariaDB [(none)]> show databases;
```

wpdataデータベースが作成できていればOKです。続いてユーザを作成します。

```
MariaDB [(none)]> select User, Host from mysql.user;
MariaDB [(none)]> grant all on wpdata.* to wpdbuser@'localhost' ↵
 identified by 'wpdbp@ss';
MariaDB [(none)]> select User, Host from mysql.user;
```

「User」が「wpdbuser」、「Host」が「localhost」の行が追加されていればOKです。

```
MariaDB [(none)]> flush privileges;
MariaDB [(none)]> exit
[root@myblog ~]# mysql -u wpdbuser -p'wpdbp@ss' wpdata -e 'select 1;'
```

エラーがなく、1と表示されればOKです。

次に、ブラウザでWordPressにアクセスします（図8.2〜4）。

図8.2 ブラウザでアクセス

図8.3 データベース接続のための詳細設定

以下にデータベース接続のための詳細を入力してください。これらのデータについて分からない点があれば、ホストに連絡を取ってください。

データベース名	wpdata	WordPress を作動させるデータベースの名
ユーザー名	wpdbuser	MySQL のユーザー名
パスワード	wpdbp@ss	…そして、あなたの MySQL パスワード。
データベースのホスト名	localhost	もし `localhost` という値では動かない場合、ホスティングサービスから情報が入手できるはずです。
テーブル接頭辞	wp_	ひとつのデータベースに複数の WordPress をインストールしたい場合、これを変えてください。

送信

図8.4 設定を保存

wp-config.php ファイルに書き込むことができません。

wp-config.php ファイルを手動で作成し、以下のテキストをペーストできます。

```
 * この値を true にすると、開発中に注意 (notice) を表示します。
 * テーマおよびプラグインの開発者には、その開発環境においてこの WP_DEBUG を使用することを強く推奨します。
 */
define('WP_DEBUG', false);

/* 編集が必要なのはここまでです ! WordPress でブログをお楽しみください。 */

/** Absolute path to the WordPress directory. */
if ( !defined('ABSPATH') )
        define('ABSPATH', dirname(__FILE__) . '/');

/** Sets up WordPress vars and included files. */
require_once(ABSPATH . 'wp-settings.php');
```

それが済んだら、「インストール実行」をクリックしてください。

インストール実行

出力されたconfigをviコマンドで保存します。viを挿入モードにし、ターミナルにコピーペーストしましょう。

```
[root@myblog ~]# vi /var/www/html/wp-config.php
[root@myblog ~]# cat /var/www/html/wp-config.php
```

きちんとペーストができていればOKです。続いて、ブラウザでウィザードを進めます（**図8.5**、**6**）。

図8.5 インストール画面

8時間目 WordPressでブログサーバの構築実習

図8.6 インストール完了画面

管理画面にログインします（**図**8.7、8）。

図8.7 管理画面へのログイン

図8.8 WordPressのダッシュボード

投稿してログアウトします（図8.9、10）。

図8.9 新規投稿の作成

図8.10 投稿

/に移動して投稿を確認します（**図8.11**）。

図8.11 投稿を確認

念のために、再起動後も図8.11と同じように表示できるかどうか確認しましょう。

```
[root@myblog ~]# reboot
```

確認テスト

Q1 今回はwp-config.phpをviコマンドで保存しましたが、これは書き込み時に「Permission denied」というエラーが発生したためです。このエラーを発生させないようにするには、どのように設定したらよいか、説明してください。

9時間目 構成にこだわったインストール実習

9時間目では構成にこだわってサーバを構築しましょう。**Apache**はyumのものをそのまま使い、**PHP**は最新安定版をソースコンパイルしてインストールし、**MySQL**は最新安定版を公式サイトのリポジトリからインストールします。新しいソフトウェアの検証など、ソースコンパイルしてインストールする機会はよくあります。方法をしっかり覚えて対応できるようになりましょう。

今回のゴール

- MySQLの最新安定版を公式リポジトリからインストールできるようになること
- PHPの最新安定版をソースコンパイルでインストールできるようになること
- 最新安定版のPHPとMySQLとWordPressを利用してブログサーバが構築できるようになること

9-1 テスト環境を用意する

1時間目の手順に従って、もう1つ環境を作ってください。設定項目は**表9.1**のようにしてください。

表9.1 テスト環境の設定項目

項目	設定
言語	日本語
キーボード	日本語
ネットワーク設定	デフォルト

項目	設定
ホスト名	myblog2
rootパスワード	myb10g2p@ssw0rd

構築が完了したら、以下を設定します。

- SELinuxをdisableにする
- 一般ユーザmaker（パスワードは「m@kerp@ssw0rd」）を作成する（144ページの手順を参考にユーザを作成してください。パスワードの設定はpasswdコマンドを使います）
- makerユーザがsudoできるように設定する

```
[root@myblog2 ~]# echo 'maker ALL=(ALL) ALL' > /etc/sudoers.d/maker
[root@myblog2 ~]# chmod 400 /etc/sudoers.d/maker
[root@myblog2 ~]# su - maker
[maker@myblog2 ~]$ sudo whoami
[sudo] password for maker:
root
```

サーバ管理の原則として、誤操作の抑止がないroot権限での作業はできるだけ少なくすべきです。しかし、rootであればすべてのファイルを操作・閲覧できるため、サーバの構築やトラブルの対応や調査にはとても便利です。

危険と利便性は相反することが多く、rootの使い方も「こうしなくてはならない」という基準があるわけではないので、それらのバランスを考えた使い方を自分で見つけるようにしてください。最初のうちはrootをそのまま使い、酸いも甘いも経験していくのがよいでしょう。

9-2 MySQLを公式リポジトリからインストールする

使われる側からインストールするのが鉄則なので、まずは最もバックエンドにあるMySQLからインストールします。公式リポジトリからインストールするためのrpmが配布されているため、次のURLからRed Hat Enterprise Linux 7用のrpmをダウンロードするか、付属のDVD-ROMに収録されている「mysql-community-release-el7-5.noarch.rpm」を利用してください。

MySQL :: Download MySQL Community Server（http://dev.mysql.com/downloads/mysql/）

```
[maker@myblog2 ~]$ sudo yum install mysql-community-release-el7-5.noarch.rpm
[maker@myblog2 ~]$ sudo yum install mysql-community-server
```

インストール中の出力をよく見ると、入れ替えが報告されています。インストール済みのmariadb-libsと競合しているようなので、新たにインストールするほうに入れ替えられます。

```
================================================================
 Package              アーキテクチャー
                                    バージョン        リポジトリー
                                                                     容量
================================================================
インストール中：
 mysql-community-libs    x86_64    5.6.21-2.el7    mysql56-community
     2.0 M
```

```
       mariadb-libs.x86_64 1:5.5.35-3.el7 を入れ替えます
 mysql-community-server    x86_64    5.6.21-2.el7    mysql56-community
      57 M
```

インストールできたら次はPHPです。

> **Column　インターネット接続がない環境で試す場合**
>
> 　インターネット接続がない環境で試す場合は、付属のDVD-ROMに収録されている「MySQL-5.6.21-1.el7.x86_64.rpm-bundle.tar」を利用してください。これは、次に示すURLからダウンロードできるものと同じです。
>
> http://dev.mysql.com/get/Downloads/MySQL-5.6/MySQL-5.6.21-1.el7.x86_64.rpm-bundle.tar
>
> ```
> [maker@myblog2 ~]$ mkdir /tmp/MySQL
> [maker@myblog2 ~]$ tar xf MySQL-5.6.21-1.el7.x86_64.rpm-
> bundle.tar -C /tmp/MySQL
> [maker@myblog2 ~]$ rpm -Uvh /tmp/MySQL/MySQL-community-
> {server,libs,client,common}*
> ```

9-3　最新のPHPをソースコードからインストールする

PHPをソースコードからインストールするときの手順はおおまかに下記のとおりです。

① ソースコードの入手（ダウンロード）
② 必要な外部ソフトウェア・ライブラリのインストール
③ コンパイル設定：configure
④ コンパイル・インストール：make && make install

②は必要に応じて実施します。また、コンパイル・インストールのタイミングでテストが用意されているソフトウェアもあるので、その場合は「make install」を実行する前に「make test」を実行します。PHP以外のソフトウェアの場合もほぼ同じ流れです。

　ソースコードからインストールする場合の要点は、②でどの外部ソフトウェア・ライブラリのどのバージョンが必要なのかを調査することと、③でどのようなコンパイル設定をするか（コンパイルオプションをどう設定するか）の2点です。この2点がもっとも重要でかつ難関です。

　上記2点に関する情報は、そのソフトウェアの公式Webサイトにあるドキュメントを読んで調べます。取得したソースコードを展開すると、たいていREADMEやINSTALL、それに類する名前のファイルがあるのでそれを読みましょう。必要なことはそこに書いてあります。ただし、ドキュメントはメンテナンスされていないこともあるので、書かれているとおりにやってみてうまくいかなかった場合は、自分でエラーメッセージを読み解いて判断しなければなりません。

　ドキュメントもエラーメッセージも英語で出力されることがほとんどなので、英語は避けて通れません。

9-3-1　ソースコードを入手（ダウンロード）する

　執筆時点の最新版は5.6.2なので5.6.2を使います。PHP公式サイトからphp-5.6.2.tar.gzをダウンロードしてください。

・PHP公式サイト
http://php.net/downloads.php

　Webサイトによるとmd5チェックサムは「f0b54371fae6d4b6b99fb3d360f086ac」なので、同じになるかどうかを確認しましょう。md5チェックサムが同じになれば、ファイル破損などはなく、正常にダウンロードできていることが確認できます。curlに-Lオプションを付けるとリダイレクトを追跡してくれるので、ダウンロードの際に利用しましょう。

```
[maker@myblog2 ~]$ curl -L -o php-5.6.2.tar.gz http://jp1.php.net/get/↵
php-5.6.2.tar.gz/from/this/mirror
```

```
[maker@myblog2 ~]$ md5sum php-5.6.2.tar.gz
f0b54371fae6d4b6b99fb3d360f086ac  php-5.6.2.tar.gz
```

チェックサムが同じであることが確認できました。

9-3-2　必要な外部ソフトウェアとライブラリを インストールする

ダウンロードしたPHPを解凍し、INSTALLの内容を見てみましょう。

```
[maker@myblog2 ~]$ tar zxvf php-5.6.2.tar.gz
[maker@myblog2 ~]$ cd php-5.6.2
```

```
[maker@myblog2 ~]$ less INSTALL
--------------------------------------------------------

Installing PHP

--------------------------------------------------------
(略)
Apache 2.x on Unix systems
(略)
./configure --with-apxs2=/usr/local/apache2/bin/apxs --with-mysql
make
make install
```

　configure、make、Apache、各種ライブラリが必要だとわかります。このように configure、makeはソースコンパイルする場合にたいてい必要になるので、開発ツール一式をインストールしておきましょう。

```
[maker@myblog2 php-5.6.2]$ sudo yum groupinstall "Development Tools"
[maker@myblog2 php-5.6.2]$ ./configure --with-apxs2=/usr/local/ ⏎
apache2/bin/apxs --with-mysql
(略)
Sorry, I cannot run apxs.  Possible reasons follow:

1. Perl is not installed
2. apxs was not found. Try to pass the path using --with-apxs2=/path/ ⏎
to/apxs
3. Apache was not built using --enable-so (the apxs usage page is ⏎
displayed)


The output of /usr/local/apache2/bin/apxs follows:
./configure: line 8410: /usr/local/apache2/bin/apxs: No such file or ⏎
directory
configure: error: Aborting
```

エラーが発生しました。エラーの原因について次の3つの可能性が提示されています。

```
1. Perl is not installed
2. apxs was not found. Try to pass the path using --with-apxs2=/path/ ⏎
to/apxs
3. Apache was not built using --enable-so (the apxs usage page is ⏎
displayed)
```

それぞれ「Perlがインストールされていない」「apxsが見つからない」「Apacheが--enable-soでビルドされていない」という意味です。これらについて1つずつ確認してみましょう。

```
[maker@myblog2 php-5.6.2]$ which perl
/usr/bin/perl
```

Perlはインストールされていました。

```
[maker@myblog2 php-5.6.2]$ ls -al /usr/local/apache2/bin/apxs
ls: /usr/local/apache2/bin/apxs にアクセスできません: そのようなファイルや
ディレクトリはありません
```

INSTALLではapxsを指定していましたが、apxsがないようです。どのパッケージに含まれているか調査しましょう。

```
[maker@myblog2 php-5.6.2]$ sudo yum whatprovides '*/apxs'
(略)
httpd-devel-2.4.6-18.el7.centos.x86_64 : Development interfaces for
the Apache HTTP server
リポジトリー      : updates
一致            :
ファイル名       : /usr/bin/apxs
```

httpd-develにありました。このように、ソースコードからコンパイルするときに何かが足りないということになったら、そのソフトウェアのdevelパッケージをインストールしてみてください。

```
[maker@myblog2 php-5.6.2]$ sudo yum install httpd-devel
[maker@myblog2 php-5.6.2]$ ls -al /usr/bin/apxs
-rwxr-xr-x. 1 root root 23730  7月 23 23:47 /usr/bin/apxs
```

これでapxsがインストールできました。

9-3-3 コンパイルの設定

続いてコンパイルの設定をしましょう。コンパイル設定のオプションは「./configure --help」で確認できます。

```
[maker@myblog2 php-5.6.2]$ ./configure --help
```

INSTALLに指定があった--with-apxs2 --with-mysqlは設定するとして、そのほかに必要なのはインストールパスを指定する--prefixです。

ちょっとしたTIPSですが、シンボリックと--prefixを活用して以下のようにしておくと、バージョンを入れ替えたときにも同じパスでアクセスできるようになります。

```
sudo ln -s /usr/local/php5.6 /usr/local/php
```

8時間目にインストールしたphpモジュールはWordPressに必要なものなので、ひととおり入るように「--with-<機能>」オプションを付けておきましょう。helpを見ると、gdは--with-gd、mbstringは--enable-mbstring、MySQLは--with-mysql、pspellは--with-pspell、xmlは特に指定がなく、xmlrpcは--with-xmlrpcとなっています。

それではコンパイル設定を進めましょう。

```
[maker@myblog2 php-5.6.2]$ ./configure --with-apxs2=/usr/bin/apxs 
--with-gd --enable-mbstring --with-mysql --with-pspell --with-xmlrpc 
--prefix=/usr/local/php5.6
(略)
configure: error: xml2-config not found. Please check your libxml2 
installation.
```

エラーで停止してしまいました。xml2-configがどのパッケージに含まれているか確認しましょう。

```
[maker@myblog2 php-5.6.2]$ sudo yum whatprovides '*/xml2-config'
(略)
libxml2-devel-2.9.1-5.el7_0.1.x86_64 : Libraries, includes, etc. to ⤵
develop XML and HTML
                                    : applications
リポジトリー        : updates
一致              :
ファイル名         : /usr/bin/xml2-config
```

libxml2-develが足りないようなので、libxml2-develパッケージをインストールしてリトライしましょう。

```
[maker@myblog2 php-5.6.2]$ sudo yum install libxml2-devel
```

```
[maker@myblog2 php-5.6.2]$ ./configure --with-apxs2=/usr/bin/apxs ⤵
--with-gd --enable-mbstring --with-mysql --with-pspell --with-xmlrpc ⤵
--prefix=/usr/local/php5.6
(略)
checking whether to enable truetype string function in GD... no
checking whether to enable JIS-mapped Japanese font support in GD... no
If configure fails try --with-vpx-dir=<DIR>
If configure fails try --with-jpeg-dir=<DIR>
configure: error: png.h not found.
```

今度はpng.hが足りないようです。

```
[maker@myblog2 php-5.6.2]$ sudo yum whatprovides '*/png.h'
(略)
2:libpng-devel-1.5.13-5.el7.i686 : Development tools for programs to ⏎
manipulate PNG image
                                : format files
リポジトリー       : base
一致             :
ファイル名        : /usr/include/libpng15/png.h
ファイル名        : /usr/include/png.h
(略)
```

たくさん出力されますが、configureの直近の出力が画像関連のものばかりなので、libpng-develをインストールしてリトライしてみましょう。

```
[maker@myblog2 php-5.6.2]$ sudo yum install libpng-devel
[maker@myblog2 php-5.6.2]$ ./configure --with-apxs2=/usr/bin/apxs ⏎
--with-gd --enable-mbstring --with-mysql --with-pspell --with-xmlrpc ⏎
--prefix=/usr/local/php5.6
(略)
configure: error: Cannot find pspell
```

pspellがないそうです。yumでインストールしましょう。

```
[maker@myblog2 php-5.6.2]$ sudo yum whatprovides '*/pspell'
(略)
12:aspell-devel-0.60.6.1-9.el7.x86_64 : Libraries and header files ⏎
for Aspell development
リポジトリー       : base
一致             :
ファイル名        : /usr/include/pspell
```

aspell-develをインストールしてリトライしましょう。

```
[maker@myblog2 php-5.6.2]$ sudo yum install aspell-devel
[maker@myblog2 php-5.6.2]$ ./configure --with-apxs2=/usr/bin/apxs ↲
--with-gd --enable-mbstring --with-mysql --with-pspell --with-xmlrpc ↲
--prefix=/usr/local/php5.6
```

エラーなく完了しました。やっと成功です。

Column configureで何が起きたのか？

configureでどのファイルが生成されたのかを調べる方法を考えてみましょう。

configureで何かファイルが作成・更新されたのであれば、ファイルのタイムスタンプが更新されているはずです。findコマンドを使って直近に更新されたファイルを調べてみましょう。

findコマンドの-mminオプションは、数字の前に「-」を付けることで○分以内という指定ができます。逆に、「+」を付けることで○分以上という指定もできます。たとえば、15分以内に更新されたファイルは下記のコマンドで取得できます。

```
[maker@myblog2 php-5.6.2]$ find . -type f -mmin -15
```

9-3-4 コンパイルして実行ファイルを生成し、インストールする

それではコンパイルを開始しましょう。

makeを実行してエラーがなければ「make test」を実行します。コマンドを「&&」でつなぐと、前のコマンドが成功したとき（リターンコード0）だけ次のコマンドを実行します。

```
[maker@myblog2 php-5.6.2]$ make && make test
(略)
=====================================================================
TEST RESULT SUMMARY
---------------------------------------------------------------------
Exts skipped     :   46
Exts tested      :   33
---------------------------------------------------------------------


Number of tests : 13320              9445
Tests skipped   :  3875 ( 29.1%) --------
Tests warned    :     5 (  0.0%) (  0.1%)
Tests failed    :     1 (  0.0%) (  0.0%)
Expected fail   :    33 (  0.2%) (  0.3%)
Tests passed    :  9406 ( 70.6%) ( 99.6%)
---------------------------------------------------------------------
Time taken      :   335 seconds
=====================================================================
(略)
=====================================================================
FAILED TEST SUMMARY
---------------------------------------------------------------------
Test setlocale() function : usage variations - Setting all available ↲
locales in the platform [ext/standard/tests/strings/setlocale_ ↲
variation2.phpt]
=====================================================================
```

　5件のWARNと1件のFAILが出ました。WARNは警告なので気にしないことにしてFAILを確認しましょう。setlocale()のテストがパスしなかったようです。これだけでは詳細がわからないので、出力されているテストを手動で実行してみましょう。今のディレクトリ配下にある、今ビルドしたphpを探し出し、それを使って実行します。

```
[maker@myblog2 php-5.6.2]$ find . -name php
./sapi/cli/php
[maker@myblog2 php-5.6.2]$ ./sapi/cli/php  ext/standard/tests/ ↵
strings/setlocale_variation2.phpt
--TEST--
Test setlocale() function : usage variations - Setting all available ↵
 locales in the platform
--SKIPIF--
--FILE--
*** Testing setlocale() : usage variations ***
-- Test setlocale() with all available locale in the system --
No of locales found on the machine = 790
No of setlocale() success = 789
Expected no of failures = 0
Test FAILED
Names of locale() for which setlocale() failed ...
array(1) {
  [0]=>
  string(16) "no_NO.ISO-8859-1"
}
Done
--EXPECTF--
*** Testing setlocale() : usage variations ***
-- Test setlocale() with all available locale in the system --
No of locales found on the machine = %d
No of setlocale() success = %d
Expected no of failures = 0
Test PASSED
Done
```

790件のlocaleのうち789件はテスト成功で、no_NO.ISO-8859（ノルウェー語）のみFAILになっているようです。ノルウェー語は使わないので今回は無視することにしましょう。ちなみにこのエラーは、ノルウェー語を表すためにCentOS 7からno_NOではなくnb_NOを使うようになったために出力されているエラーです。

というわけで今回は気にせずインストールに進みます。それではインストールしましょう。

```
[maker@myblog2 php-5.6.2]$ sudo make install
[maker@myblog2 php-5.6.2]$ sudo ln -s /usr/local/php5.6 /usr/local/php
```

インストールできたか確認しましょう。

```
[maker@myblog2 php-5.6.2]$ ls -lad /usr/local/php*
lrwxrwxrwx. 1 root root 17 10月 24 21:20 /usr/local/php -> /usr/local/php5.6
drwxr-xr-x. 7 root root 60 10月 24 21:20 /usr/local/php5.6
[maker@myblog2 php-5.6.2]$ /usr/local/php/bin/php -v
PHP 5.6.2 (cli) (built: Oct 24 2014 20:53:43)
Copyright (c) 1997-2014 The PHP Group
Zend Engine v2.6.0, Copyright (c) 1998-2014 Zend Technologies
```

インストールが完了したら設定ファイルを配置します。PHPファイルの場所はPHPコマンドで確認できます。

```
[maker@myblog2 php-5.6.2]$ /usr/local/php/bin/php -i | grep php.ini
Configuration File (php.ini) Path => /usr/local/php5.6/lib
```

ひな形をコピーして、PHP自体の設定ファイルをPREFIX/lib/php.iniに配置しましょう。PHP自体の設定ファイルのひな形はphp.ini-productionを使います（productionは本番用という意味です）。

```
[maker@myblog2 php-5.6.2]$ sudo cp php.ini-production /usr/local/ ↵
php5.6/lib/php.ini
```

ひな形を配置したら、最低限date.timezoneを設定しておきましょう。「date.timezone = Asia/Tokyo」と記載しておくことで、もともと表示されていたWarningが解消できます。

```
[maker@myblog2 php-5.6.2]$ /usr/local/php/bin/php -i | grep timezone
PHP Warning:  Unknown: It is not safe to rely on the system's ↵
timezone settings. You are *required* to use the date.timezone ↵
setting or the date_default_timezone_set() function. In case you ↵
used any of those methods and you are still getting this warning, ↵
you most likely misspelled the timezone identifier. We selected ↵
the timezone 'UTC' for now, but please set date.timezone to select ↵
your timezone. in Unknown on line 0
Default timezone => UTC
date.timezone => no value => no value
```

```
[maker@myblog2 php-5.6.2]$ sudo sed -i -r 's@^;(date.timezone). ↵
*@\1 = Asia/Tokyo@' /usr/local/php/lib/php.ini
[maker@myblog2 php-5.6.2]$ diff -u php.ini-production /usr/local/ ↵
php/lib/php.ini
--- php.ini-production   2014-10-15 21:59:32.000000000 +0900
+++ /usr/local/php/lib/php.ini   2014-10-24 21:21:40.132070654 +0900
@@ -925,7 +925,7 @@
 [Date]
 ; Defines the default timezone used by the date functions
 ; http://php.net/date.timezone
-;date.timezone =
```

```
+date.timezone =Asia/Tokyo


 ; http://php.net/date.default-latitude
 ;date.default_latitude = 31.7667
[maker@myblog2 php-5.6.2]$ /usr/local/php/bin/php -i | grep timezone
Default timezone => Asia/Tokyo
date.timezone => Asia/Tokyo => Asia/Tokyo
```

また、Apache用の設定ファイルを/etc/httpd/conf.d/php.confに作成します。Apache用の設定ファイルはINSTALLを参考に作成します。

```
[maker@myblog2 php-5.6.2]$ sudo vi /etc/httpd/conf.d/php.conf
```

php.confに次のように設定します。

```
<IfModule mod_php5.c>
    AddType application/x-httpd-php .php
    AddType application/x-httpd-php-source .phps
    <IfModule mod_dir.c>
        DirectoryIndex index.html index.php
    </IfModule>
</IfModule>
```

Column: makeは時間がかかる

　もうおわかりだと思いますが、makeや「make test」の実行はとても時間がかかります。コマンドの実行にどのくらい時間がかかったかを知るにはtimeコマンドを使います。timeコマンドの引数として実行したいコマンドを指定すると、完了後に所要時間を表示してくれます。

```
[maker@myblog2 php-5.6.2]$ time make test
```

　もっと簡単な方法は、コマンド実行前後の日時を記録することです。コマンドを「;」でつなぐと、前のコマンドが完了した直後に次のコマンドを実行します。
　「&&」の場合、前のコマンドが成功しないと次のコマンドを実行しないのですが、「;」であれば必ず実行されるので、時間の記録に使うことができます。

```
[maker@myblog2 php-5.6.2]$ date >> /tmp/make_test ; make ↵
test ; date >> /tmp/make_test
```

Column: ソースインストールしたソフトウェアのアンインストール

　ソースでインストールするしくみはあるのですが、アンインストールするしくみはないので、「make install」の動きを丹念に読み解く以外に方法はありません（一部、「make uninstall」を実装しているソフトウェアもあります）。
　prefixを指定しておけば、たいていのファイルはその配下に集められるので、prefix配下を削除することでほぼアンインストールできます。ただし、削除しても完全にアンインストールできたかどうかは結局のところわかりません。依存関係が壊れてしまうかもしれないので、注意して行ってください。
　ソースインストールの恐ろしさの一端が垣間見えたでしょうか。

9-4 WordPressをインストールする

それでは、ApacheとMySQLを起動してWordPressをインストールしましょう。第6章で解説した手順を参考に、bash-completionもインストールしてログインし直しておきましょう。

```
[maker@myblog2 ~]$ sudo systemctl start mysqld.service
[maker@myblog2 ~]$ sudo systemctl start httpd.service
```

8時間目と同じ手順で実施しましょう。ブラウザで画面が見られれば成功です。なお、MySQL 5.6ではmysql_secure_installationを使ってパスワードの初期化ができます。

```
[maker@myblog2 ~]$ mysql_secure_installation
```

いくつか質問が表示されるので順に設定していきましょう。まずは、root（MySQLの管理者ユーザ）にパスワードを設定するかどうかです。「Y」を入力して、パスワードを2回入力しましょう。パスワード欄はエコーバックされないので注意してください。

```
Set root password? [Y/n]
New password:
Re-enter new password:
```

次は、Anonymous（匿名）ユーザを削除するかどうかです。このユーザは特に使わないので、「Y」を入力して削除しておきます。

```
Remove anonymous users? [Y/n]
```

次は、rootユーザのリモートログインを禁止するかどうかです。今回はサーバ1台

なので、「Y」を入力してリモートログインを禁止しておきます。

```
Disallow root login remotely? [Y/n]
```

次は、テストデータベースを削除し、アクセス不可にするかどうかです。テストデータベースは特に使わないので、「Y」を入力して削除し、アクセス不可にしておきます。

```
Remove test database and access to it? [Y/n]
```

次は、権限テーブルの再読み込みを今実施するかどうかです。「Y」を入力して再読み込みを実施し、設定変更を反映させます。

```
Reload privilege tables now? [Y/n]
```

これで準備完了なので、引き続き**8時間目**の手順を思い出しつつ、WordPressをインストールしましょう。もしPHPからMySQLにうまく接続できない場合、接続先の情報をlocalhostから127.0.0.1などに変えてみてください。

9時間目 構成にこだわったインストール実習

図9.1 インストールしたWordPress

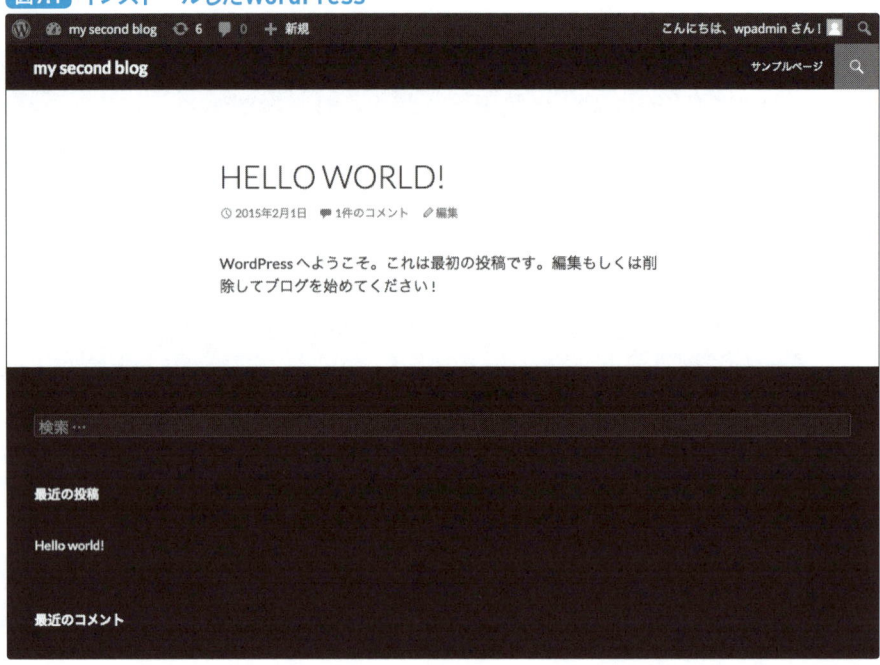

9時間目の実践はこれでおしまいです。お疲れさまでした！

確認テスト

Q1 ソフトウェアをソースコンパイルでインストールする方式のメリットとデメリットを説明してください。

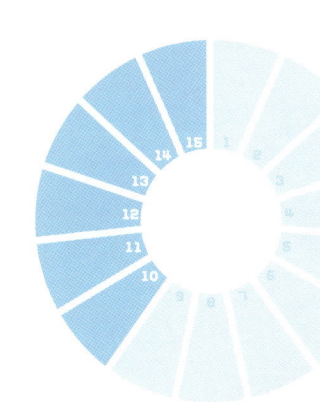

Part 2
運用編

現場で役立つCentOS 基礎とテクニック

- **10時間目** サーバを安定して運用するためのテクニック —— 218
- **11時間目** バックアップとトラブルシューティングのテクニック —— 264
- **12時間目** CentOS内部動作の基礎知識 —— 314
- **13時間目** サーバ作業効率化の基礎知識 —— 334
- **14時間目** クラウドと最新インフラ技術の基礎知識 —— 368
- **15時間目** ブログシステムを構築する —— 388

10時間目 サーバを安定して運用するためのテクニック

10時間目は構築したサーバを安定して運用するためのテクニックを身につけましょう。サーバを構築するのは簡単ですが、安定稼働し続けさせるのは案外難しいものです。細かいテクニックを積み重ねて安定稼働を維持できるようになりましょう。

今回のゴール

- yumコマンドでセキュリティアップデートだけを適用できるようになること
- yumコマンドでサードパーティリポジトリを利用できるようになること
- ウイルスチェック、時刻合わせ、定期実行、日時指定実行、常時起動、ログ出力、ログローテーション、ステータスデータ取得、監視、モニタリングができるようになること

9時間目の仮想環境を引き続き利用していきましょう。

≫ 10-1 ソフトウェアアップデートで脆弱性に対応する

yumコマンドでインストールしたソフトウェアは、yumコマンドでアップデートできます。

アップデートの有無の確認は、「yum check-update」、アップデートの実施は「yum

update」を実行します。ソフトウェアを指定することもできます。

　yumコマンドの挙動は/etc/yum.confで設定します。たとえば、ソースコードからインストールしたPHPを、yumコマンドでインストールできないようにしたい場合、yum.confに除外を設定します。

```
[maker@myblog2 ~]$ echo 'exclude=php*' | sudo tee -a /etc/yum.conf
```

　この設定で、「yum search」「yum list」を実行してもphpやphp-*は表示されなくなります。

　なおyumコマンドは、デフォルトではOSをメジャーバージョンアップせず、マイナーバージョンアップのみを実施します。つまり、CentOS 7.2が最新バージョンのときに、CentOS 7.0をインストールして「yum update」を実行するとCentOS 7.2にアップデートされますが、CentOS 6.5をインストールして「yum update」を実行してもCentOS 7.2にはなりません。もし、セキュリティアップデートだけを適用したい場合は、yumのsecurityプラグインを利用しましょう。yum-securityプラグインを利用することで、セキュリティアップデートのみを確認・適用することができます。

```
[maker@myblog2 ~]$ sudo yum --security check-update
(略)
No packages needed for security; 60 packages available
[maker@myblog2 ~]$ sudo yum --security update
```

　バージョンアップによってサーバが使えなくなる可能性はゼロではありませんが、ソフトウェアバージョンアップの対象をセキュリティのみに絞ることでトラブルが発生する可能性を低くすることができます。また、セキュリティアップデートは自動適用し、バージョンアップは適宜実施することで、セキュリティに関するトラブルを少なくすることができるかもしれません。

10時間目 サーバを安定して運用するためのテクニック

≫ 10-2 外部リポジトリを使う

　CentOSではyumを使う際に標準のリポジトリ以外にも、サードパーティ（第三者）のリポジトリを使うことができます。9時間目で利用した公式リポジトリもサードパーティリポジトリです。サードパーティリポジトリではepelが有名で、よく使われています。

- epel
  https://fedoraproject.org/wiki/EPEL

　yumリポジトリは個人でも作成できるので、新しいリポジトリを使うときには、それがどのように管理されているのか、注意しなくてはいけません。
　CentOS公式のyumリポジトリは、RHEL（Red Hat Enterprise Linux）をもとにして更新されているので安心です。
　登録されているリポジトリの一覧はyumコマンドで確認できます。

```
[maker@myblog2 ~]$ yum repolist
（略）
リポジトリー ID                          リポジトリー名                          状態
base/7                                  CentOS-7 - Base                         8,438+27
extras/7/x86_64                         CentOS-7 - Extras                       75
mysql-connectors-community/x86_64       MySQL Connectors Community              11
mysql-tools-community/x86_64            MySQL Tools Community                   9
mysql56-community/x86_64                MySQL 5.6 Community Server              79
updates/7/x86_64                        CentOS-7 - Updates                      1,034+50
repolist: 9,646
```

　自分のサーバにサードパーティリポジトリを追加する場合は、/etc/yum.repos.d/にyumコマンドの設定ファイルを.repoという拡張子で作成します。

```
[maker@myblog2 ~]$ ls /etc/yum.repos.d/*.repo
/etc/yum.repos.d/CentOS-Base.repo        /etc/yum.repos.d/CentOS-Vault.↵
repo
/etc/yum.repos.d/CentOS-Debuginfo.repo   /etc/yum.repos.d/mysql-↵
community-source.repo
/etc/yum.repos.d/CentOS-Sources.repo     /etc/yum.repos.d/mysql-↵
community.repo
```

　ほとんどの場合、そのリポジトリを追加するためのrpmファイルが配布されているため、そのrpmファイルをインストールすることで設定ファイルが配置されます。9時間目でインストールしたmysql-communityの.repoファイルも作成されていますね。CentOS 7では、epelリポジトリ登録用のrpmがCentOSのリポジトリに登録されているため、そこからインストールできます（インターネット接続がなく付属DVD-ROMのみで進めている場合は、インストールしないでください）。

```
[maker@myblog2 ~]$ sudo yum install epel-release
```

```
[maker@myblog2 ~]$ ls /etc/yum.repos.d/*.repo
/etc/yum.repos.d/CentOS-Base.repo        /etc/yum.repos.d/epel-testing.repo
/etc/yum.repos.d/CentOS-Debuginfo.repo   /etc/yum.repos.d/epel.repo
/etc/yum.repos.d/CentOS-Sources.repo     /etc/yum.repos.d/mysql-↵
community-source.repo
/etc/yum.repos.d/CentOS-Vault.repo       /etc/yum.repos.d/mysql-↵
community.repo
[maker@myblog2 ~]$ yum repolist
(略)
リポジトリー ID              リポジトリー名                      状態
base/7/x86_64                CentOS-7 - Base                     8,438+27
epel/x86_64                  Extra Packages for EnterpriseLinux 7
```

```
                                - x86_64extras/7/           5,698+508
x86_64                          CentOS-7 - Extras           75
mysql-connectors-community/x86_64    MySQL Connectors Community    11
mysql-tools-community/x86_64    MySQL Tools Community       9
mysql56-community/x86_64        MySQL 5.6 Community Server  79
updates/7/x86_64                CentOS-7 - Updates          1,034+50
repolist: 15,344
```

ファイルが登録され、リポジトリが追加されていることが確認できました。

10-3 ウイルスチェック

　CentOSではOSSのウイルスチェックソフトウェアであるClam Antivirus（ClamAV）を利用できます。このClamAVは、epelリポジトリに登録されています。前項でepelを登録したので、yumコマンドでインストールしましょう。clamav本体と、パターンファイルのアップデートソフトウェア（clamav-udpate）もインストールしておきます。

```
[maker@myblog2 ~]$ sudo yum install clamav clamav-update
```

　インストールが完了したら、ウイルスチェックのパターンファイルの更新も忘れずに実施しましょう（この操作にはインターネット接続が必要です）。

```
[maker@myblog2 ~]$ sudo freshclam
ERROR: Please edit the example config file /etc/freshclam.conf
ERROR: Can't open/parse the config file /etc/freshclam.conf
```

　エラーになりました。/etc/freshclam.confを見てみましょう。

```
[maker@myblog2 ~]$ less /etc/freshclam.conf
##
## Example config file for freshclam
## Please read the freshclam.conf(5) manual before editing this file.
##

# Comment or remove the line below.
Example
(略)
```

ひとまずデフォルト設定で動かすとして、このExampleをコメントアウトまたは削除しましょう。今回はコメントアウトしてリトライします。

```
[maker@myblog2 ~]$ grep -n ^Example /etc/freshclam.conf
8:Example
[maker@myblog2 ~]$ sudo sed -i.bak 's/^Example/#Example/' /etc/freshclam.conf
[maker@myblog2 ~]$ grep -n ^Example /etc/freshclam.conf
[maker@myblog2 ~]$ sudo freshclam
(略)
Database updated (3643900 signatures) from database.clamav.net (IP: 218.44.253.75)
```

アップデートできました。

> **Column** "yes"を自動入力するには
>
> yumコマンドで [y/n] の問いにいちいち「y」を入力するとなると、自動化・省力化するときに困ります。そんなときには、yumコマンドに-yオプシ

ョンを付けると、[y/n] の問いにすべて「y」で自動的に回答してくれます。yumコマンド以外でそのような [y/n] の入力を自動化したいときは、yesコマンドが使えるかもしれません。yesコマンドは標準で「y」を出力し続けるので、出力をパイプでコマンドに渡すと自動的に「y」と入力してくれます。

```
[maker@myblog2 ~]$ yes | head -1
y
```

また、yesコマンドはオプションで入力する内容を指定できます。たとえば「yes no」を実行すると、自動的に「no」と入力してくれます。

```
[maker@myblog2 ~]$ yes no | head -1
no
```

ClamAVは、clamscanでスキャンを実行できます。なお、メールのウイルスチェックなどで不定期にスキャンを実行する場合は、clamdのほうが高速に動作するので便利です。clamdとclamdscan（clamscanと名前が似ていますが、こちらには「d」が入ります）を組み合わせると、ファイルのスキャンもできます。

ただし、clamd起動ユーザとの兼ね合いで、スキャンされる側のファイル読み込み権限の調整が必要になることがあるので、注意してください。

```
[maker@myblog2 ~]$ sudo yum install clamav-scanner clamav-scanner-↵
systemd
```

```
[maker@myblog2 ~]$ sudo systemctl list-unit-files --type service | ↵
grep -i 'clamd'
clamd@.service                              static
clamd@scan.service                          disabled
[maker@myblog2 ~]$ sudo systemctl start clamd@scan.service
```

正常に起動できたか確認しましょう。

```
[maker@myblog2 ~]$ sudo systemctl status clamd@scan.service
clamd@scan.service - Generic clamav scanner daemon
   Loaded: loaded (/usr/lib/systemd/system/clamd@scan.service; disabled)
   Active: failed (Result: start-limit) since 土 2014-10-25 08:57:39 ↲
JST; 6s ago
  Process: 3023 ExecStart=/usr/sbin/clamd -c /etc/clamd.d/%i.conf ↲
--nofork=yes (code=exited, status=1/FAILURE)
 Main PID: 3023 (code=exited, status=1/FAILURE)

10月 25 08:57:39 myblog2 systemd[1]: clamd@scan.service: main process ↲
exited, code=exi...URE
10月 25 08:57:39 myblog2 systemd[1]: Unit clamd@scan.service entered ↲
failed state.
10月 25 08:57:39 myblog2 systemd[1]: clamd@scan.service holdoff time ↲
over, scheduling ...rt.
10月 25 08:57:39 myblog2 systemd[1]: Stopping Generic clamav scanner ↲
daemon...
10月 25 08:57:39 myblog2 systemd[1]: Starting Generic clamav scanner ↲
daemon...
10月 25 08:57:39 myblog2 systemd[1]: clamd@scan.service start request ↲
repeated too qui...rt.
10月 25 08:57:39 myblog2 systemd[1]: Failed to start Generic clamav ↲
scanner daemon.
10月 25 08:57:39 myblog2 systemd[1]: Unit clamd@scan.service entered ↲
failed state.
Hint: Some lines were ellipsized, use -l to show in full.
```

起動できていないようです。1行のログ出力が長くて切り落とされている行があるようなので、-lも付けて確認します。デフォルトでは直近10行しか表示されないので、

10時間目 サーバを安定して運用するためのテクニック

-nを指定して直近30行を出力するようにします。

```
[maker@myblog2 ~]$ sudo systemctl -l -n 30 status clamd@scan.service
clamd@scan.service - Generic clamav scanner daemon
   Loaded: loaded (/usr/lib/systemd/system/clamd@scan.service; disabled)
   Active: failed (Result: start-limit) since 土 2014-10-25 08:57:39 ↲
JST; 8min ago
  Process: 3023 ExecStart=/usr/sbin/clamd -c /etc/clamd.d/%i.conf ↲
--nofork=yes (code=exited, status=1/FAILURE)
 Main PID: 3023 (code=exited, status=1/FAILURE)

10月 25 08:57:39 myblog2 systemd[1]: clamd@scan.service: main process ↲
exited, code=exited, status=1/FAILURE
10月 25 08:57:39 myblog2 systemd[1]: Unit clamd@scan.service entered ↲
failed state.
10月 25 08:57:39 myblog2 systemd[1]: clamd@scan.service holdoff time ↲
over, scheduling restart.
10月 25 08:57:39 myblog2 systemd[1]: Stopping Generic clamav scanner ↲
daemon...
10月 25 08:57:39 myblog2 systemd[1]: Starting Generic clamav scanner ↲
daemon...
10月 25 08:57:39 myblog2 systemd[1]: clamd@scan.service start request ↲
repeated too quickly, refusing to start.
10月 25 08:57:39 myblog2 systemd[1]: Failed to start Generic clamav ↲
scanner daemon.
10月 25 08:57:39 myblog2 systemd[1]: Unit clamd@scan.service entered ↲
failed state.
```

これでもまだ問題の原因がわかりません。ログを詳しく見ましょう。systemdで起動したプログラムのログはjournalctlコマンドで確認できます。時刻とプログラム名と異常を示すキーワード（ERRORなど）をもとに異常な出力がないか探します。

```
[maker@myblog2 ~]$ sudo journalctl -u clamd@scan.service
(略)
10月 25 08:57:38 myblog2 systemd[1]: Starting Generic clamav scanner ⏎
daemon...
10月 25 08:57:38 myblog2 systemd[1]: Started Generic clamav scanner daemon.
10月 25 08:57:38 myblog2 clamd[3003]: ERROR: Please edit the example ⏎
config file /etc/clamd.d/scan.conf
10月 25 08:57:38 myblog2 clamd[3003]: ERROR: Can't open/parse the ⏎
config file /etc/clamd.d/scan.conf
10月 25 08:57:38 myblog2 systemd[1]: clamd@scan.service: main process ⏎
exited, code=exited, status=1/FAILURE
10月 25 08:57:38 myblog2 systemd[1]: Unit clamd@scan.service entered ⏎
failed state.
10月 25 08:57:39 myblog2 systemd[1]: clamd@scan.service holdoff time ⏎
over, scheduling restart.
10月 25 08:57:39 myblog2 systemd[1]: Stopping Generic clamav scanner ⏎
daemon...
10月 25 08:57:39 myblog2 systemd[1]: Starting Generic clamav scanner ⏎
daemon...
(略)
```

/etc/clamd.d/scan.confを修正する必要があるようです。実は、先ほどと同様にExampleをコメントアウトし、LocalSocketまたはTCPSocketのいずれか（もしくは両方）を設定する必要があります。今回はLocalSocketを指定することにしましょう。もしどうしてもsedでの操作が難しい場合は、「sudo vi /etc/clamd.d/scan.conf」としてviで設定を変更してください。次の例では、Exampleをコメントアウトし、「LocalSocket /var/run/clamd.scan/clamd.sock」を追記しています。

```
[maker@myblog2 ~]$ grep -n ^Example /etc/clamd.d/scan.conf
8:Example
[maker@myblog2 ~]$ sudo sed -i.bak 's/^Example/#Example/' /etc/↵
clamd.d/scan.conf
[maker@myblog2 ~]$ grep -n ^Example /etc/clamd.d/scan.conf
[maker@myblog2 ~]$ grep -n LocalSocket /etc/clamd.d/scan.conf
85:#LocalSocket /var/run/clamd.scan/clamd.sock
89:#LocalSocketGroup virusgroup
93:#LocalSocketMode 660
[maker@myblog2 ~]$ echo 'LocalSocket /var/run/clamd.scan/clamd.sock' |↵
sudo tee -a /etc/clamd.d/scan.conf
LocalSocket /var/run/clamd.scan/clamd.sock
[maker@myblog2 ~]$ grep -n LocalSocket /etc/clamd.d/scan.conf
85:#LocalSocket /var/run/clamd.scan/clamd.sock
89:#LocalSocketGroup virusgroup
93:#LocalSocketMode 660
615:LocalSocket /var/run/clamd.scan/clamd.sock
[maker@myblog2 ~]$ sudo systemctl start clamd@scan.service
[maker@myblog2 ~]$ sudo systemctl status clamd@scan.service
```

無事に起動できました。

10-4 時刻を合わせる

　サーバの時計は放っておくとずれていきますので、ときどき正確な時刻に合わせる必要があります。時刻がずれていると、何かあったときにログを確認しても何がいつ起きたのか、正確にはわからなくなります。また、サーバ複数台で1つのシステムを構成する場合に、サーバごとに時刻がずれていると、データの不整合が起きて動作に支障をきたします。サーバの時計を合わせ続けるのは、とても重要なことなのです。

　時刻合わせには、NTP（Network Time Protocol）という規格があります。CentOS

7では、NTPに則って時刻を合わせるためにchronyを使います。chronyは、chronydパッケージに入っています。chronydはデーモンですが、同様に時刻を合わせるchronycというコマンドラインツールもあります。

```
[maker@myblog2 ~]$ sudo yum install chrony
[maker@myblog2 ~]$ sudo systemctl enable chronyd
[maker@myblog2 ~]$ sudo systemctl start chronyd
```

　chronydでは、時刻合わせの参照先サーバを指定します。CentOSの場合、デフォルトではCentOSが管理するミラーを指定しています。
　プロバイダやインターネット回線事業者がNTPの参照先サーバを用意していることが多いのですが、そのほかにもNTPの参照先サーバがいくつか公開されています。国内ではインターネットマルチフィード株式会社（http://www.mfeed.co.jp/）がntp.jst.mfeed.ad.jpを、独立行政法人情報通信研究機構（NICT http://www.nict.go.jp/）がntp.nict.jpを公開しています。

```
[maker@myblog2 ~]$ grep ^server /etc/chrony.conf
server 0.centos.pool.ntp.org iburst
server 1.centos.pool.ntp.org iburst
server 2.centos.pool.ntp.org iburst
server 3.centos.pool.ntp.org iburst
```

　同期状況を確認するにはchronyc sourcesコマンドを使います。chronyc sourcesコマンドを実行して表示される項目で重要なのは、行の1列目（先頭＝一番左側）です。
　以下の例では「*」「+」「-」が付いていますが、このうち「*」が同期中のサーバです。ntpdの起動直後は「*」が付いている行がないことがありますが、しばらくしても「*」が付かないようなら、同期がうまくいっていないので、設定や同期先サーバを見直す必要があります。

```
[maker@myblog2 ~]$ chronyc -n sources
210 Number of sources = 4
```

```
MS Name/IP address         Stratum Poll Reach LastRx Last sample
===============================================================================
^- 122.215.240.76             2   10   377    751  +3327us[+3948us] +/-   73ms
^* 60.56.214.78               1   10   377    389  +3139us[+3798us] +/-   18ms
^- 50.31.240.56               2   10   377    828  -7008us[-6396us] +/-   80ms
^+ 219.123.70.92              2   10   377    365  +3797us[+3797us] +/-   19ms
```

> **Column　大幅にずれた時刻を一気に修正するときの注意**
>
> 　時刻が大幅にずれていることを発見したとき、どうしたらよいでしょうか。chronyやntpdはそれなりに時刻が合っていることを前提に稼働するため、デフォルトではあまりにもずれが大きいと同期をギブアップしたり、自分でプロセスを停止したりしてしまいます。そのため、時刻のずれが大きくならないようにコントロールする必要があります。
>
> 　サーバの起動時にいったん正確な時刻にしておくことで、ずれをコントロールします。chronyでは「chronyc -a makestep」を実行することで強制的に時刻を合わせることができます。設定ファイルにmakestepを設定することで、chronyの起動時に調整することもできますが、サーバの起動時ではなくプロセスの起動時に動作するので注意してください。
>
> 　なお、時刻を大幅に修正するときは、時刻ベースで動作しているソフトウェアや仕組みに気をつけてください。遅れているのを進めるのは大丈夫なことが多いのですが、進んでいるのを戻すと、時刻を意識して動作しているソフトウェア（特にデータベース系）やファイルシステムで不具合が発生します。そのような場合は、chronyがギブアップしないように、少しずつじりじりと時間を合わせる形でchronyの設定を変更しましょう。
>
> 　このようにじりじりと時刻を合わせるのをslewモード、ガツンと一気に合わせるのをstepモードと呼びます。chronyは、基本的にslewモードで動作します。slewモードは少しずつ時刻を合わせるのでとても時間がかかりますが（1秒近づけるのに1時間など）、時刻合わせによる動作不具合を回避できます。設定ファイルにmaxslewrateを設定することで、合わせる速度を調整できます。

10-5 定期実行する

CentOSにはcronという、コマンドを定期的に起動するしくみが標準搭載されています。読み方は「クロン」、または「クーロン」「クローン」です。

```
[maker@myblog2 ~]$ sudo systemctl status crond
[sudo] password for maker:
crond.service - Command Scheduler
   Loaded: loaded (/usr/lib/systemd/system/crond.service; enabled)
   Active: active (running) since 土 2014-10-25 08:23:08 JST; 2h 58min ago
 Main PID: 552 (crond)
   CGroup: /system.slice/crond.service
           └─552 /usr/sbin/crond -n

10月 25 08:23:08 myblog2 systemd[1]: Started Command Scheduler.
(略)
[maker@myblog2 ~]$ rpm -qa | grep -i cron
cronie-anacron-1.4.11-11.el7.x86_64
cronie-1.4.11-11.el7.x86_64
crontabs-1.11-6.20121102git.el7.noarch
```

cron関連の設定ファイルは、デフォルトでも下記のとおりたくさんあります。

① /etc/anacrontab
② /etc/crontab
③ /etc/cron.d/
④ /etc/cron.{hourly,daily,weekly,monthly}/
⑤ /var/spool/cron/<ユーザ名>

管理者が実行ユーザを指定して起動させる設定をする場合は②か③を、各ユーザが

231

自分自身の実行権限で起動させる設定をする場合は⑤を使うとよいでしょう。④を使うと、ディレクトリ内のシェルスクリプトを指定した間隔で順番に実施してくれるので、同時に実行して負荷が高くなりすぎるなどの問題を回避できます。これは、各デーモンの日次処理を逐次実行するために利用されています。

　yumコマンドなどでソフトウェアをインストールして定期実行する場合は、③か④にファイルを作成します。clamavをインストールしたときに、ウイルスチェック定義ファイルを更新するfreshclamもインストールされましたが、その自動更新はcron.dに設定されています。

　①～④はファイルを直接配置・編集しますが、⑤は設定にcrontabコマンドを使います。cronの設定はファイルによって微妙に異なりますが、②～④で使える設定方法が/etc/crontabに下記のように書いてあります。crontabコマンドで設定する場合は、このうちuser-nameの指定がなくなります。

```
# Example of job definition:
# .---------------- minute (0 - 59)
# |  .------------- hour (0 - 23)
# |  |  .---------- day of month (1 - 31)
# |  |  |  .------- month (1 - 12) OR jan,feb,mar,apr ...
# |  |  |  |  .---- day of week (0 - 6) (Sunday=0 or 7) OR sun,mon,↵
tue,wed,thu,fri,sat
# |  |  |  |  |
# *  *  *  *  * user-name command to be executed
```

たとえば、uptimeコマンドの結果を毎分/tmp/uptimesに追記する場合は、下記のとおりです。

```
* * * * * uptime >> /tmp/uptimes 2>&1
```

「crontab -e」で設定を変更できます。実行するとエディタが開くため、上記を記入して保存・終了しましょう（CentOS 7の標準のエディタはviですが、EDITOR環境変数で標準のエディタを変更できます）。

```
[maker@myblog2 ~]$ crontab -e
```

設定したら動作状況を確認しましょう。毎分実行されていることが確認できます。ログは/var/spool/cronです。

```
[maker@myblog2 ~]$ crontab -l
* * * * * uptime >> /tmp/uptimes 2>&1
[maker@myblog2 ~]$ sudo tail /var/log/cron
（略）
Oct 25 11:26:36 myblog2 crontab[4966]: (maker) BEGIN EDIT (maker)
Oct 25 11:26:44 myblog2 crontab[4966]: (maker) REPLACE (maker)
Oct 25 11:26:44 myblog2 crontab[4966]: (maker) END EDIT (maker)
Oct 25 11:26:55 myblog2 crontab[4968]: (maker) LIST (maker)
Oct 25 11:27:01 myblog2 crond[552]: (maker) RELOAD (/var/spool/↵
cron/maker)
Oct 25 11:27:01 myblog2 CROND[4974]: (maker) CMD (uptime >> /tmp/↵
uptimes 2>&1)
Oct 25 11:28:01 myblog2 CROND[4995]: (maker) CMD (uptime >> /tmp/↵
uptimes 2>&1)
[maker@myblog2 ~]$ cat /tmp/uptimes
 11:27:01 up  3:03,  1 user,  load average: 0.00, 0.01, 0.05
 11:28:01 up  3:04,  1 user,  load average: 0.00, 0.01, 0.05
```

CentOSのcronは、何か出力があったらrootにメールするように/etc/crontabにデフォルトで設定されています（/etc/crontabのMAILTO=rootの部分）。ただし、rootのメールはあまり読まないと思いますので、メールの宛先を管理者に変更するか、ログを出力して確認できるようにしておきましょう。cronで実行したコマンドの標準出力・標準エラー出力を記録しておき、何かあったときに振り返ることができるようにしておきます。

以下に設定例を3つ挙げます。③が設定例として紹介されることが多いのですが、ロ

グをすべて破棄してしまうため、問題発生時の調査ができなくなるので、この設定は避けたほうがよいでしょう。

① syslog経由で/var/log/messagesなどにログを記録する場合

```
* * * * * command 2>&1 | logger -t command_by_cron
```

② ログをファイルに記録する場合

```
* * * * * command >>/tmp/command.log.`date +\%Y\%m\%d` 2>&1
```

※cronで設定するときは「%」を「\」でエスケープする必要があります。

③ まったくログを記録しない場合

```
* * * * * command >/dev/null 2>&1
```

Column　cronとanacron

　本文では/etc/cron.{hourly,daily,weekly,monthly}をまとめて説明しましたが、実は{daily,weekly,monthly}はanacronという別のしくみで動いています。cronが/etc/cron.hourly/0anacronを見てanacronを毎時0分に起動しています。cron→anacron→/etc/cron.{daily,weekly,monthly}という流れなのです。

　anacronには以下のような長所があります。

- cronのように指定した時刻にサーバが起動していなくても、1日1回の処理をサーバが起動したタイミングで、あとから実行してくれる
- 厳密に指定した時刻に実行するのではなく、指定した範囲でランダムなタイミングで実行してくれる

　とくに後者は、仮想化などによりたくさんのサーバを1つのマシンで動作させるようになった結果、仮想環境上などで一斉に負荷がかかると問題になる状況を回避できるようになります。

10-6 デーモンを常時起動させる

これまでsystemdでデーモンを起動してきましたが、プログラムのバグなどで停止してしまった場合は、手動で起動する必要があります。cronで毎分チェックをするのも1つの方法ですが、あまりスマートとは言えません。CentOS 7では、OSを初期化・起動するsystemdを使ってプログラムを常時起動させることができます。また、簡単にプログラムをデーモンとして動かすこともできます。

例として、nc（netcat）コマンドを使って受信した内容をログ（/var/log/messages）に保存するデーモンを作成してみます。

```
[maker@myblog2 ~]$ sudo yum install nmap-ncat
```

ポート1234を待ち受け、受信したデータを出力するプログラムは次のとおりです。この1行だけで、ネットワークで受信したデータを出力できるため、systemdがそれをログに保存します。

```
nc -k -l 1234
```

/etc/systemd/system/に拡張子.serviceで設定ファイルを作成します。ExecStartにコマンドをフルパスで指定します。次に示すのは、/etc/systemd/system/myecho.serviceの内容です。

```
[Unit]
Description=myecho

[Service]
ExecStart=/usr/bin/nc -k -l 1234
Restart=always
```

```
[Install]
WantedBy=multi-user.target
```

> **Column** systemdのtargetとCentOS 6以前のランレベル
>
> systemdは、起動の段階をいくつかのtargetに分けて管理しています。multi-user.targetは、CentOS 6までで言うところのランレベル（runlevel）3に相当します。CentOS 6以前を利用するときには、**表A**のように読み替えてください。
>
> **表A** CentOS 7とCentOS 6以前のランレベル
>
> | CentOS 7 | CentOS 6までのランレベル |
> | --- | --- |
> | rescue.target | 1 |
> | multi-user.target | 3 |
> | graphical.target | 5 |

デーモンを起動し、ポート1234を待ち受けていることを確認します。

```
[maker@myblog2 ~]$ sudo systemctl list-unit-files | grep myecho
myecho.service                              disabled
[maker@myblog2 ~]$ sudo systemctl start myecho
[maker@myblog2 ~]$ sudo systemctl status myecho
myecho.service - myecho
   Loaded: loaded (/etc/systemd/system/myecho.service; disabled)
   Active: active (running) since 土 2014-10-25 18:39:29 JST; 9min ago
 Main PID: 8137 (nc)
   CGroup: /system.slice/myecho.service
           └─8137 /usr/bin/nc -k -l 1234


10月 25 18:39:29 myblog2 systemd[1]: Started myecho.
```

現場で役立つCentOS基礎とテクニック

```
[maker@myblog2 ~]$ sudo ss -lnp | grep -w 1234
tcp   LISTEN   0   10    *:1234    *:*    users:(("nc",8137,4))
tcp   LISTEN   0   10    :::1234   :::*   users:(("nc",8137,3))
```

それでは動作確認をしてみましょう。この状態でncを使ってポート1234にデータを送信すると、その送信した内容がログに出力されていることがわかります。

```
[maker@myblog2 ~]$ echo 'Hello CentOS!' | nc 127.0.0.1 1234
[maker@myblog2 ~]$ sudo journalctl -u myecho.service
-- Logs begin at 土 2014-10-25 08:23:05 JST, end at 土 2014-10-25
18:50:01 JST. --
10月 25 18:39:29 myblog2 systemd[1]: Starting myecho...
10月 25 18:39:29 myblog2 systemd[1]: Started myecho.
10月 25 18:40:00 myblog2 nc[8137]: Hello CentOS!
```

出力されていることが確認できました。さて、この状態で実行中のプログラムを強制停止してみましょう。

プログラムの実行体を「プロセス」と呼びます。このプロセスに対してシグナルを発行して外部から強制停止します。シグナルの発行にはkillコマンドを使います。よく使うのはデフォルトのTERM（15：終了）、KILL（9：強制終了）、HUP（1：再起動）で、名前でも番号でも指定できます。シグナルの一覧は「kill -l」で確認できます。

```
[maker@myblog2 ~]$ ps aufx
(略)
root  8137  0.0  0.2  45640  2048 ?  Ss  18:39  0:00  /usr/bin/nc -k -l 1234
```

今回はpid 8137で起動しているため、このプロセスに対してTERMを発行してみます。

```
[maker@myblog2 ~]$ sudo kill 8137
[maker@myblog2 ~]$ ps aufx
(略)
root 8286 0.0 0.2 45640 2048 ? Ss 18:53 0:00 /usr/bin/nc -k -l 1234
```

　新しいpidで起動していることが確認できました。ちなみに、systemdは自身が起動したプロセスを監視しています。プロセスが子プロセスを生成するタイプの場合、親プロセスが終了した場合にはsystemdが再起動を試みますが、子プロセスだけが終了した場合、systemdは起動し直してくれませんので、プロセスが親子構成になる場合は親プロセスが子プロセスの面倒を見る仕組みを持つ必要があることに注意してください。

　このように常時起動させる目的では、supervisordやDJB氏作のdaemontoolsがありますが、systemdは別途インストールしなくても標準で利用できるため重宝します。

- Supervisor: A Process Control System — Supervisor 3.1.2 documentation
  http://supervisord.org/
- cr.yp.to/daemontools.html
  http://cr.yp.to/daemontools.html

Column　CentOS 6でのデーモン化

　CentOS 6でデーモン化するにはupstartを使います。それには、/etc/init/に拡張子.confで設定ファイルを作成します。たとえば、次のような内容の/etc/init/myecho.confというファイルを作成します。

```
description "myecho"
author "administrator <me@example.com>"
start on runlevel 345
stop on runlevel 0126
exec nc -k -l 1234 2>&1 | logger -t myecho
```

respawn

デーモンを起動し、ポート1234を待ち受けていることを確認します。

```
[maker@myblog2 ~]$ sudo vi /etc/init/myecho.conf
[maker@myblog2 ~]$ sudo initctl reload-configuration
[maker@myblog2 ~]$ sudo initctl start myecho
```

```
[maker@myblog2 ~]$ ps aufx
(略)
root      6219  0.0  0.1  11300  1260 ?        Ss   13:35   0:00
 /bin/sh -e -c exec nc -k -l 1234 2>&1 | logger -t myecho /bin/sh
root      6220  0.0  0.0   7672   584 ?        S    13:35   0:00
 \_ nc -k -l 1234
root      6221  0.0  0.0   4060   516 ?        S    13:35   0:00
 \_ logger -t myecho
[maker@myblog2 ~]$ sudo netstat -tanp | grep LISTEN | grep 1234
tcp        0      0 0.0.0.0:1234            0.0.0.0:*
LISTEN      6220/nc
```

この状態で、ncを使ってポート1234にデータを送信すると、その送信した内容がログに保存されます。

10-7 ログ

　CentOSではログはsyslogで集約し、記録できます。デフォルトでrsyslogがインストールされています。syslogの実装としては、rsyslogのほかにsyslog-ngなどがあります。

syslogはファシリティ、レベルの2軸で出力をグルーピングします。

ファシリティはauth、authpriv、cron、daemon、ftp、kern、lpr、mail、news、security、syslog、user、uucp、local0〜local7が使えます。レベルはemerg、alert、crit、err、warning、notice、info、debugが使えます。詳しくはloggerのmanを確認してください。

Apacheなどのソフトウェアはデフォルトでは独自にログを出力していますが、ログ出力をsyslogに任せることもできます。syslogはネットワーク転送もできるため、1システムで多数のサーバがある場合にログ収集サーバにデータを集約することができます。また、ネットワーク機器やファイルサーバなどもsyslogを出力する機能を持つものが多いので、それらの機器のログを収集することもできます。

Column 出力バッファリングのよしあし

syslogには、ログ出力をバッファリングする機能があります。出力バッファリングすると出力性能は格段に向上し、出力負荷が下がりますが、出力されていることが重要なログをバッファリングすると、記録される前に処理が進んでしまいます。そうすると、エラーが起きたときに処理が発生したこと自体が記録できておらず、エラーを追跡できない可能性が出てくるなどのリスクもあるので気をつけてください。

10-8 ログローテーション

ログはサーバを起動している間に自動的に記録されていきます。ログを適切に管理することでトラブルを抑止できますし、トラブルが起きてもその調査を迅速に行えます。ローテーションとは、ログファイルの過去分を切り出し・待避・圧縮・削除することで、ログファイルの肥大化やディスク容量の逼迫を防ぐことを言います。

ファイル数、ファイルサイズ、日時特定のしやすさを考慮して、ログをどのように切り出して保存し、どの程度蓄積するか決めましょう。

CentOSではデフォルトでlogrotateが使えます。ログを日付ごとに切り出すだけならrsyslogのみで対応できますが、圧縮・削除まで含めて対応する場合にはlogrotateを使いましょう。logrotateの設定ファイルは/etc/logrotate.confです。logrotateはデーモンではなくcronで起動します。設定ファイルは/etc/cron.daily/logrotateです。

```
[maker@myblog2 ~]$ rpm -ql logrotate
/etc/cron.daily/logrotate
/etc/logrotate.conf
/etc/logrotate.d
/usr/sbin/logrotate
/usr/share/doc/logrotate-3.8.6
/usr/share/doc/logrotate-3.8.6/CHANGES
/usr/share/doc/logrotate-3.8.6/COPYING
/usr/share/man/man5/logrotate.conf.5.gz
/usr/share/man/man8/logrotate.8.gz
/var/lib/logrotate.status
```

ログ＝syslogのローテーション設定を見てみましょう。

```
[maker@myblog2 ~]$ cat /etc/logrotate.d/syslog
/var/log/cron
/var/log/maillog
/var/log/messages
/var/log/secure
/var/log/spooler
{
    sharedscripts
    postrotate
        /bin/kill -HUP `cat /var/run/syslogd.pid 2> /dev/null` 2> /dev/null || true
    endscript
}
```

上記では、以下の2つを実行しています。

- /var/log/cron〜/var/log/spooler……ファイル名を指定する
- postrotate〜……ローテート後にsyslogにHUPを送信する

httpdのほうはもう少し高度です。

```
[maker@myblog2 ~]$ cat /etc/logrotate.d/httpd
/var/log/httpd/*log {
    missingok
    notifempty
    sharedscripts
    delaycompress
    postrotate
        /bin/systemctl reload httpd.service > /dev/null 2>/dev/null || true
    endscript
}
```

- missingok……指定されたファイルがなくても無視する
- notifempty……ログが空のときはローテートしない
- delaycompress……圧縮するタイミングを遅らせる（1回分は未圧縮で、2回目に圧縮する）
- postrotate〜……ローテート後にApacheをリロードする。リロードに失敗しても、postrotate自体は成功ステータスとする

とくにdelaycompressはディスク使用量増加の抑止に非常に有効なのでぜひ活用してください。ほかにも以下のような設定ができます。

- rotate……保持世代数を指定する
- daily／weekly／monthly……日次／週次／月次でローテートする
- size……サイズでローテートする
- olddir……過去ファイルを置く場所を指定する

10-9 ステータスデータの取得

CentOSでは、ネットワーク機器の監視・管理をするためのプロトコルであるSNMP（Simple Network Management Protocol）が使えます。SNMPを通じてサーバの負荷状況などを取得できます。SNMPはバージョン1～3まであり、現在の主流はバージョン2です。

後述する監視やサーバステータスのグラフ化などでもSNMPを利用してデータを取得します。161/UDPで通信します。

SNMPではMIB（Management Information Base）というツリー形式の情報インデックスを利用します。SNMPで情報を取得する場合には、取得したい情報のMIBを指定します。特定のMIBの値はsnmpgetコマンドで取得します（「cat file」で特定ファイルの中身を見るイメージ）。特定MIBの一覧はsnmpwalkコマンドで取得します（「cat dir/*」で特定ディレクトリのファイルの中身を見るイメージ）。

```
[maker@myblog2 ~]$ sudo yum install net-snmp net-snmp-utils
[maker@myblog2 ~]$ sudo systemctl enable snmpd.service
[maker@myblog2 ~]$ sudo systemctl start snmpd.service
```

SNMPをバージョン2で利用する場合、コミュニティを指定します。これはログインIDのようなものです。

snmpgetコマンドで「.1.3.6.1.2.1.1.1.0」というMIBを直接指定するパターン、snmpwalkコマンドで「.1.3.6.1.2.1.1」の一覧を取得するパターンを試してみましょう。

```
[maker@myblog2 ~]$ snmpget -v 2c -c public localhost .1.3.6.1.2.1.1.1.0
SNMPv2-MIB::sysDescr.0 = STRING: Linux myblog2 3.10.0-123.el7.x86_64 ↵
#1 SMP Mon Jun 30 12:09:22 UTC 2014 x86_64
[maker@myblog2 ~]$ snmpwalk -v 2c -c public localhost .1.3.6.1.2.1.1
SNMPv2-MIB::sysDescr.0 = STRING: Linux myblog2 3.10.0-123.el7.x86_64 ↵
#1 SMP Mon Jun 30 12:09:22 UTC 2014 x86_64
SNMPv2-MIB::sysObjectID.0 = OID: NET-SNMP-MIB::netSnmpAgentOIDs.10
```

10時間目 サーバを安定して運用するためのテクニック

```
DISMAN-EVENT-MIB::sysUpTimeInstance = Timeticks: (1796) 0:00:17.96
SNMPv2-MIB::sysContact.0 = STRING: Root <root@localhost> (configure /↵
etc/snmp/snmp.local.conf)
SNMPv2-MIB::sysName.0 = STRING: myblog2
SNMPv2-MIB::sysLocation.0 = STRING: Unknown (edit /etc/snmp/snmpd.conf)
(略)
```

SNMPだけでいろいろなことができます。データを取得するだけでなく、プログラムを実行することもできます。詳しくはman snmpd.confを見ていただくとして、ローカルからのみ監視する設定を行います。

以下は/etc/snmp/snmpd.confです。

```
com2sec local_network  127.0.0.1         public
group   local_group    v1                local_network
group   local_group    v2c               local_network
view    view_all       included   .1           80
access  local_group    ""         any          noauth    exact    view_all ↵
none none


dontLogTCPWrappersConnects yes

disk / 1000
disk /dev/shm 1000
```

設定を変更したら必ずsnmpdをリロードして反映しておきましょう。

```
[maker@myblog2 ~]$ sudo systemctl reload snmpd.service
```

snmpのほかにもsysstatでステータスを記録しておくことができます。

```
[maker@myblog2 ~]$ sudo yum install sysstat
```

sysstatはデフォルトで10分ごとにデータを取得しています。インストールしてしばらくはデータがなく何も参照できないので、データが十分蓄積されてから挙動を確認しましょう。

```
[maker@myblog2 ~]$ cat /etc/cron.d/sysstat  | sed -r '/^(#.*|$)/d'
*/10 * * * * root /usr/lib64/sa/sa1 1 1
53 23 * * * root /usr/lib64/sa/sa2 -A
```

蓄積したデータの参照はsarコマンドを使います。

```
[maker@myblog2 ~]$ sar -A
```

sarコマンドはインストールしておくだけで、CPU利用率、メモリ利用状況、ディスク利用状況、ネットワーク利用状況などの具体的なリソース利用状況をあとから振り返って確認することができるのが利点です。

10-10 サーバにおける監視

サーバにおける監視の目的は、サーバの異常を速やかに検知して復旧させることです。そのために、定期的にサーバの状態が正常範囲内であることをチェックし、異常を発見したらそれを管理者に通知（発報）します。監視での異常通知は復旧するためのものなので、管理者はそれを受け取ったらすぐに対応しなくてはなりません。深夜など、すぐに対応できないときには発報しない、対応不要のケースで発報しないようにすることも非常に重要です。監視を設定していると「念のため様子を見たいので、発報させたい」と思うことがありますが、そこは我慢して本当に対応すべき事象のみに絞り込みましょう。念のため様子を見たいものは、sysstatや後述のモニタリングツールで情報を取得しておくようにしてください。

監視のためのソフトウェアはNagiosやZabbixが定番です。異常を検知したタイミ

ングで通知するだけでなく、復旧処理を組み込むこともできます。サーバ1台で、管理者がひとりの場合は、monitが簡単に利用できて便利です。

Nagios、Zabbix、monitはともにepelのリポジトリからインストールできます。

- Nagios - The Industry Standard in IT Infrastructure Monitoring
  http://www.nagios.org/
- Zabbixオフィシャル日本語サイト :: エンタープライズクラスの分散監視オープンソースソリューション
  http://www.zabbix.com/jp/
- Easy, proactive monitoring of processes, programs, files, directories, filesystems and hosts ¦ Monit
  http://mmonit.com/monit/

ここでは、NagiosやZabbix、monitからSNMPなどを利用してサーバの状況を取得し監視を行います。

```
[maker@myblog2 ~]$ sudo yum install monit
[maker@myblog2 ~]$ sudo systemctl enable monit
[maker@myblog2 ~]$ sudo systemctl start monit
```

monitの設定ファイルは/etc/monit.confです。独自の監視設定は/etc/monit.d/配下にファイルを作成して追加します。

今回は試しに、crondが停止したら自動起動するように、/etc/monit.d/crondに監視設定をしてみましょう。以下のように設定して、monitをリロードします。

```
check process crond with pidfile /var/run/crond.pid
every 2 cycle
group system
start program = "/usr/bin/systemctl start crond.service"
stop  program = "/usr/bin/systemctl stop crond.service"
if 5 restarts within 5 cycles then unmonitor
```

```
[maker@myblog2 ~]$ sudo systemctl reload monit
```

ここで、crondが突然停止した場合を想定し、crondを強制停止してみます。

```
[maker@myblog2 ~]$ ps aufx | grep cron[d]
root      9082  0.0  0.1 126296  1588 ?        Ss   19:49   0:00 /usr/↵
sbin/crond -n
[maker@myblog2 ~]$ sudo kill 9082
[maker@myblog2 ~]$ ps aufx | grep cron[d]
```

crondが停止したことを確認して1分ほど待ち、再度確認します。

```
[maker@myblog2 ~]$ ps aufx | grep cron[d]
root      9118  0.0  0.1 126300  1576 ?        Ss   19:51   0:00 /usr/↵
sbin/crond -n
```

自動的にcrondが起動したことを確認できました。

繰り返しになりますが、監視の目的はサーバの異常を速やかに検知して復旧させることです。具体的には、稼働状況・リソース利用状況が正常範囲内であることを確認します。とくにHTTPアクセスのようにサーバ外から応答を得る監視方法を「外形監視」と呼び、サーバ内で応答を得る監視方法を「内部監視」と呼びます。

・外形監視
　稼働状況：HTTP応答（応答速度が一定秒数以内か、応答内容が意図した内容か、エラー応答ではないか）など
・内部監視
　稼働状況：プロセスが規定数起動しているか、ログに異常を示す出力がないかなど
　リソース利用状況：CPU利用率が水準以下か、メモリ利用率が水準以下か、ディスク使用率が水準以下かなど

稼働状況を監視する場合、システムの利用者が実際に行うような操作をするのがよ

いでしょう。たとえば、データベースの稼働状況を監視する場合、実際にデータベースに接続して読み書きを実行してみます。

また、HTTP応答であれば、ユーザと同じURLにアクセスし、ログイン〜ログアウトなどの画面遷移を実行する方法があります。これを「シナリオ監視」と呼びます。プログラムを作成する必要がありますが、ユーザと同じ画面遷移をたどることで監視の精度が格段に向上します。ぜひ挑戦してみてください。

> **Column 監視システムの監視**
>
> 内部の管理者だけで監視する場合、監視プログラムや監視サーバが停止していた場合に気づけないという問題があります。その問題を解決するには、監視を多重化して相互に監視するようにするのが定石ですが、もっと簡単な解決策として監視の外部サービスを利用する方法もあります。
>
> 下記にいくつか挙げました。無料で使えるサービスもあるので、自前のものだけでなく、いろいろな方法を模索してください。
>
> - Mackerel
>   http://mackerel.io/
> - New Relic
>   http://newrelic.com/
> - monitor.us
>   http://www.monitor.us/

10-11 モニタリングツールでステータスグラフ化

サーバにおけるステータスグラフ化とは、そのときどきのCPU利用率、ネットワーク帯域の利用状況、ディスク使用率などサーバの状況を記録し、それを横軸時系列のグラフにしておくことです。アラート発報時の状況を確認し、原因究明や再発防止に役立てたり、長期的な傾向を確認し、トラブルの事前防止に利用したりします。

モニタリングツールはCactiやmuninが定番です。一昔前はMRTGというツールがよく使われていましたが、CactiやmuninでMRTGの不便な点が改善されたので、最近ではMRTGはほとんど利用されません。

- Cacti - The Complete RRDTool-based Graphing Solution
  http://www.cacti.net/
- Munin
  http://munin-monitoring.org/

　Cactiは、SNMPやSSHを利用してサーバの状況を取得し、そのデータを蓄積しグラフ化します。muninは、データの取得先に専用のエージェントプログラムをインストールし、そのエージェントプログラムを経由してデータを取得します。

　CactiはApache、PHP、MySQLなどを利用します。Cactiのインストールはepelからできます。1つのサーバにPHPが複数インストールされていてもパスが異なれば問題ないので、ここではmyblog2サーバで、ソースからインストールしたPHPは使わずCactiを使います。

　まずは/etc/yum.confに記載した「exclude=php*」を削除します。

```
[maker@myblog2 ~]$ sudo vi /etc/yum.conf
[maker@myblog2 ~]$ grep -c exclude /etc/yum.conf
0
```

　次にcactiをインストールします。

```
[maker@myblog2 ~]$ sudo yum install cacti
```

　無事にインストールできました。Apacheが起動中の場合は、PHPを再読み込みするためにApacheをリロードしておきましょう。

```
[maker@myblog2 ~]$ sudo systemctl reload httpd.service
```

　cactiをインストールしたら、設定を行います。まず、cactiの動作に必要なプログラム（Apache、MySQL）と、データの取得先で必要なプログラム（snmpd）が起動していることを確認します。

10時間目 サーバを安定して運用するためのテクニック

```
[maker@myblog2 ~]$ sudo systemctl status httpd.service  | grep -i active:
   Active: active (running) since 土 2014-10-25 19:57:39 JST; 12h ago
[maker@myblog2 ~]$ sudo systemctl status mysqld.service  | grep -i active:
   Active: active (running) since 土 2014-10-25 19:58:03 JST; 12h ago
[maker@myblog2 ~]$ sudo systemctl status snmpd.service  | grep -i active:
   Active: active (running) since 土 2014-10-25 19:06:06 JST; 12h ago
```

次に、cactiがどこにインストールされているかを確認します。

```
[maker@myblog2 ~]$ rpm -ql cacti | grep -i conf
/etc/httpd/conf.d/cacti.conf
/usr/share/cacti/include/config.php
/usr/share/doc/cacti-0.8.8b/docs/html/unix_configure_cacti.html
/usr/share/doc/cacti-0.8.8b/docs/html/unix_configure_httpd.html
/usr/share/doc/cacti-0.8.8b/docs/html/unix_configure_mysql.html
/usr/share/doc/cacti-0.8.8b/docs/html/unix_configure_php.html
/usr/share/doc/cacti-0.8.8b/docs/html/unix_configure_spine.html
```

設定ファイルは/etc/httpd/conf.d/cacti.confにあります。内容を確認すると、/cacti/でアクセスできるようになっていることがわかります。

```
[maker@myblog2 ~]$ cat /etc/httpd/conf.d/cacti.conf
(略)
Alias /cacti    /usr/share/cacti
```

それでは、http://<サーバIP>/cacti/にアクセスしてみましょう。

```
Forbidden

You don't have permission to access /cacti/ on this server.
```

アクセスできません。エラーログを見て原因を確認しましょう。

```
[maker@myblog2 ~]$ sudo tail /var/log/httpd/error_log
(略)
[Sun Oct 26 08:07:55.737760 2014] [authz_host:error] [pid 12455] ↵
[client 192.168.56.1:58333] AH01753: access check of 'localhost' ↵
to /cacti/ failed, reason: unable to get the remote host name
[Sun Oct 26 08:07:55.737831 2014] [authz_core:error] [pid 12455] ↵
[client 192.168.56.1:58333] AH01630: client denied by server ↵
configuration: /usr/share/cacti/
```

設定によりアクセスが拒否されている（client denied by server configuration）ということなので、設定を見直します。/etc/httpd/conf.d/cacti.confを見ると、localhostからのアクセスしか許可していない（Require host localhost）ので、ここをひとまずすべて許可するようにします。

```
[maker@myblog2 ~]$ sudo cp -a /etc/httpd/conf.d/cacti.conf{,.bak}
[maker@myblog2 ~]$ sudo vi /etc/httpd/conf.d/cacti.conf
[maker@myblog2 ~]$ diff -u /etc/httpd/conf.d/cacti.conf{.bak,}
--- /etc/httpd/conf.d/cacti.conf.bak    2014-06-28 06:27:54.000000000 +0900
+++ /etc/httpd/conf.d/cacti.conf        2014-10-26 08:11:35.578939284 +0900
@@ -14,7 +14,7 @@
 <Directory /usr/share/cacti/>
         <IfModule mod_authz_core.c>
                 # httpd 2.4
```

```
-            Require host localhost
+            Require all granted
        </IfModule>
        <IfModule !mod_authz_core.c>
            # httpd 2.2
[maker@myblog2 ~]$ sudo systemctl reload httpd.service
```

それでは、再度http://<サーバIP>/cacti/にアクセスしてみましょう。

```
FATAL: Cannot connect to MySQL server on 'localhost'. Please make sure
you have specified a valid MySQL database name in 'include/config.php'
```

またエラーが表示されました。今度はMySQLに接続できないようです（Cannot connect to MySQL server……）。画面に表示されたinclude/config.phpを見て、設定に合わせてMySQLにデータベースとユーザを作成しましょう。まずはconfig.phpの場所を探し、ファイルを確認します。

```
[maker@myblog2 ~]$ rpm -ql cacti | grep config.php
/usr/share/cacti/include/config.php
```

/usr/share/cacti/include/config.php（抜粋）は次のようになっています。

```
$database_type = "mysql";
$database_default = "cacti";
$database_hostname = "localhost";
$database_username = "cactiuser";
$database_password = "cactiuser";
```

今回はcactiの初期設定データベース名、ユーザ名、パスワードに合わせて、MySQL

のデータベース、ユーザ、パスワードを設定してみましょう。WordPressをインストールしたときのように、データベースとユーザを作成します。

```
[maker@myblog2 ~]$ mysql -u root -p
mysql> create database cacti;
mysql> grant all on cacti.* to cactiuser@'localhost' identified by ↲
'cactiuser';
mysql> flush privileges;
mysql> exit
```

続いて、cactiの初期データを投入しておきます。.sqlというファイル名で初期設定クエリが配布されているので、サーバ内で探して実行します。

```
[maker@myblog2 ~]$ rpm -ql cacti | grep '\.sql$'
/usr/share/doc/cacti-0.8.8b/cacti.sql
[maker@myblog2 ~]$ mysql -u cactiuser -pcactiuser cacti < /usr/share/ ↲
doc/cacti-0.8.8b/cacti.sql
```

それでは、もう一度http://<サーバIP>/cacti/にアクセスしてみましょう。やっとインストール画面が表示されました（図10.1）。

図10.1 インストール初期画面

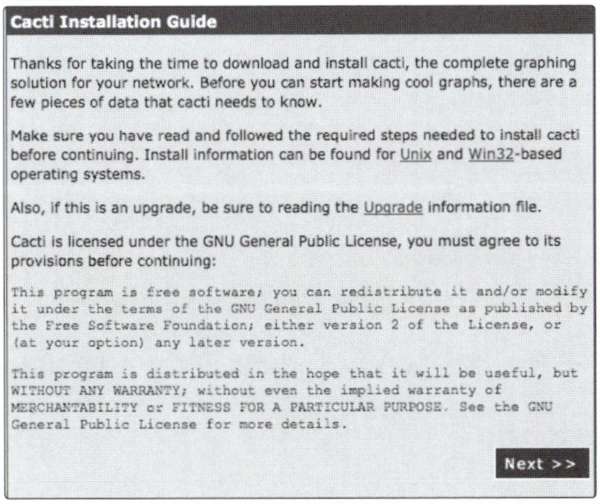

10時間目 サーバを安定して運用するためのテクニック

ガイドに従って進めます（図10.2、3）。

図10.2 インストールの種類の選択

図10.3 各種ファイルの場所の確認

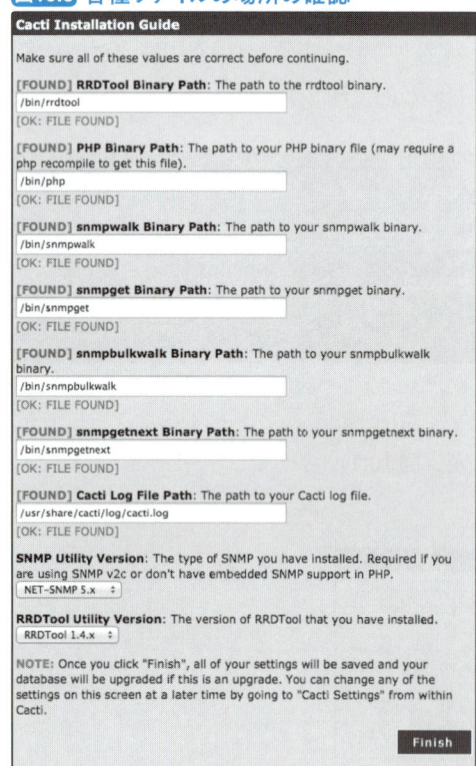

ユーザ名、パスワードのデフォルトはどちらも「admin」です（図10.4）。

図10.4 ログイン画面

初回ログイン時にパスワードの変更が必要です（**図10.5**、6）。「cactiadmin」など適宜設定しましょう。

図10.5 パスワードの変更

図10.6 ログイン後の画面

これでインストールは完了です。cactiのデータ収集はcronにより起動されます。/etc/cron.d/cactiに設定があるので、コメントアウトを解除してデータ収集を有効にします。

10時間目 サーバを安定して運用するためのテクニック

```
[maker@myblog2 ~]$ sudo vi /etc/cron.d/cacti
[maker@myblog2 ~]$ sudo grep -v "^#" /etc/cron.d/cacti
*/5 * * * *    cacti   /usr/bin/php /usr/share/cacti/poller.php > /↵
dev/null 2>&1
```

それではサーバを追加しましょう。「Console」タブの「Device」の右にある「Add」を選択します（図10.7）。

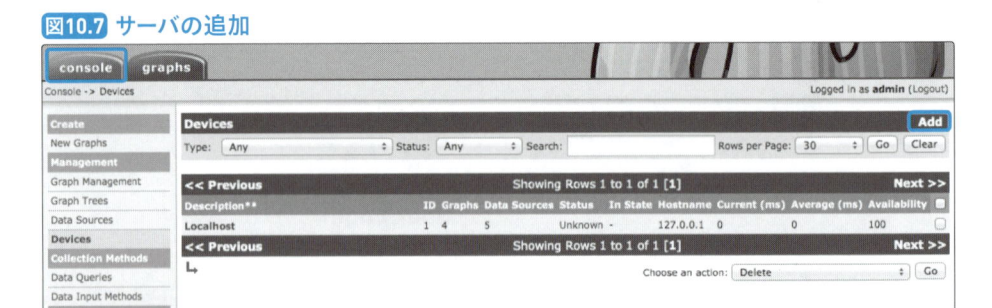

図10.7 サーバの追加

各項目を設定します。「Description」は表示名です。「myblog2」などの任意の名前を入力します。「Hostname」は接続先です。解決できるホスト名、FQDNまたはIPアドレスを入力します。「Host Template」は「ucd/net SNMP Host」を選択します。「SNMP Version」は「Version2」にして「Create」ボタンを押します（図10.8）。

図10.8 サーバの表示名、接続先などを設定

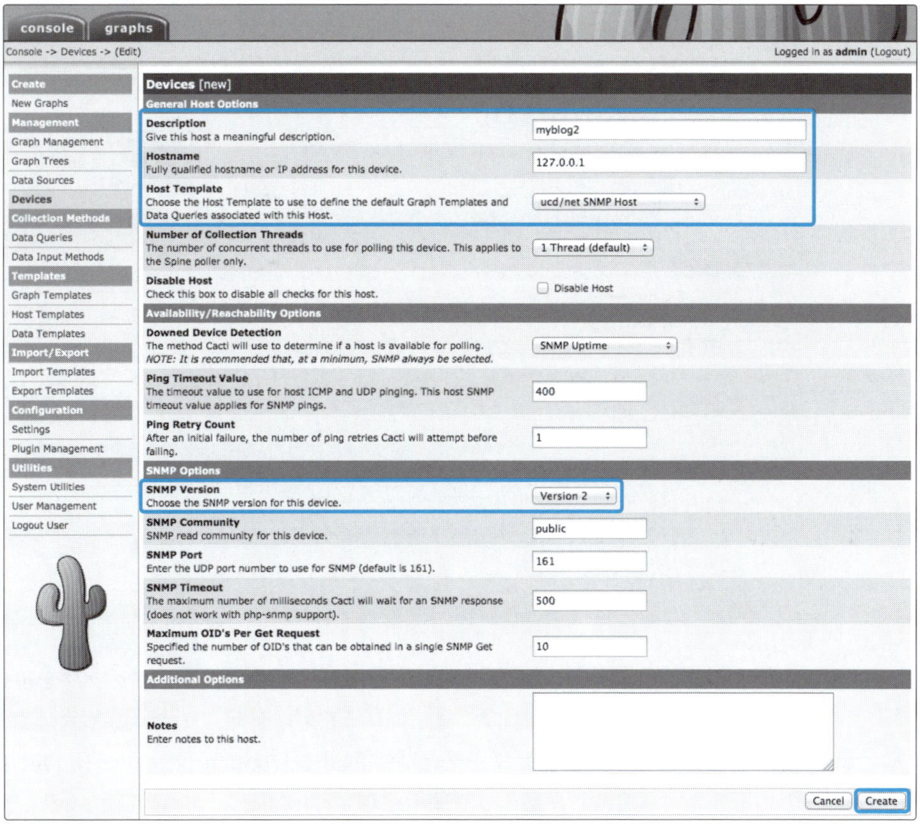

左上のサーバ名の下にサーバ情報（サーバ名、uptimeなど）が出力されていれば、正しく接続できています（**図10.9**）。

10時間目 サーバを安定して運用するためのテクニック

図10.9 接続先サーバの情報

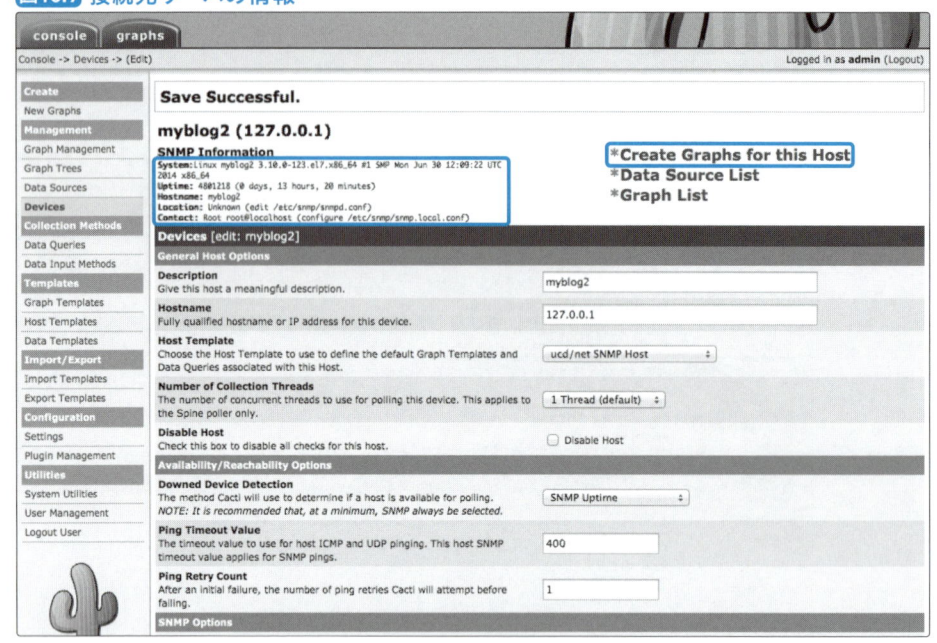

引き続き、「Create Graphs for this Host」をクリックしてグラフを追加しましょう。作成するグラフを選択して「Create」ボタンを押します。基本的にすべて選択してよいと思います。ネットワークは「Select a graph type:」で「In/Out Bits(64-bit Counters)」を選択しましょう（**図10.10**）。64bitカウンタを選ばないと、最近の高速ネットワークに対応できず、グラフの描画に支障が出ます。

図10.10 グラフの作成

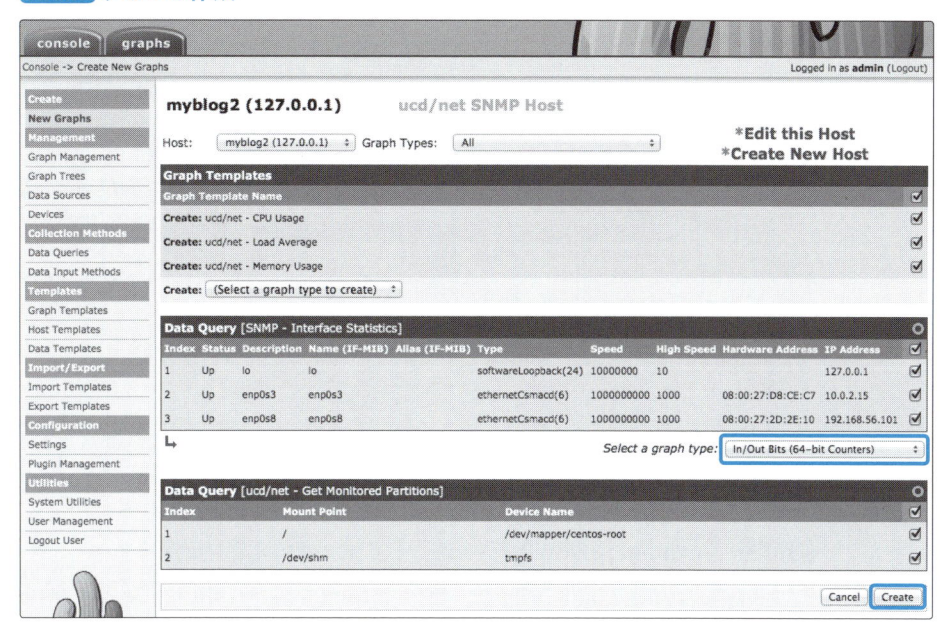

次に、作成したホストをグラフツリーに追加します。左メニューで「Graph Trees」を選択し、「Default Tree」を選択します（図10.11）。

図10.11 グラフツリーへのホストの追加

中段の「Tree Items」の「Add」を選択します（図10.12）。

図10.12「Tree Items」の「Add」を選択

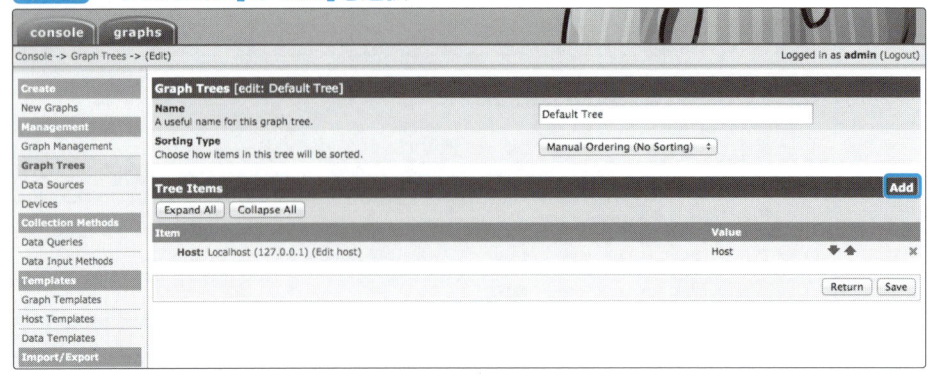

「Tree Item Type」で「Host」を選択し、「Host」で作成したホストの「myblog2（127.0.0.1）」を選択して「Create」ボタンを押します（**図10.13**）。

図10.13「myblog2(127.0.0.1)」を選択して「Create」ボタンを押す

グラフツリーにホストを追加できました（**図10.14**）。

図10.14 グラフツリーへの追加を確認

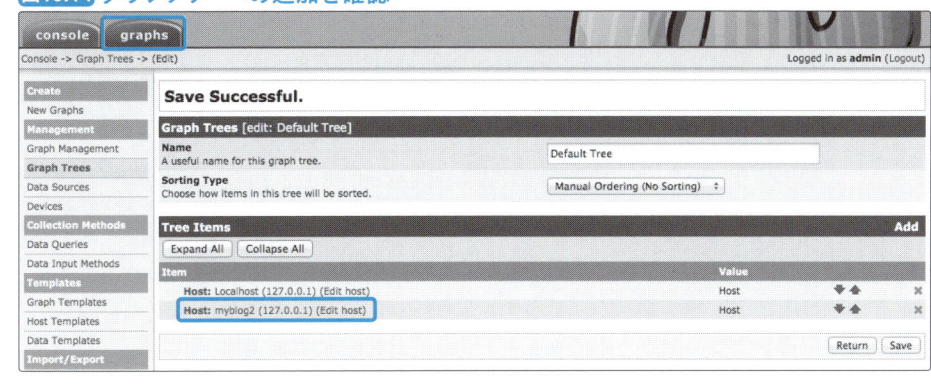

左上の「graphs」タグをクリックしてグラフを見てみましょう（図10.15）。

図10.15 作成されたグラフ

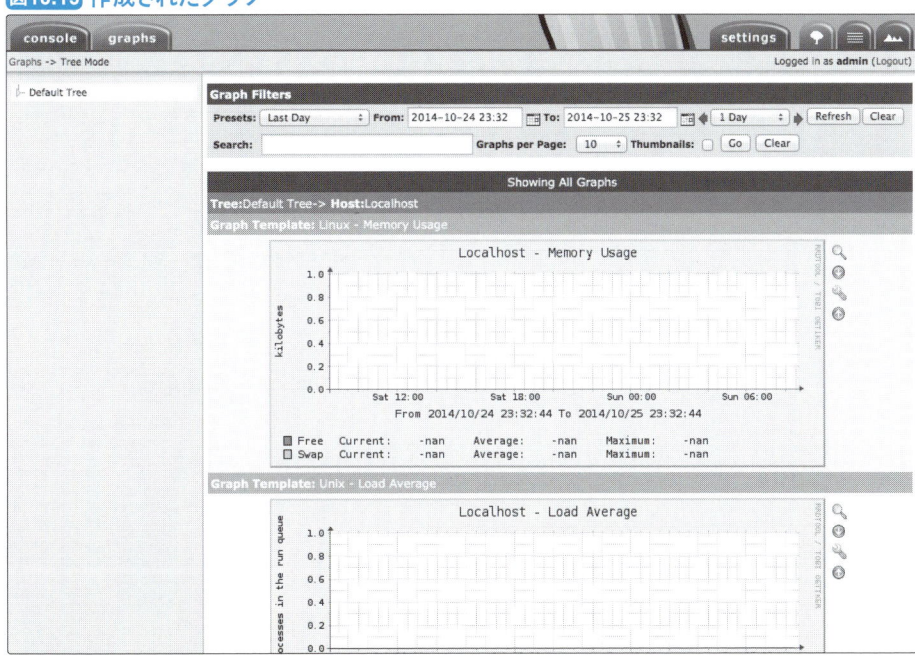

左側のツリーを選択し、作成したホストまでたどっていきます（図10.16）。

図10.16 追加したホストのグラフ

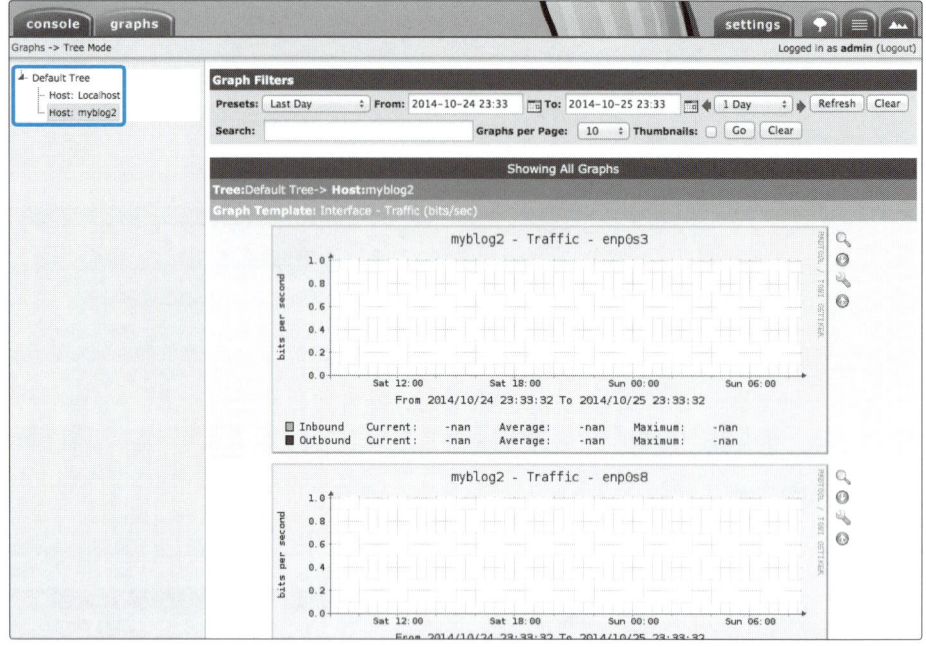

これでグラフを作成できました。あとは、5分ごとのデータ収集の様子を見て、グラフが生成できているか確認しましょう。グラフの数字が「Current: -nan」の場合は正しくデータが取得できていません。0の場合は、データが取得できていない場合と、本当に0の場合があります。本当に0なのかどうかは調査して確認してください。「console」タブの「System Utilities」からCactiログなどが確認できるので見てみてください。

※php.ini(/etc/php.ini) に「date.timezone=Asia/Tokyo」を設定するのを忘れないようにしてください。

> **Column　cactiの裏方のRRDTool**
>
> cactiは、RRDToolというソフトウェアを便利に使えるようにするためのソフトウェアです。RRDToolは、cactiのほかにもGrowthForecastなど、さまざまなモニタリング・グラフ化ツールで利用されています。RRDToolは高性能・高機能で大変素晴らしいソフトウェアなのですが、そのまま使うのが難しいため、cactiのような便利に使うためのソフトウェアがたくさん作られています。RRDToolの最新版には、過去データから予測する機能もあります。RRDToolを知るとcactiやサーバモニタリングの世界が広がります。

10時間目の実践はこれでおしまいです。お疲れさまでした！

確認テスト

Q1 明日の13:15に/root/run.shを実行したいときの実装方法を挙げてください。

Q2 本書で言うところの監視とモニタリングの使い分けを説明してください。

11時間目 バックアップとトラブルシューティングのテクニック

11時間目ではバックアップとトラブルシューティングのテクニックを学びましょう。サーバを運用していくうえでバックアップは不可欠です。サーバを長期間運用していると、避けて通ることができないトラブルにも的確にすばやく対処できるようになってください。

今回のゴール

- バックアップの基本的な考え方を理解すること
- ファイルのバックアップができるようになること
- データベースのバックアップができるようになること
- トラブルシューティングができるようになること

1時間目の手順に従って、もう1つ環境を作ってください。
設定項目は表11.1のようにしてください。

表11.1 テスト環境の設定項目

項目	設定
言語	日本語
キーボード	日本語
ネットワーク設定	デフォルト
ホスト名	sandbox
rootパスワード	$@ndb0xp@ssw0rd
FreePE	1024MB

構築が完了したら、以下を設定します。

- SELinuxをdisableにする
- 一般ユーザwildcat（パスワードは「wi1dc@tp@ssw0rd」）を作成する
- wildcatユーザがsudoできるように設定する

今回、新たにFreePEの指定が登場したので、手順を補足しておきます。

11-1 インストール時のFreePEの作り方

インストールの基本的な手順は**1時間目**と同じですが、「インストール先」画面でディスク構成を少しカスタマイズします。「その他のストレージオプション」の「パーティション構成」で「パーティション構成を行いたい（I）」を選択し「完了（D）」ボタンを押します（**図11.1**）。

図11.1「インストール先」画面

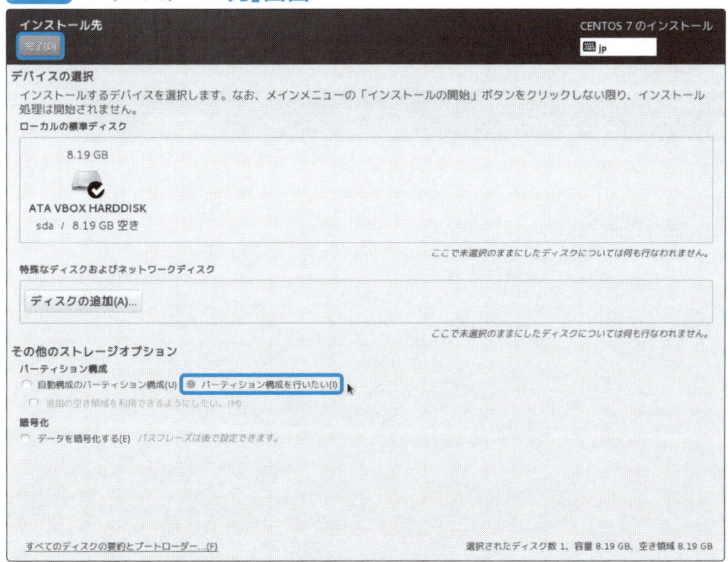

「ここをクリックして自動的に作成します（C）。」をクリックしてデフォルト構成を読み込みます（**図11.2**）。

11時間目 バックアップとトラブルシューティングのテクニック

図11.2 デフォルト構成を読み込む

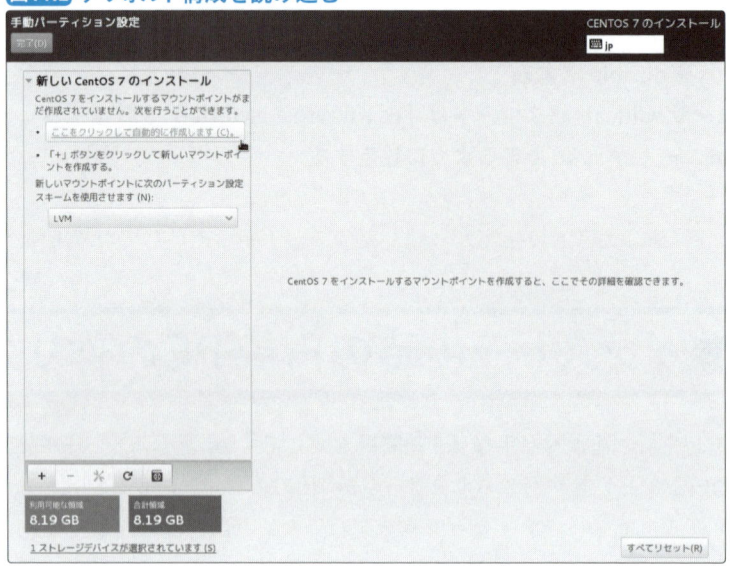

「/」を選択します（**図11.3**）。

図11.3 「/」を選択

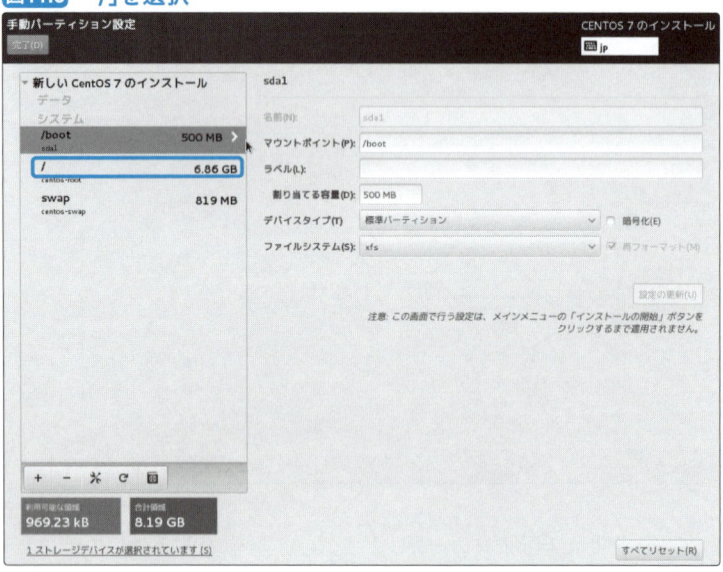

FreePEを1024MB確保するために、/の容量を1024MB減らします。今回はもとも

266

と6.868GBだったので、「割り当てる容量（D）」の欄を「5.844GB」に変更します（**図11.4**）。

図11.4 /の容量を減らす

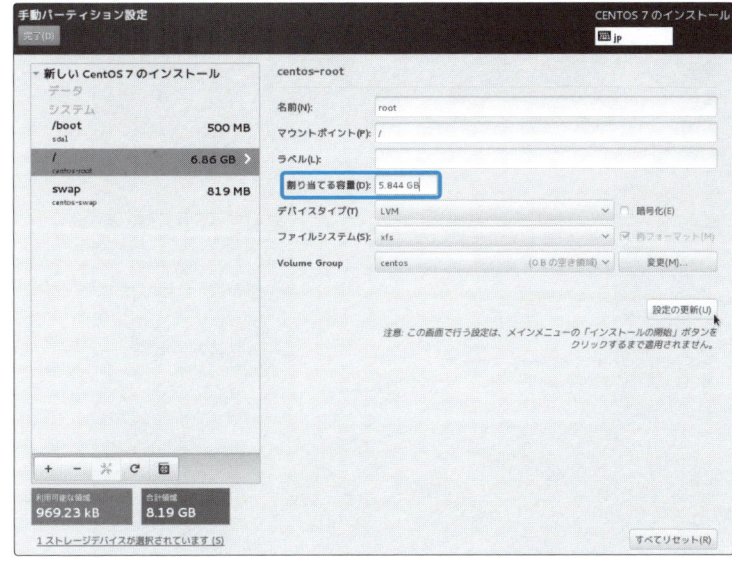

設定が完了したら「設定の更新（U）」ボタンを押します（**図11.5**）。

図11.5 設定の完了

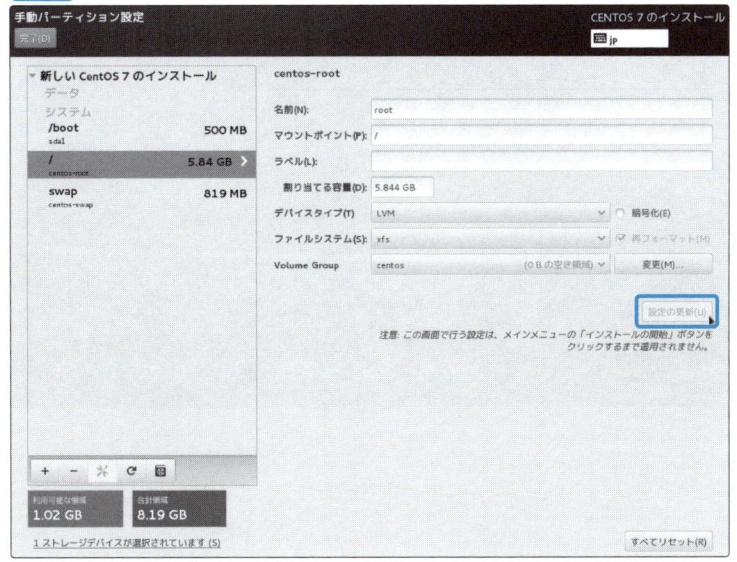

11時間目 バックアップとトラブルシューティングのテクニック

左上の「完了 (D)」ボタンを押します。ダイアログが表示されるので、「変更を適用する (A)」ボタンを押します (**図11.6**)。以降の手順は**1時間目**と同じです。

図11.6 変更内容の確認

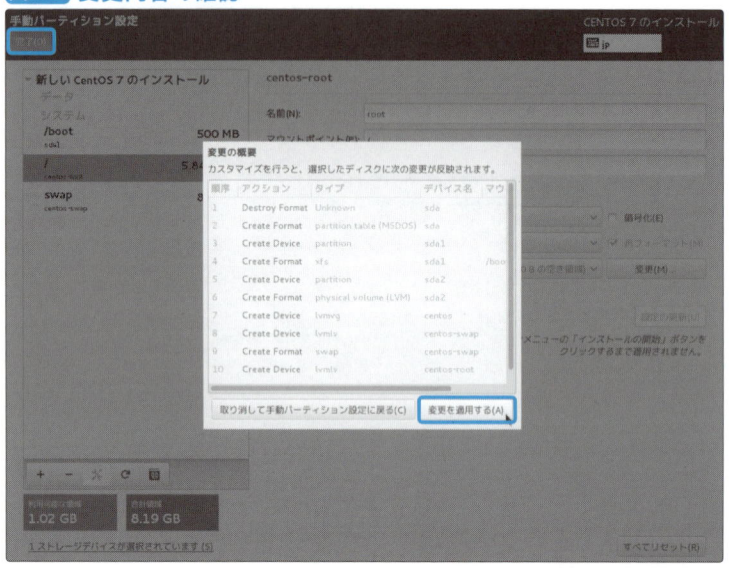

ログインしたらdfコマンドでディスク容量を確認しましょう。**1時間目**にインストールしたものより/のサイズが1GB少なくなっています。

```
[wildcat@sandbox ~]$ df -h
ファイルシス              サイズ  使用  残り  使用%  マウント位置
/dev/mapper/centos-root   5.7G   794M  5.0G  14%    /
devtmpfs                  492M   0     492M  0%     /dev
tmpfs                     498M   0     498M  0%     /dev/shm
tmpfs                     498M   6.6M  491M  2%     /run
tmpfs                     498M   0     498M  0%     /sys/fs/cgroup
/dev/sda1                 497M   96M   402M  20%    /boot
```

11-2 バックアップをとるということ

　バックアップをとる方法を説明する前に、その要点について説明します。

　サーバ管理では、バックアップとは取得時点の状態を復元するためのものを指します。アクション映画などで敵陣に突入するときに先行・支援に分かれた場合の支援する側を「バックアップ」と呼ぶことがありますが、サーバ管理ではそのような支援・補助機構はバックアップと呼びません。なお、バックアップからデータを復元することを「リストア」と言いますが、異常状態からの復旧という捉え方をして「リカバリ」と言うこともあります。

　このように、バックアップは復元ありきのものなので、復元が必要になるケースや復元のシナリオを検討することが一番大事です。

　復元が必要になるのは、何らかの理由によってデータが失われた（＝データロストした状態になった）ときです。ディスクの物理的な障害や論理的な障害、システムエラーや誤操作など、何らかの理由により必要なデータが消えてしまった状況です。たとえば、うっかり設定ファイルを消してしまっても、変更前のファイルが保存してあれば元に戻せます。設定がめったに更新されないものであれば、日次（1日1回）のバックアップを取得しておくことで対応できます。

　バックアップを取得する頻度や要不要を判断するには知識と経験が必要なので、最初は全部バックアップすることを基本にしてください。運用を続けていると、復元に要する所要時間、バックアップ取得の所要時間、バックアップ容量などに再考すべき点が出てくると思います。経験を通じてある程度バックアップに関する知見を得られたら、少しずつ適正な設定を試みるようにしてください。

　バックアップの対象をいくつかに分けて、それぞれの対応例を以下にまとめてみます。

- サーバの利用者により生成・変更されたファイル（ユーザがアップロードした写真や投稿データなど）
  対応例：再入手できないデータなので、3世代バックアップを取得する
- 管理者側がオリジナルを持っているファイル（設定ファイルや管理者側がアップロードした自作プログラムなど）
  対応例：これらのファイルは最新版リポジトリにあり、常に最新版を使う必要があるため、サーバ側ではバックアップを取得しない
- 機能の復元には必ずしも必要ではないが、保存しておいてあとで参照したいファイル（アクセスログ・エラーログなど）

対応例：年1回、DVDメディアなどに書き出して、古いファイルを削除する
・いつでもインストールでき、とくに変更しないファイル（OSやApacheそのものなど）
対応例：再インストールすれば、消えたり壊れたりする前の元のファイルを復元できるので、同じバージョンのサーバが複数あれば、バックアップを個別に取得する必要はない

繰り返しになりますが、バックアップは復元するためのものです。復元してきちんと使えるように取得することを第一に考えてください。

11-3 tarやrsyncでファイルをバックアップする

まずは一番基本的なバックアップを行ってみましょう。複数のファイルを圧縮して保存する方法です。CentOSでは、tarに加えてgzip、bzip2、pigzなどの圧縮ツールを使います。それぞれの機能は以下のようになっています（pigzに関しては272ページのコラム参照）。

・tar……複数ファイルを1つのファイルにまとめる
・gzip……ファイルを圧縮・解凍する
・bzip2……ファイルを圧縮・解凍する（gzipより圧縮率が高いが、時間がかかる）

gzip、bzip2はtarに組み込まれています。tarを使うとき、gzipの場合はz、bzip2の場合はjを指定するだけで、圧縮や解凍を一気に実施できます。bzip2は標準でインストールされないので、yumでインストールしておきましょう。
/etcをバックアップする場合は以下のようになります。

```
[wildcat@sandbox ~]$ sudo tar -cf /tmp/etc.tar /etc
[wildcat@sandbox ~]$ sudo tar -zcf /tmp/etc.tar.gz /etc
[wildcat@sandbox ~]$ sudo tar -jcf /tmp/etc.tar.bz2 /etc
```

圧縮なし、gzip圧縮、bzip2圧縮のそれぞれの場合のファイルサイズは以下のとおりです。圧縮なしで18.3MBのファイルが、gzip圧縮で6.5MB、bzip2圧縮で5.7MB

になりました。

```
[wildcat@sandbox ~]$ ls -altr /tmp/etc.tar*
-rw-r--r-- 1 root root 18360320 10月 26 09:55 /tmp/etc.tar
-rw-r--r-- 1 root root  6567947 10月 26 09:55 /tmp/etc.tar.gz
-rw-r--r-- 1 root root  5748031 10月 26 09:56 /tmp/etc.tar.bz2
```

今度は解凍してみましょう。/tmp/etcに解凍する方法は以下のとおりです。

```
[wildcat@sandbox ~]$ tar -xf /tmp/etc.tar -C /tmp
```

圧縮時に指定したetcディレクトリが、解凍先として指定した/tmpの直下に作成されます。確認してみましょう。

```
[wildcat@sandbox ~]$ ls -ald /tmp/etc
drwxr-xr-x 74 wildcat wildcat 4096 10月 26 09:53 /tmp/etc
```

システム全体をバックアップの対象にする場合、システムファイルである/dev、/media、/mnt、/proc、/sysと、一時ファイルの置き場所である/tmpは除外してバックアップをとりたいところです。tarで特定ファイル・ディレクトリを除外するには--excludeで除外条件を指定します。

```
[wildcat@sandbox ~]$ sudo tar -cf /tmp/all.tar --exclude='/dev' --↵
exclude='/media' --exclude='/mnt' --exclude='/proc' --exclude='/sys' ↵
  --exclude='/tmp' /
```

excludeがたくさんありすぎて、よくわからなくなっています。こんなときには、exclude条件を次のようにファイル（excludes.txt）にまとめて指定しましょう。

```
[wildcat@sandbox ~]$ cat /tmp/excludes.txt
/dev
/media
/mnt
/proc
/sys
/tmp
```

exclude条件をファイルから読み込む場合は、--exclude-fromを使います。

```
[wildcat@sandbox ~]$ sudo tar -cf /tmp/all.tar --exclude-from=/tmp/↵
excludes.txt /
```

これで、とてもすっきりしました。

Column 圧縮・解凍をスピーディに行う

　バックアップは、保存するディスクなどの容量の都合で圧縮する必要があるものの、そのサイズが大きいと解凍＝リストアに時間がかかりすぎる懸念があります。

　圧縮・解凍のスピードに大きな関係があるのは、主にCPUの処理速度です。最近のサーバはCPUコアが複数あることが多いため、それらを並列でうまく使って処理することができれば圧縮・解凍時間を短縮できます。

　gzip形式の場合、pigzを使うと圧縮・解凍の並列処理ができるようになります。pigzはepelからインストールできます。

```
[wildcat@sandbox ~]$ sudo yum install epel-release
[wildcat@sandbox ~]$ sudo yum install pigz
```

　pigzをtarと同時に使うときは、以下のように--use-compress-prog=pigz

を指定します。

```
[wildcat@sandbox ~]$ sudo tar cf /tmp/etc.tar.gz --use-
compress-prog=pigz /etc
```

pigzでは、並列度の指定もできます。全力で実行するのか、ある程度で抑えるのかはサーバ管理者が判断して決めましょう。

　今度は、別のソフトウェアを使ってファイルベースのバックアップを行ってみましょう。rsyncコマンドでバックアップします。/（/dev、/media、/mnt、/proc、/sys、/tmpを除く）を/tmp/backup/に保存します。

　ここでも除外指定リストのファイル（excludes_rsync.txt）を使いましょう。rsyncの除外指定ファイルでは、先頭の「/」は付けません（同期指定したディレクトリが除外指定時のルートになります）。

```
[wildcat@sandbox ~]$ cat /tmp/excludes_rsync.txt
dev
media
mnt
proc
sys
tmp
```

　rsyncコマンドでは同期対象を指定しますが、「/」がある場合とない場合で挙動が変わるので気をつけてください。

　rsyncコマンドにはdry runモード（-nまたは--dry-runオプション）があります。実際にはファイルを同期せず、同期対象を確認する試運転モードです。同期元を間違えるならまだしも、同期先を間違えると大変なことになりますので、必ず事前にdry runモードで試して意図どおりの動作をするかどうかを確認してください。

11時間目 バックアップとトラブルシューティングのテクニック

```
[wildcat@sandbox ~]$ sudo yum install rsync
[wildcat@sandbox ~]$ mkdir /tmp/backup
[wildcat@sandbox ~]$ sudo rsync -n -av --delete --exclude-from=/tmp/↵
excludes_rsync.txt / /tmp/backup/
[wildcat@sandbox ~]$ sudo rsync -av --delete --exclude-from=/tmp/↵
excludes_rsync.txt / /tmp/backup/
```

　rsyncコマンドの大きな特徴は、2回目以降は差分コピーできること（ファイル単位）、別サーバに保存する機能が標準で付いていることです。sshを使って別サーバに保存したり、別サーバからデータを取得したりできます。

　また、--link-destオプションを使うと、ハードリンクを活用して世代管理と差分バックアップを両立させることができます。以下の場合、/tmp/backup_base/が基本となる一式、/tmp/backup_new/が差分です。

```
[wildcat@sandbox ~]$ mkdir /tmp/backup_base
[wildcat@sandbox ~]$ mkdir /tmp/backup_new
[wildcat@sandbox ~]$ sudo rsync -av --delete --exclude-from=/tmp/↵
excludes_rsync.txt / /tmp/backup_base/
[wildcat@sandbox ~]$ sudo rsync -av --delete --exclude-from=/tmp/↵
excludes_rsync.txt --link-dest=/tmp/backup_base/ / /tmp/backup_new/
```

```
[wildcat@sandbox ~]$ sudo du -sm /tmp/backup_*
927     /tmp/backup_base
10      /tmp/backup_new
```

　backup_newは差分なので、backup_baseよりファイルサイズが小さいのがわかります。実際のファイル名に付くのは「_new」ではなく「_<日付>」などとして日々の差分を取得していきます。この機能を利用すれば、たとえば週1回はフルバックアップを取得し、その週のほかの日はフルバックアップとの差分のみを取得するという運用ができます。

なお、tarやrsyncコマンドは実行されると順番にファイルを読んでいきます。そのため、ファイルの数や量が増えて実行に時間がかかるようになると、1回の処理の中で、あるファイルと別のファイルを読むタイミングがかなり離れることがよくあります。

バックアップ対象の中にログファイルのように随時書き換わるファイルがある場合、tarやrsyncコマンドを使うと各ファイルのバックアップを取得するタイミングがずれ、整合性がとれなくなることがあるので注意してください。たとえば、バックアップ処理の時間が0:00〜0:30までとして、取得されたバックアップファイルの内容を見ると、ログファイルAは0:10時点のもの、ログファイルBは0:25時点のもの、となっている可能性があるということです。

こうした整合性の問題の解決方法は次項で解説します。

> **Column　バックアップ専用ソフトウェア**
>
> ここではファイルコピー・圧縮・同期などのツールを利用してバックアップを取得する方法を紹介しましたが、バックアップに特化したソフトウェアもたくさんあります。
>
> 代表的なものはAmandaやduplicityなどです。
>
> - Amanda
>   http://zmanda.jp/amanda.html
> - duplicity
>   http://duplicity.nongnu.org/
>
> tarやrsyncコマンドによるバックアップは少々単純ですが、その分しくみがわかりやすく、エラー発生時の追跡がしやすいという利点があります。まず、tar、rsyncコマンドでバックアップの基本を押さえてから、いろいろなソフトウェアも使えるようになってください。

11-4 ディスクスナップショットでバックアップを取得する

tarやrsyncコマンドが抱える取得タイミングのずれの問題は、LVMのディスクスナップショット機能を利用することで解決できます。

手順は以下のとおりです。

① スナップショット利用のためにFreePEを確保してスナップショットを作成する。以降の書き込みは、FreePEから確保された一時領域に対して実施される
② スナップショットからtarコマンドやrsyncコマンドなどでバックアップを取得する
③ スナップショットを削除する。FreePEに対して実施された書き込みの差分が統合される

さっそく実行してみましょう。まず、スナップショットを作成するにあたり、利用するFreePEの容量を決定します。インストールのときに空けた1GBが利用できるはずです。vgdisplayコマンドで現在のFreePEの容量を確認します。

```
[wildcat@sandbox ~]$ sudo vgdisplay | grep -i size
  VG Size            6.51 GiB
  PE Size            4.00 MiB
  Alloc PE / Size    1666 / 6.51 GiB
  Free  PE / Size    0 / 0
```

0でした。FreePEは現在ありません。1時間目で見たとおり、ディスクは「デバイス ＞ パーティション ＞ Physical Volume ＞ Volume Group ＞ Logical Volume ＞ File system ＞ Mount point」という階層構造になっています。デバイスとパーティションの状況をfdiskで確認してみましょう。

```
[wildcat@sandbox ~]$ sudo fdisk -l

Disk /dev/sda: 8589 MB, 8589934592 bytes, 16777216 sectors
```

```
Units = sectors of 1 * 512 = 512 bytes
Sector size (logical/physical): 512 bytes / 512 bytes
I/O サイズ ( 最小 / 推奨 ): 512 バイト / 512 バイト
Disk label type: dos
ディスク識別子: 0x000a4c89


デバイス ブート       始点        終点       ブロック    Id  システム
/dev/sda1    *       2048     1026047      512000    83  Linux
/dev/sda2         1026048    14680063     6827008    8e  Linux LVM


Disk /dev/mapper/centos-swap: 859 MB, 859832320 bytes, 1679360 sectors
Units = sectors of 1 * 512 = 512 bytes
Sector size (logical/physical): 512 bytes / 512 bytes
I/O サイズ ( 最小 / 推奨 ): 512 バイト / 512 バイト


Disk /dev/mapper/centos-root: 6127 MB, 6127878144 bytes, 11968512 ↵
sectors
Units = sectors of 1 * 512 = 512 bytes
Sector size (logical/physical): 512 bytes / 512 bytes
I/O サイズ ( 最小 / 推奨 ): 512 バイト / 512 バイト
```

　セクタは16777216個あるはずなのに14680063までしか使っていません。残りのセクタをFreePEとして使えるようにしましょう。FreePEとして使うためには、Volume Groupに容量を追加する必要があります。低いレイヤーから順番にデバイス、パーティション、Physical Volumeを作成していき、作成したPhysical VolumeをVolume Groupに追加することでVolume Groupの容量を変更します。

　まずはデバイスの作成です。「fdisk <デバイス名>」でデバイスを操作します。fdiskのコマンドは**表11.2**のとおりです。

表11.2 fdiskのコマンド

p	一覧表示
n	新規作成
t	タイプ変更（83：Linux、8e：Linux LVM）
w	変更を書き込み

今回はパーティション番号2まですでにあるので、残りの容量すべてを使ってパーティション番号3のLinux LVMパーティションを作成します。パーティションを作成したら、サーバを再起動して変更を反映させます。

```
[wildcat@sandbox ~]$ sudo fdisk /dev/sda
Welcome to fdisk (util-linux 2.23.2).

Changes will remain in memory only, until you decide to write them.
Be careful before using the write command.


コマンド (m でヘルプ): p    ←pを入力


Disk /dev/sda: 8589 MB, 8589934592 bytes, 16777216 sectors
Units = sectors of 1 * 512 = 512 bytes
Sector size (logical/physical): 512 bytes / 512 bytes
I/O サイズ (最小 / 推奨): 512 バイト / 512 バイト
Disk label type: dos
ディスク識別子 : 0x000a4c89


デバイス ブート      始点       終点      ブロック   Id  システム
/dev/sda1   *        2048    1026047      512000   83  Linux
/dev/sda2         1026048   14680063     6827008   8e  Linux LVM
```

```
コマンド (m でヘルプ): n   ←nを入力
Partition type:
   p   primary (2 primary, 0 extended, 2 free)
   e   extended
Select (default p): p   ←pを入力
パーティション番号 (3,4, default 3):   ← [Enter]（デフォルト）
最初 sector (14680064-16777215, 初期値 14680064):   ← [Enter]（デフォルト）
初期値 14680064 を使います
Last sector, +sectors or +size{K,M,G} (14680064-16777215, ↵
初期値 16777215):   ← [Enter]（デフォルト）
初期値 16777215 を使います
Partition 3 of type Linux and of size 1 GiB is set


コマンド (m でヘルプ ): p   ←pを入力


Disk /dev/sda: 8589 MB, 8589934592 bytes, 16777216 sectors
Units = sectors of 1 * 512 = 512 bytes
Sector size (logical/physical): 512 bytes / 512 bytes
I/O サイズ ( 最小 / 推奨 ): 512 バイト / 512 バイト
Disk label type: dos
ディスク識別子 : 0x000a4c89


デバイス ブート      始点        終点       ブロック    Id  システム
/dev/sda1   *        2048     1026047      512000    83  Linux
/dev/sda2         1026048    14680063     6827008    8e  Linux LVM
/dev/sda3        14680064    16777215     1048576    83  Linux


コマンド (m でヘルプ ): t   ←tを入力
パーティション番号 (1-3, default 3):   ← [Enter]（デフォルト）
Hex code (type L to list all codes): 8e   ←8eを入力
```

```
Changed type of partition 'Linux' to 'Linux LVM'

コマンド（m でヘルプ）: p  ←pを入力

Disk /dev/sda: 8589 MB, 8589934592 bytes, 16777216 sectors
Units = sectors of 1 * 512 = 512 bytes
Sector size (logical/physical): 512 bytes / 512 bytes
I/O サイズ ( 最小 / 推奨 ): 512 バイト / 512 バイト
Disk label type: dos
ディスク識別子 : 0x000a4c89


デバイス ブート      始点        終点      ブロック   Id  システム
/dev/sda1   *       2048     1026047     512000   83  Linux
/dev/sda2        1026048    14680063    6827008   8e  Linux LVM
/dev/sda3       14680064    16777215    1048576   8e  Linux LVM

コマンド（m でヘルプ）: w  ←wを入力
パーティションテーブルは変更されました！

ioctl() を呼び出してパーティションテーブルを再読込みします。

WARNING: Re-reading the partition table failed with error 16: デバイス
もしくはリソースがビジー状態です．
The kernel still uses the old table. The new table will be used at
the next reboot or after you run partprobe(8) or kpartx(8)
ディスクを同期しています。
```

　　サーバを再起動したら、次はPhysical Volume（PV）を作成します。Physical Volumeの状況はpvdisplayコマンドで確認できます。

```
[wildcat@sandbox ~]$ sudo pvdisplay
  --- Physical volume ---
  PV Name               /dev/sda2
  VG Name               centos
  PV Size               6.51 GiB / not usable 3.00 MiB
  Allocatable           yes (but full)
  PE Size               4.00 MiB
  Total PE              1666
  Free PE               0
  Allocated PE          1666
  PV UUID               KI9cJ1-sMvR-JrQm-nPNY-HGUW-h91d-opw46G
```

/dev/sda2というPhysical Volumeがあります。今作成した/dev/sda3を使ったPhysical Volumeも作成しましょう。

```
[wildcat@sandbox ~]$ sudo pvcreate /dev/sda3
  Physical volume "/dev/sda3" successfully created
[wildcat@sandbox ~]$ sudo pvdisplay
  --- Physical volume ---
  PV Name               /dev/sda2
  VG Name               centos
  PV Size               6.51 GiB / not usable 3.00 MiB
  Allocatable           yes (but full)
  PE Size               4.00 MiB
  Total PE              1666
  Free PE               0
  Allocated PE          1666
  PV UUID               KI9cJ1-sMvR-JrQm-nPNY-HGUW-h91d-opw46G

  "/dev/sda3" is a new physical volume of "1.00 GiB"
```

```
--- NEW Physical volume ---
PV Name               /dev/sda3
VG Name
PV Size               1.00 GiB
Allocatable           NO
PE Size               0
Total PE              0
Free PE               0
Allocated PE          0
PV UUID               pHNEMn-xC63-3ymm-fB6C-uiwI-aNU8-4VVLsx
```

次にVolume Groupを作成します。vgcreateコマンドで作成します。

```
[wildcat@sandbox ~]$ sudo vgdisplay | grep -i name
  VG Name               centos
[wildcat@sandbox ~]$ sudo vgcreate tmp /dev/sda3
  Volume group "tmp" successfully created
[wildcat@sandbox ~]$ sudo vgdisplay | grep -i name
  VG Name               tmp
  VG Name               centos
```

最後に、作成したVolume Groupを既存のVolume Groupにvgmergeコマンドでマージ（併合）します。

```
[wildcat@sandbox ~]$ sudo vgmerge centos tmp
  Volume group "tmp" successfully merged into "centos"
[wildcat@sandbox ~]$ sudo vgdisplay | grep -i name
  VG Name               centos
[wildcat@sandbox ~]$ sudo vgdisplay | grep -i size
```

```
VG Size               7.50 GiB
PE Size               4.00 MiB
Alloc PE / Size       1666 / 6.51 GiB
Free  PE / Size       255 / 1020.00 MiB
```

　FreePEが1GBできました。今回は、このうち768MBを利用してスナップショットを作成することにします。
　次に、/tmp/statに値を書き込んで、その値が保持されているか、スナップショット作成後の書き込みがスナップショットに影響しないか、確認します。/tmp/statに「1」を書き込んで、内容を確認しましょう。

```
[wildcat@sandbox ~]$ echo 1 > /tmp/stat
[wildcat@sandbox ~]$ cat /tmp/stat
1
```

Column　空白は大事

　今回「echo 1 → /tmp/stat」としましたが、もし「echo 1→ /tmp/stat」と、「1」のあとの半角の空白を省略したら結果はどうなるか確認してみてください。ちなみに、1は標準出力を示します。空白1つ入るか入らないかが大違いなので、気をつけましょう。

　lvcreateコマンドでスナップショットを作成します。スナップショットの名前は任意に指定できますが、今回は「snap0」とします。その後、lvdisplayコマンドで作成できていることを確認します。

```
[wildcat@sandbox ~]$ sudo lvcreate --snapshot --size 768M --name ↵
snap0 /dev/centos/root
  Logical volume "snap0" created
[wildcat@sandbox ~]$ sudo lvdisplay | grep -i "lv name"
  LV Name                root
  LV Name                swap
  LV Name                snap0
```

作成したスナップショットをマウントします。マウントポイントはどこでもかまいませんが、今回は/mnt/snapとします。

```
[wildcat@sandbox ~]$ sudo mkdir /mnt/snap
[wildcat@sandbox ~]$ sudo mount /dev/centos/snap0 /mnt/snap
mount: wrong fs type, bad option, bad superblock on /dev/mapper/ ↵
centos-snap0,
       missing codepage or helper program, or other error

       In some cases useful info is found in syslog - try
       dmesg | tail or so.
```

エラーになりました。指示どおり「dmesg | tail」を実行してみましょう。

```
[wildcat@sandbox ~]$ dmesg | tail
(略)
[ 2462.308183] XFS (dm-2): Filesystem has duplicate UUID 21f0901d-1b52 ↵
-4e8e-8d6e-c9c8ecb44d49 - can't mount
```

ディスクのUUIDが競合してマウントできないようです。今回は意図的に同じUUIDのディスクを作成しているので、マウント時にチェックしないオプションを付与します。

```
[wildcat@sandbox ~]$ sudo mount -o nouuid /dev/centos/snap0 /mnt/snap
```

> **Column** ファイルシステムによるディスク競合チェックの違い
>
> CentOS 7でデフォルトのxfsにはUUIDによるディスクの競合チェック機能がありますが、CentOS 6のデフォルトのext4はUUIDによるディスクの競合チェックをしません。そのため、CentOS 6で同様の作業を実施する場合、「-o nouuid」は不要です。

マウントできていることをdfコマンドで確認します。

```
[wildcat@sandbox ~]$ df -h
ファイルシス               サイズ  使用  残り 使用% マウント位置
/dev/mapper/centos-root    5.7G  910M  4.9G   16% /
devtmpfs                   492M     0  492M    0% /dev
tmpfs                      498M     0  498M    0% /dev/shm
tmpfs                      498M  6.6M  491M    2% /run
tmpfs                      498M     0  498M    0% /sys/fs/cgroup
/dev/sda1                  497M   96M  402M   20% /boot
/dev/mapper/centos-snap0   5.7G  910M  4.9G   16% /mnt/snap
```

スナップショット作成後の/tmp/statと/mnt/snap/tmp/statの内容が同じであることを確認します。

```
[wildcat@sandbox ~]$ diff /tmp/stat /mnt/snap/tmp/stat
```

その後/tmp/statを上書きし、それが/mnt/snap/tmp/statに影響を与えていないことを確認します。

11時間目 バックアップとトラブルシューティングのテクニック

```
[wildcat@sandbox ~]$ echo 2 >/tmp/stat
[wildcat@sandbox ~]$ diff /tmp/stat /mnt/snap/tmp/stat
1c1
< 2
---
> 1
```

作業が完了したらumountコマンドでディスクをアンマウントし、lvremoveコマンドでスナップショットを削除します。アンマウントするときにスナップショット配下のファイルを開いていたり、cdコマンドでスナップショット配下のディレクトリに移動していたりすると、アンマウントできないので注意してください。

スナップショットを削除したら、lvdisplayコマンドで削除を確認します。

```
[wildcat@sandbox ~]$ sudo umount -l /mnt/snap
[wildcat@sandbox ~]$ sudo lvremove /dev/centos/snap0
[wildcat@sandbox ~]$ df -h
ファイルシス              サイズ  使用  残り  使用% マウント位置
/dev/mapper/centos-root   5.7G   910M  4.9G   16%  /
devtmpfs                  492M     0   492M    0%  /dev
tmpfs                     498M     0   498M    0%  /dev/shm
tmpfs                     498M   6.6M  491M    2%  /run
tmpfs                     498M     0   498M    0%  /sys/fs/cgroup
/dev/sda1                 497M    96M  402M   20%  /boot
[wildcat@sandbox ~]$ sudo lvdisplay | grep -i "lv name"
  LV Name                root
  LV Name                swap
```

このように、LVMのディスクスナップショットとtarコマンド、rsyncコマンドを組み合わせることで、ある時点のファイルの状態を丸ごとバックアップすることができます。注意点はFreePEを使いきらないようにすることです。スナップショット作成時点との差分を割り当てたFreePE（今回だと768MB）に書き込むしくみなので、もし差分の量が割り当てたFreePEの容量を越えると破綻します。バックアップの出力先をスナップショットの出力先と同じVolumeGroupにしてしまって、バックアップ結果がFreePEを使いきってしまうこともよくあるので気をつけましょう。

また、スナップショットの取得時と削除時には、多少なりともディスク読み書き性能が低下（「オーバーヘッド」と呼びます）するので、実施タイミングに気をつけましょう。ほとんどの場合、あまりサーバが忙しくない深夜帯や明け方に実施します。

なお、MySQLのようなデータベースは、動作の高速化のためにタイミングによってファイルに全データを出力せず、メモリに保持したままになっていることがあります。そのため、スナップショットを取得してファイルをバックアップする方法でも全データが取得しきれない可能性があるので、その場合にはMySQLを停止した状態でスナップショットを取得する必要があります。

もし、諸事情によりデータベースの停止が難しい場合は、一時的にデータベースのデータ更新をロックし、メモリ上のデータをファイルに出力させ、LVMスナップショットを取得し、その後ロックを解除する方法で対応することもできます。

とはいえ、データベースにはたいてい専用のデータバックアッププログラムが付属しているので、それを使いましょう。MySQLであればmysqldump、PostgreSQLであればpg_dumpが使えます。

11-5 データベースのバックアップを取得する

データベースのバックアップを取得するには専用のツールを使います。今回はMariaDBを対象にmysqldumpでバックアップを取得してみましょう。MySQLでも同じように操作が可能です。

まず、MariaDBをインストールして起動し、そこにデータを入れてみます。

```
[wildcat@sandbox ~]$ sudo yum install mariadb-server
[wildcat@sandbox ~]$ sudo systemctl enable mariadb
[wildcat@sandbox ~]$ sudo systemctl start mariadb
```

11時間目 バックアップとトラブルシューティングのテクニック

インストール直後の状態では、データベースはinformation_schema、mysql、test、performance_schemaの4つです。確認しましょう。

```
[wildcat@sandbox ~]$ mysql -u root -e 'show databases;'
+--------------------+
| Database           |
+--------------------+
| information_schema |
| mysql              |
| performance_schema |
| test               |
+--------------------+
```

今回はcactiをインストールし、そのデータをバックアップ・リストアしてみます。cactiはepelのリポジトリにあるので、10時間目と手順でepelをyumに追加してからcactiをインストールしましょう。

```
[wildcat@sandbox ~]$ sudo yum install cacti
[wildcat@sandbox ~]$ mysql -u root -e 'create database cacti;'
[wildcat@sandbox ~]$ mysql -u root -e "grant all on cacti.* to ↩
cactiuser@'localhost' identified by 'cactiuser';"
[wildcat@sandbox ~]$ mysql -u root cacti < /usr/share/doc/cacti-0.8.8b ↩
/cacti.sql
```

※「パッケージ cacti は利用できません。」と表示されてcactiが見つからない場合は、epelがyumに追加できていない可能性があります。そのときは「yum repolist」で確認してください。

この状態で、mysqldumpコマンドでバックアップを取得します。取得したバックアップはSQL形式で標準出力に出力されるので、リダイレクトでファイルに保存します。SQL形式なので、mysqlコマンドでバックアップしたファイルを実行するだけで、リストアできます。

```
[wildcat@sandbox ~]$ mysqldump -u root --all-databases > /tmp/dump.sql
```

では、バックアップを試すためにcactiデータベースを消去してみましょう。

```
[wildcat@sandbox ~]$ mysql -u root -e 'show databases;'
+--------------------+
| Database           |
+--------------------+
| information_schema |
| cacti              |
| mysql              |
| performance_schema |
| test               |
+--------------------+
[wildcat@sandbox ~]$ mysql -u root -e 'drop database cacti;'
```

消去されたことを確認します。

```
[wildcat@sandbox ~]$ mysql -u root -e 'show databases;'
+--------------------+
| Database           |
+--------------------+
| information_schema |
| mysql              |
| performance_schema |
| test               |
+--------------------+
```

消去が確認できました。では、バックアップからリストアします。

```
[wildcat@sandbox ~]$ mysql -u root < /tmp/dump.sql
```

cactiデータベースが復活しているかどうかを確認してみましょう。

```
[wildcat@sandbox ~]$ mysql -u root -e 'show databases;'
+--------------------+
| Database           |
+--------------------+
| information_schema |
| cacti              |
| mysql              |
| performance_schema |
| test               |
+--------------------+
```

cactiデータベースが復活しました。

　MySQLのバックアップは、基本的にmysqldumpコマンドを使います。バックアップ処理中のデータ整合性確保のためのロック、文字化け対策など、活用に関する細かい注意点がたくさんあるので、mysqldumpコマンドのヘルプをよく読んで使いこなせるようになりましょう。

Column　ロールフォワードリカバリとは

　バックアップは取得した時点でのデータ一式です。データベースはバックアップ取得後にも更新され続けるため、その直前までのデータの差分を適用したいことがあります。MySQLの場合、データの更新履歴はバイナリログというログファイルに出力することができます。このバイナリログには、処理の日時・処理番号・処理内容が記録されているので、たとえば、誤操作によりデータを削除してしまった場合、このバイナリログが残っていれば、バックアップを取得してから誤操作する直前までのデータ更新を再適用すること

でデータを復元できます。このようなリカバリ方法を「ロールフォワードリカバリ」と呼びます。

11-6 プロセスの内部動作を追う

プロセスがどのように動いているのかは外部からは見えませんが、straceコマンドを使えば確認することができます。

まず、straceコマンドをインストールします。

```
[wildcat@sandbox ~]$ sudo yum install strace
```

では、「ls /etc/hosts」の動きを追ってみましょう。普通に実行すると、以下のようになります。

```
[wildcat@sandbox ~]$ ls /etc/hosts
/etc/hosts
```

straceコマンドを使うと以下のようになります。かなり多い出力になります。詳細は説明しませんが、内部的に呼び出された関数と引数、結果が出力されています。

```
[wildcat@sandbox ~]$ strace ls /etc/hosts
execve("/usr/bin/ls", ["ls", "/etc/hosts"], [/* 21 vars */]) = 0
brk(0)                                  = 0x67a000
mmap(NULL, 4096, PROT_READ|PROT_WRITE, MAP_PRIVATE|MAP_ANONYMOUS, -1, ↵
0) = 0x7f34ee615000
access("/etc/ld.so.preload", R_OK)      = -1 ENOENT (No such file or ↵
directory)
open("/etc/ld.so.cache", O_RDONLY|O_CLOEXEC) = 3
fstat(3, {st_mode=S_IFREG|0644, st_size=23695, ...}) = 0
```

11時間目 バックアップとトラブルシューティングのテクニック

```
mmap(NULL, 23695, PROT_READ, MAP_PRIVATE, 3, 0) = 0x7f34ee60f000
close(3)                                = 0
open("/lib64/libselinux.so.1", O_RDONLY|O_CLOEXEC) = 3
read(3, "\177ELF\2\1\1\0\0\0\0\0\0\0\0\0\3\0>\0\1\0\0\0\240d\0\0\0\0 ↲
\0\0"..., 832) = 832
fstat(3, {st_mode=S_IFREG|0755, st_size=147120, ...}) = 0
mmap(NULL, 2246784, PROT_READ|PROT_EXEC, MAP_PRIVATE|MAP_DENYWRITE, ↲
3, 0) = 0x7f34ee1d1000
(略)
```

このままでは見づらいので、出力する関数を絞り込んでみましょう。たとえば、どのファイルを読み込んだか（open）と、何を出力したか（write）だけを出力したい場合は以下のようにします。

```
[wildcat@sandbox ~]$ strace -eopen,write ls /etc/hosts
open("/etc/ld.so.cache", O_RDONLY|O_CLOEXEC) = 3
open("/lib64/libselinux.so.1", O_RDONLY|O_CLOEXEC) = 3
open("/lib64/libcap.so.2", O_RDONLY|O_CLOEXEC) = 3
open("/lib64/libacl.so.1", O_RDONLY|O_CLOEXEC) = 3
open("/lib64/libc.so.6", O_RDONLY|O_CLOEXEC) = 3
open("/lib64/libpcre.so.1", O_RDONLY|O_CLOEXEC) = 3
open("/lib64/liblzma.so.5", O_RDONLY|O_CLOEXEC) = 3
open("/lib64/libdl.so.2", O_RDONLY|O_CLOEXEC) = 3
open("/lib64/libattr.so.1", O_RDONLY|O_CLOEXEC) = 3
open("/lib64/libpthread.so.0", O_RDONLY|O_CLOEXEC) = 3
open("/proc/filesystems", O_RDONLY)     = 3
open("/usr/lib/locale/locale-archive", O_RDONLY|O_CLOEXEC) = 3
write(1, "/etc/hosts\n", 11/etc/hosts
)                       = 11
+++ exited with 0 +++
```

元の出力をよく見ると、""の中が切り詰められていることがあります。この文字数を変更するオプションと、プロセスがフォークしたらそちらも出力するオプションも付けるのがお勧めです。

```
strace -f -s 200 command
```

また、-pオプションでプロセスIDを指定すると、起動中のプロセスに対して同じことができます。ただし、straceコマンドを実行している最中はそのプロセスの処理能力が著しく低下するので、ユーザが利用している最中に実施する場合は注意してください。

11-7 プロセスが開いているファイルを追う

前項では、straceコマンドでプロセスの動作を追跡しましたが、straceコマンドでは稼働中のプロセスがすでに何をしていて、どのような状態なのかはわかりません。それを知るためのコマンドがlsofです。

lsofコマンドでプロセスが開いているファイルの一覧を取得できます。CentOSではいろいろなソケットやデバイスもすべてファイルとして扱われるため、lsofコマンドの実行結果を見ると何をしているのかがよくわかります。

```
[wildcat@sandbox ~]$ sudo yum install lsof
[wildcat@sandbox ~]$ ps aufx | grep rsyslog[d]
root       538  0.0  0.3 278028  3368 ?        Ssl  11:02   0:00 /usr/↵
sbin/rsyslogd -n
[wildcat@sandbox ~]$ sudo lsof -p 538
COMMAND   PID USER   FD    TYPE DEVICE SIZE/OFF    NODE NAME
rsyslogd  538 root  cwd     DIR  253,1     4096     128 /
rsyslogd  538 root  rtd     DIR  253,1     4096     128 /
rsyslogd  538 root  txt     REG  253,1   556016 17369261 /usr/sbin/↵
rsyslogd
```

```
rsyslogd 538 root  mem     REG  0,18   6520832       6245 /run/log/↵
journal/3ef1a4ad00b848fe862a130304f30bae/system.journal
rsyslogd 538 root  mem     REG  253,1  398264 16919832 /usr/lib64/↵
libpcre.so.1.2.0
（略）
rsyslogd 538 root  0r      CHR  1,3       0t0      4483 /dev/null
rsyslogd 538 root  1w      CHR  1,3       0t0      4483 /dev/null
rsyslogd 538 root  2w      CHR  1,3       0t0      4483 /dev/null
rsyslogd 538 root  3w      REG  253,1  243463 17369271 /var/log/↵
messages
rsyslogd 538 root  4w      REG  253,1    2096 17607966 /var/log/cron
rsyslogd 538 root  5r      REG  0,18   6520832       6245 /run/log/↵
journal/3ef1a4ad00b848fe862a130304f30bae/system.journal
rsyslogd 538 root  6r      a_inode 0,9      0      4479 inotify
rsyslogd 538 root  7w      REG  253,1   12168 17369272 /var/log/↵
secure
rsyslogd 538 root  8w      REG  253,1     582 17369273 /var/log/↵
maillog
```

プログラム本体、利用しているライブラリ、利用しているデバイスなどが一目でわかります。たとえば、上記の出力だと以下のようなことがわかります。

- /var/log/messagesファイルを書き込み専用でオープンしている
- /run/log/journal/3ef1a4ad00b848fe862a130304f30bae/system.journalファイルを読み込み専用でオープンしている

詳しい読み方は「man lsof」でマニュアルを参照してください。たとえば、不審なプロセスがあるとき、何をしているのかを確認することができます。

11-8 メモリ不足でのスローダウンと強制停止

さまざまな理由によりサーバのメモリが不足すると、CentOSはまずメモリの代わりにスワップを使います。

freeコマンドでメモリの使用状況を確認しましょう。

```
[wildcat@sandbox ~]$ free -m
              total       used       free     shared    buffers     cached
Mem:            994        740        253          6          0        500
-/+ buffers/cache:         239        754
Swap:           819          0        819
```

994MBのメモリに加えて819MBのスワップが確保されています。通常、スワップはHDDに用意するので、読み書きの速度はメモリより圧倒的に遅くなります。本来、読み書きの速度を考えると、HDDはメモリの代わりにならないのですが、メモリを利用しようとしたときにメモリが確保できないと、サーバ全体が動作不良に陥る可能性があるためスワップを用意しています。

なお、メモリ、スワップともに使用率が高くなってメモリの確保ができなくなると、CentOSはシステム保全のために起動中のプロセスを強制終了します。このしくみをOOMKiller（オーオーエムキラー）と呼びます。

OOMKillerの動作を確認するために、意図的にメモリリーク（メモリ使用量が増え続ける状況）が発生するプログラムを実行してみましょう。

```
[wildcat@sandbox ~]$ cat memleak.py
#!python

l = list()
while True:
    l.append([x for x in xrange(1,1000000000)])
[wildcat@sandbox ~]$ python memleak.py
強制終了
```

memleak.pyプログラムが強制終了されました。OOMKillerが発動した場合は、以下のように/var/log/messagesにその旨が記録されます。

```
Oct 26 12:30:45 sandbox kernel: Out of memory: Kill process 3377 ↵
(python) score 858 or sacrifice child
Oct 26 12:30:45 sandbox kernel: Killed process 3377 (python) ↵
total-vm:1788936kB, anon-rss:902340kB, file-rss:108kB
```

どのプロセスを強制終了するかは、OSが適宜決定しますが、/procを経由してプロセスごとに優先度を設定できます。ともあれ、OOMKillerが発生しないように管理することが第一です。

11-9 /procを見て動作状況を確認する

CentOSではprocファイルシステムというしくみで、OSや各プロセスの動作状況を確認・設定できます。設定変更には、主にsysctlコマンドと/etc/sysctl.confを使うので、/procは読み込む用途がほとんどです（sysctlコマンドでは/proc/sys/配下の項目を設定できます）。

よく使う代表的な項目を見てみましょう。/proc/cpuinfoでは、以下のようにCPUの数や性能、型番、利用可能な機能などが取得できます。

```
[wildcat@sandbox ~]$ cat /proc/cpuinfo
processor       : 0
vendor_id       : GenuineIntel
cpu family      : 6
model           : 69
model name      : Intel(R) Core(TM) i7-4650U CPU @ 1.70GHz
stepping        : 1
microcode       : 0x19
cpu MHz         : 2231.786
```

```
cache size       : 6144 KB
physical id      : 0
siblings         : 1
core id          : 0
cpu cores        : 1
apicid           : 0
initial apicid   : 0
fpu              : yes
fpu_exception    : yes
cpuid level      : 5
wp               : yes
flags            : fpu vme de pse tsc msr pae mce cx8 apic sep mtrr ↵
pge mca cmov pat pse36 clflush mmx fxsr sse sse2 syscall nx rdtscp ↵
lm constant_tsc rep_good nopl pni monitor ssse3 lahf_lm
bogomips         : 4463.57
clflush size     : 64
cache_alignment  : 64
address sizes    : 39 bits physical, 48 bits virtual
power management:
```

/proc/meminfoではfreeコマンドで取得できないようなメモリの利用状況の内訳が取得できます。

```
[wildcat@sandbox ~]$ cat /proc/meminfo
MemTotal:        1018256 kB
MemFree:          888016 kB
MemAvailable:     866616 kB
Buffers:               0 kB
Cached:            58292 kB
SwapCached:         4252 kB
```

```
Active:            23116 kB
Inactive:          59224 kB
Active(anon):       2544 kB
Inactive(anon):    22548 kB
Active(file):      20572 kB
Inactive(file):    36676 kB
Unevictable:           0 kB
Mlocked:               0 kB
SwapTotal:        839676 kB
SwapFree:         691772 kB
Dirty:                 0 kB
Writeback:             0 kB
AnonPages:         20424 kB
Mapped:             9324 kB
Shmem:              1044 kB
Slab:              23924 kB
SReclaimable:      12572 kB
SUnreclaim:        11352 kB
KernelStack:        1000 kB
PageTables:         4656 kB
NFS_Unstable:          0 kB
Bounce:                0 kB
WritebackTmp:          0 kB
CommitLimit:     1348804 kB
Committed_AS:     879640 kB
VmallocTotal:  34359738367 kB
VmallocUsed:        6824 kB
VmallocChunk:  34359725620 kB
HardwareCorrupted:     0 kB
AnonHugePages:     10240 kB
```

```
HugePages_Total:        0
HugePages_Free:         0
HugePages_Rsvd:         0
HugePages_Surp:         0
Hugepagesize:        2048 kB
DirectMap4k:        40896 kB
DirectMap2M:      1007616 kB
```

/proc/mountsでは、どのようなファイルシステムがどんな形式、オプションで、どこにマウントされているか、現在の状態を取得できます。NFSなどのネットワークディスクがいつの間にか切断されていたときなど、/proc/mountsを確認することで、OSが現在どのように認識しているのかを確認できます。

```
[wildcat@sandbox ~]$ cat /proc/mounts
rootfs / rootfs rw 0 0
proc /proc proc rw,nosuid,nodev,noexec,relatime 0 0
sysfs /sys sysfs rw,nosuid,nodev,noexec,relatime 0 0
devtmpfs /dev devtmpfs rw,nosuid,size=502908k,nr_inodes=125727,↴
mode=755 0 0
securityfs /sys/kernel/security securityfs rw,nosuid,nodev,noexec,↴
relatime 0 0
tmpfs /dev/shm tmpfs rw,nosuid,nodev 0 0
devpts /dev/pts devpts rw,nosuid,noexec,relatime,gid=5,mode=620,↴
ptmxmode=000 0 0
tmpfs /run tmpfs rw,nosuid,nodev,mode=755 0 0
tmpfs /sys/fs/cgroup tmpfs rw,nosuid,nodev,noexec,mode=755 0 0
cgroup /sys/fs/cgroup/systemd cgroup rw,nosuid,nodev,noexec,relatime,↴
xattr,release_agent=/usr/lib/systemd/systemd-cgroups-agent,name=↴
systemd 0 0
pstore /sys/fs/pstore pstore rw,nosuid,nodev,noexec,relatime 0 0
```

11時間目 バックアップとトラブルシューティングのテクニック

```
cgroup /sys/fs/cgroup/cpuset cgroup rw,nosuid,nodev,noexec,relatime,↵
cpuset 0 0
cgroup /sys/fs/cgroup/cpu,cpuacct cgroup rw,nosuid,nodev,noexec,↵
relatime,cpuacct,cpu 0 0
cgroup /sys/fs/cgroup/memory cgroup rw,nosuid,nodev,noexec,relatime,↵
memory 0 0
cgroup /sys/fs/cgroup/devices cgroup rw,nosuid,nodev,noexec,relatime,↵
devices 0 0
cgroup /sys/fs/cgroup/freezer cgroup rw,nosuid,nodev,noexec,relatime,↵
freezer 0 0
cgroup /sys/fs/cgroup/net_cls cgroup rw,nosuid,nodev,noexec,relatime,↵
net_cls 0 0
cgroup /sys/fs/cgroup/blkio cgroup rw,nosuid,nodev,noexec,relatime,↵
blkio 0 0
cgroup /sys/fs/cgroup/perf_event cgroup rw,nosuid,nodev,noexec,↵
relatime,perf_event 0 0
cgroup /sys/fs/cgroup/hugetlb cgroup rw,nosuid,nodev,noexec,relatime,↵
hugetlb 0 0
configfs /sys/kernel/config configfs rw,relatime 0 0
/dev/mapper/centos-root / xfs rw,relatime,attr2,inode64,noquota 0 0
systemd-1 /proc/sys/fs/binfmt_misc autofs rw,relatime,fd=32,pgrp=1,↵
timeout=300,minproto=5,maxproto=5,direct 0 0
mqueue /dev/mqueue mqueue rw,relatime 0 0
debugfs /sys/kernel/debug debugfs rw,relatime 0 0
hugetlbfs /dev/hugepages hugetlbfs rw,relatime 0 0
/dev/sda1 /boot xfs rw,relatime,attr2,inode64,noquota 0 0
```

　ここまではOS全体に関わる情報を見てきましたが、/procには各プロセスの状態も格納されています。/proc/<pid>/配下のファイルの中にはさまざまな情報があり、動作状況の確認に欠かせません。たとえば、プロセスがどのような起動のされ方をしたか

（/proc/<pid>/cmdline）、どのような環境変数で起動しているか（/proc/<pid>/environ）、開いているファイルとメモリへの格納状況がどうなっているか（/proc/<pid>/smaps）など、いろいろなことがわかります。詳しくはman-pagesに含まれる「man proc」を確認してください。

```
[wildcat@sandbox ~]$ sudo yum install man-pages
```

/procの情報を活用すれば、自作のfreeやnetstatコマンドを作ることもできます。

11-10 サーバの負荷状態をリアルタイムで確認する

サーバの負荷状況をリアルタイムで確認するときは、top、vmstat、dstatコマンドを使います。順に説明しましょう。

11-10-1　topコマンド

topコマンドを実行すると、上部にCPU・メモリなどの状況が、その下にはプロセスごとの負荷状況が表示されます。プロセスごとの負荷状況については、デフォルトでCPU利用率の降順になっています。この状態で［M］を押すとメモリ利用率の降順になり、［P］を押すとCPU利用率の降順に戻ります。どのプロセスが負荷の原因となっているかがすぐに確認できるので、便利です。

```
top - 13:07:42 up  2:05,  2 users,  load average: 0.18, 0.09, 0.31
Tasks:  92 total,   2 running,  90 sleeping,   0 stopped,   0 zombie
%Cpu(s):  0.0 us,  0.0 sy,  0.0 ni,100.0 id,  0.0 wa,  0.0 hi,
  0.0 si,  0.0 st
KiB Mem:   1018256 total,   325992 used,   692264 free,        0 buffers
KiB Swap:   839676 total,   147840 used,   691836 free.   242664
cached Mem
```

```
  PID USER      PR  NI    VIRT    RES    SHR S %CPU %MEM     TIME+
COMMAND
 3078 mysql     20   0  911288  11704      0 S  0.3  1.1   0:06.69
mysqld
12817 root     20   0       0      0      0 S  0.3  0.0   0:00.04
kworker/0:2
    1 root     20   0   47564   2396   1196 S  0.0  0.2   0:00.66
systemd
    2 root     20   0       0      0      0 S  0.0  0.0   0:00.00
kthreadd
    3 root     20   0       0      0      0 S  0.0  0.0   0:00.77
ksoftirqd/0
```

11-10-2　vmstatコマンド

vmstatコマンドは集計間隔と集計回数を指定します。

1秒ごとに計10回計測して結果を表示する場合は、以下のようになります。1行目はそのタイミングのデータではなく、起動してからのデータなので気をつけましょう。

```
[wildcat@sandbox ~]$ vmstat 1 4
procs -----------memory---------- ---swap-- -----io---- -system--
-----cpu-----
 r  b   swpd   free   buff  cache   si   so    bi    bo   in   cs
 us sy id wa st
 2  0 147840 690468      0 242664  167  392   518   469   79  153
  1  1 84 15  0
 0  0 147840 692080      0 242664    0    0     0   807   86  165
  0  1 99  0  0
```

```
       0   0 147840 692080        0 242664    0    0    0    0   45   95
       0   0 100   0   0
       0   0 147840 692080        0 242664    0    0    0    0   36   81
       0   0 100   0   0
```

各項目の意味は以下のとおりです。

- procs
  r：実行待ちプロセス数
  b：割り込み不可のsleep状態にあるプロセス数
- memory
  swpd：仮想メモリ使用量
  free：空きメモリ量
  buff：バッファに使っているメモリ量
  cache：キャッシュに使っているメモリ量
- swap
  si：ディスクからスワップインしたデータ量（/s）
  so：ディスクにスワップアウトしたデータ量（/s）
- io
  bi：ブロックデバイスから受け取ったデータ量（blocks/s）
  bo：ブロックデバイスに送ったデータ量（blocks/s）
- system
  in：割り込み実行数（/s）
  cs：コンテキストスイッチ実行数（/s）
- cpu
  us：ユーザ領域（カーネル領域でない）でのCPU利用率
  sy：カーネル領域でのCPU利用率
  id：アイドル状態でのCPU利用率（つまり、使っていないCPU利用率）
  wa：IO待ちでのCPU利用率
  st：仮想マシンから盗まれた（stolen）CPU利用率（つまり、仮想マシン上で見たとき、使えなくなったCPU利用率）

詳しくは「man vmstat」を実行して確認してください。

11-10-3　dstatコマンド

　dstatコマンドはvmstatコマンドの進化版です。出力項目が非常に細かく指定できる、csv出力できるなどの機能があります。プラグインで拡張でき、バッテリ容量やMySQLステータスなど、さまざまなプラグインがあります。

　このdstatコマンドも、1行目はそのタイミングのデータではなく、起動してからのデータなので注意してください。ターミナルの幅が短いと表示しきれず、右端が「>」となります。その場合は、ターミナルのウィンドウ幅を大きくしてから再実行してみてください。

```
[wildcat@sandbox ~]$ sudo yum install dstat
[wildcat@sandbox ~]$ dstat -tlaf 1 4
----system---- ---load-avg--- -------cpu0-usage------ --dsk/sda-- ⤵
-net/enp0s3--net/enp0s8 --paging-- ---system--
     time     | 1m   5m  15m |usr sys idl wai hiq siq| read  writ| ⤵
 recv  send: recv  send|  in   out | int   csw
26-10 13:09:24|0.05 0.08 0.29|  1   0  84  15   0   0| 509k  461k| ⤵
   0     0 :   0     0 | 164k  385k|  78   151
26-10 13:09:25|0.05 0.08 0.29|  0   0 100   0   0   0|   0     0 | ⤵
   0     0 :  66B 1206B|   0     0 |  22    51
26-10 13:09:26|0.05 0.08 0.29|  0   0 100   0   0   0|   0     0 | ⤵
   0     0 :  66B  454B|   0     0 |  17    44
26-10 13:09:27|0.05 0.08 0.29|  0   0 100   0   0   0|   0     0 | ⤵
   0     0 :  66B  454B|   0     0 |  18    42
26-10 13:09:28|0.05 0.08 0.29|  0   0 100   0   0   0|   0     0 | ⤵
   0     0 :  66B  454B|   0     0 |  18    48
```

　vmstat、dstatコマンドのほかにもiostatコマンドなどのxxstat系コマンドが数多く作成されていますので、調べてみてください。

11-11 ディスク容量を拡張する

たとえば/の容量が不足した場合、LVMを利用していればFreePEを払いだしてパーティションのディスク容量そのものを変更できます。

手順は以下のとおりです。

① lvresize コマンドでLVを拡張する
② xfs_growfs コマンドでパーティションを拡張する

今回はささやかですが、/を100MB増やしてみましょう。まず、LVを拡張します。

```
[wildcat@sandbox ~]$ sudo lvdisplay | grep -iE "lv (path|size)"
  LV Path                /dev/centos/root
  LV Size                5.71 GiB
  LV Path                /dev/centos/swap
  LV Size                820.00 MiB
[wildcat@sandbox ~]$ df -m
ファイルシス            1M-ブロック   使用 使用可 使用% マウント位置
/dev/mapper/centos-root       5834   1229   4606   22% /
devtmpfs                       492      0    492    0% /dev
tmpfs                          498      0    498    0% /dev/shm
tmpfs                          498      7    491    2% /run
tmpfs                          498      0    498    0% /sys/fs/cgroup
/dev/sda1                      497     96    402   20% /boot
```

```
[wildcat@sandbox ~]$ sudo lvresize --size +100M /dev/centos/root
  Extending logical volume root to 5.80 GiB
  Logical volume root successfully resized
```

11時間目 バックアップとトラブルシューティングのテクニック

次にパーティションを拡張します。

```
[wildcat@sandbox ~]$ sudo xfs_growfs /dev/centos/root
meta-data=/dev/mapper/centos-root isize=256    agcount=4, agsize=↲
374016 blks
         =                       sectsz=512   attr=2, projid32bit=1
         =                       crc=0
data     =                       bsize=4096   blocks=1496064, imaxpct=25
         =                       sunit=0      swidth=0 blks
naming   =version 2              bsize=4096   ascii-ci=0 ftype=0
log      =internal               bsize=4096   blocks=2560, version=2
         =                       sectsz=512   sunit=0 blks, lazy-count=1
realtime =none                   extsz=4096   blocks=0, rtextents=0
data blocks changed from 1496064 to 1521664
```

```
[wildcat@sandbox ~]$ sudo lvdisplay | grep -iE "lv (path|size)"
  LV Path                /dev/centos/root
  LV Size                5.80 GiB
  LV Path                /dev/centos/swap
  LV Size                820.00 MiB
[wildcat@sandbox ~]$ df -m
ファイルシス              1M-ブロック  使用 使用可 使用% マウント位置
/dev/mapper/centos-root        5934  1229   4706   21% /
devtmpfs                        492     0    492    0% /dev
tmpfs                           498     0    498    0% /dev/shm
tmpfs                           498     7    491    2% /run
tmpfs                           498     0    498    0% /sys/fs/cgroup
/dev/sda1                       497    96    402   20% /boot
```

/が約100MB増えました。

> **Column　ファイルシステムによるLV・パーティション拡張ツールの違い**
>
> XFSではxfs_growfs コマンドを使いましたが、CentOS 6 までの標準のext4の場合はresize2fs コマンドを使います。ファイルシステムによって使うツールが異なるので気をつけましょう。

　これはFreePEを活用した例ですが、もっと大胆にディスク容量を追加することもできます。たいていのクラウドサービスは、ディスクの容量や数を変更できるので、次のような手順で対応することができます。

① ディスクを追加する
② fdisk コマンドでパーティションを作成する（たとえば/dev/sdb1）
③ /dev/sdb1 にpvcreate コマンドでPVを作成する
④ /dev/sdb1 にvgcreate コマンドでVGを作成する
⑤ vgmerge コマンドでVGを統合する（ここでFreePEが増える）
⑥ lvresize コマンドでLVを拡張する
⑦ xfs_growfs コマンドでパーティションを拡張する

》 11-12 ディスクの論理破損から復旧する

　CentOSは、稼働中はファイルを開き、読み書きをしています。ディスクの読み書きは非常に数多く実行されているうえに、大変センシティブな動きをしています。とくに書き込みは、高速化のためにいったんメモリ上に書き込んでから、あとでまとめてディスクに書き出すなどの工夫がされています。
　そんな中で、突然の電源断などでサーバが正常な手順で停止できなかった場合、データが破損している可能性があります。そんなときは、xfs_repair コマンドでファイルシステムの整合性チェックと修復ができます。

11時間目 バックアップとトラブルシューティングのテクニック

> **Column** ext4でのファイルシステムの修復・チューニング
>
> CentOS 6までのext4では、fsckコマンドでファイルシステムの整合性チェックと修復ができます。CentOS 6では、tune2fsコマンドでファイルシステムごとに自動的にfsckコマンドを実行するように設定できます。n回マウントしたらマウントするときにfsckを実行する、あるいは前回チェックからm秒経過したら次回マウント時にfsckを実行する、といった設定ができます。
>
> ただし、うっかりしていると、システムトラブルで急いで再起動しているときにfsckが実行されてしばし待つ……といったことがあるので気をつけましょう。
>
> ```
> $ sudo tune2fs -l /dev/mapper/vg_centos-lv_root
> ```
>
> 逆に、次回のサーバ起動時にfsckを実行したいときは、/forcefsckというファイルを作成しておくと起動時にfsckが実行されます。
>
> ```
> $ sudo touch /forcefsck
> ```
>
> fsckによりファイルの破損などが見つかると、そのファイルは各パーティションのlost+foundディレクトリに移動されます。ここに何かできていたら中身を確認して対処してください。

> **Column** XFSとext4のファイルシステム操作コマンド
>
> CentOS 7のデフォルトのファイルシステムはXFSですが、CentOS 6のデフォルトのファイルシステムはext4です。ファイルシステムの操作に利用するコマンドは**表A**のように読み替えてください。

表A ファイルシステムの操作に利用するコマンド

xfs	ext4
mkfs.xfs	mkfs.ext4
xfs_growfs	resize2fs
xfs_admin	tune2fs
xfs_repair	e2fsck
xfs_metadump	e2image
xfs_mdrestore	e2image

11-13 rootのパスワードがわからなくなった場合

rootのパスワードがわからなくなった場合、CentOS 7では次に説明する手順でパスワードを変更できます。

まず、起動選択画面で［e］を押して編集モードに入ります（**図11.7**）。

図11.7 起動選択画面

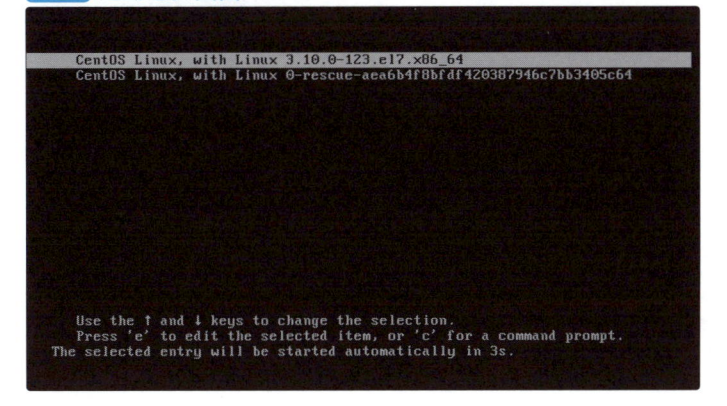

```
CentOS Linux, with Linux 3.10.0-123.el7.x86_64
CentOS Linux, with Linux 0-rescue-aea6b4f8bfdf420387946c7bb3405c64




        Use the ↑ and ↓ keys to change the selection.
        Press 'e' to edit the selected item, or 'c' for a command prompt.
        The selected entry will be started automatically in 3s.
```

［↓］で「linux16」の行に移動します（図11.8）。

図11.8 「linux16」の行に移動

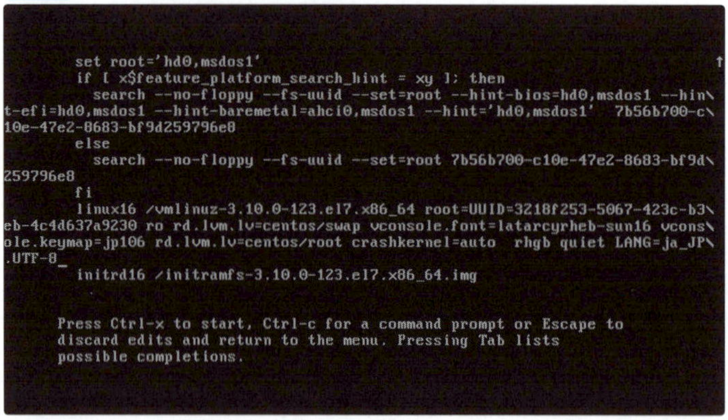

「rhgb quiet LANG=ja_JP.UTF-8」を削除して、代わりに「init=/bin/sh」を記入します（図11.9）。英字キーボードとして認識されている場合、「^」（［へ］キー）が「=」です。

図11.9 「rhgb quiet LANG=ja_JP.UTF-8」を削除して「init=/bin/sh」を記入

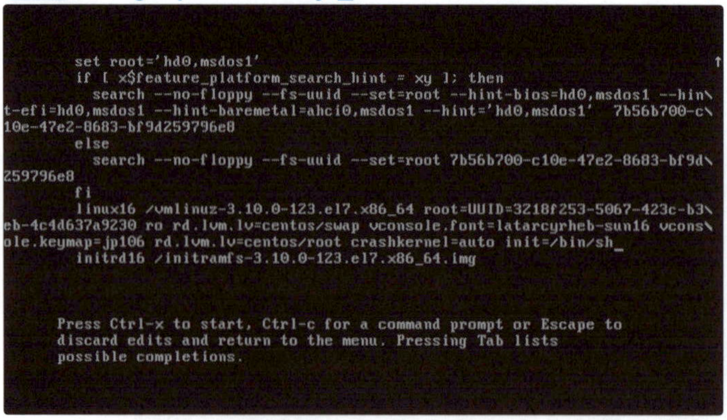

［Ctrl］＋［x］を押して起動します（図11.10）。

図11.10 ［Ctrl］＋［x］を押して起動

```
[    1.439186] sd 2:0:0:0: [sda] Write Protect is off
[    1.440122] tsc: Refined TSC clocksource calibration: 2318.960 MHz
[    1.440721] Switching to clocksource tsc
[    1.442115] sd 2:0:0:0: [sda] Write cache: enabled, read cache: enabled, does
n't support DPO or FUA
[    1.444944]  sda: sda1 sda2
[    1.446688] sd 2:0:0:0: [sda] Attached SCSI disk
[    1.780506] bio: create slab <bio-1> at 1
[  OK  ] Started dracut initqueue hook.
         Mounting /sysroot...
[    1.909144] SGI XFS with ACLs, security attributes, large block/inode numbers
, no debug enabled
[    1.995580] XFS (dm-1): Mounting Filesystem
[    2.640337] XFS (dm-1): Starting recovery (logdev: internal)
[    2.943228] XFS (dm-1): Ending recovery (logdev: internal)
[  OK  ] Mounted /sysroot.
[  OK  ] Reached target Initrd Root File System.
         Starting Reload Configuration from the Real Root...
[  OK  ] Started Reload Configuration from the Real Root.
[  OK  ] Reached target Initrd File Systems.
[  OK  ] Reached target Initrd Default Target.
[    3.086378] systemd-journald[100]: Received SIGTERM
[    3.120711] systemd-cgroups-agent[436]: Failed to get D-Bus connection: Faile
d to connect to socket /run/systemd/private: No such file or directory
sh-4.2#
```

/が読み込み専用でマウントされているため、「mount -o remount,rw /」を実行し、読み書き可能状態で再マウントします（図11.11）。

図11.11 /を読み書き可能状態で再マウント

```
sh-4.2# cat /proc/mounts | grep -w centos-root
/dev/mapper/centos-root / xfs ro,relatime,attr2,inode64,noquota 0 0
sh-4.2# mount -o remount,rw /
sh-4.2# cat /proc/mounts | grep -w centos-root
/dev/mapper/centos-root / xfs rw,relatime,attr2,inode64,noquota 0 0
sh-4.2#
```

passwdコマンドでパスワードを変更します（**図11.12**）。

図11.12 パスワードを変更

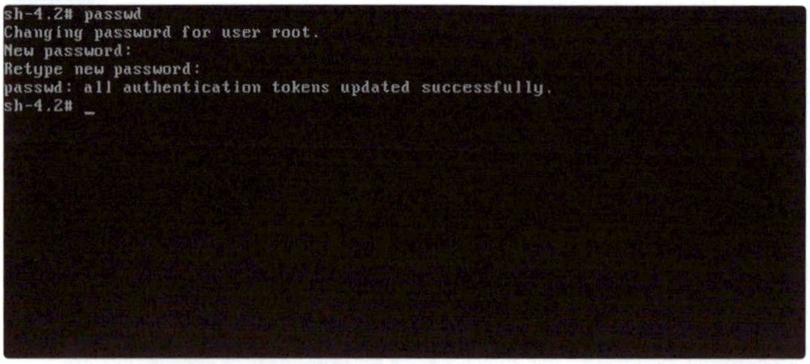

```
sh-4.2# passwd
Changing password for user root.
New password:
Retype new password:
passwd: all authentication tokens updated successfully.
sh-4.2#
```

「touch /.autorelabel」を実行して、次回起動時にSELinuxのラベル再付与を指示します（**図11.13**）。

図11.13 次回起動時にSELinuxのラベル再付与を指示

```
sh-4.2# touch /.autorelabel
sh-4.2# ls -al /.autorelabel
-rw-rw-rw- 1 root root 0 Oct 26 22:06 /.autorelabel
sh-4.2#
```

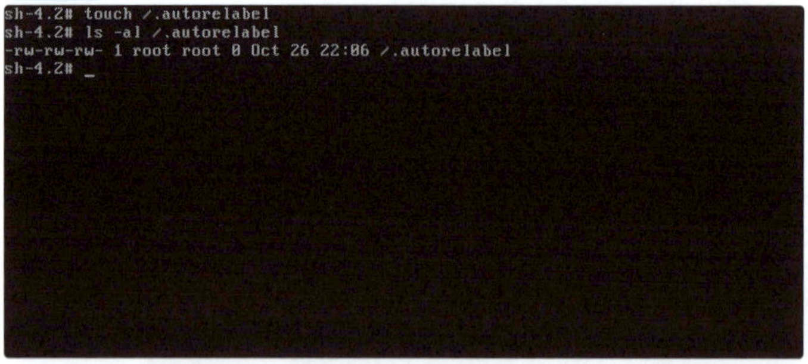

「exec /sbin/init」を実行して、OSを起動します（**図11.14**）。

図11.14 「exec /sbin/init」でOSを起動

```
sh-4.2# exec /sbin/init
```

これでパスワードの変更は完了です。パスワードがなんとかなるのは大変助かりますね。

> **Column** | **CentOS 6でrootパスワードがわからなくなったら**
>
> CentOS 6ではシングルユーザモード（single user mode）を使うことで、CentOSを最低限の状態で起動できます。CentOSをシングルユーザモードで起動するには、grubで起動オプションを変更します。具体的には起動オプションにsingleを付けます。
>
> こうして起動すると、パスワード認証なしにrootログインした状態になり、この状態でpasswdコマンドを使ってパスワードを変更できます。シェルをexitすると、起動プロセスの続きが始まり、通常どおり起動します。

11時間目の実践はこれでおしまいです。お疲れさまでした！

確認テスト

Q1 LVMスナップショットで、確保したFreePEの容量を超える書き込みをした場合にどうなるかを検証してください。検証するにあたって、ログ出力内容、ディスクまたはスナップショットの読み書きの可否とデータ欠損の有無に注目してください。

Q2 OOMKillerが発生するまでの様子をtopコマンドとdstatコマンドで確認してください。

12時間目 CentOS内部動作の基礎知識

12時間目ではCentOSの内部動作を学びましょう。基本コマンドの出力の意味を理解することを通じてCentOSの内部動作を理解し、CentOSをより上手に使えるようになってください。

今回のゴール

- ls、vmstat、psコマンドの出力結果の意味を理解すること
- i-nodeとリンクの関係を理解すること
- 仮想メモリについて理解すること

》 12-1 lsの出力を理解する

まず、基本コマンドであるlsの出力を理解しましょう。

```
[wildcat@sandbox ~]$ ls -al ~
合計 20
drwx------. 2 wildcat wildcat  96 10月 26 12:24 .
drwxr-xr-x. 3 root    root     20 10月 26 09:03 ..
-rw-------. 1 wildcat wildcat 222 10月 26 11:01 .bash_history
-rw-r--r--. 1 wildcat wildcat  18  6月 10 13:31 .bash_logout
-rw-r--r--. 1 wildcat wildcat 193  6月 10 13:31 .bash_profile
```

```
-rw-r--r--. 1 wildcat wildcat 231  6月 10 13:31 .bashrc
-rw-rw-r--  1 wildcat wildcat  81 10月 26 12:24 memleak.py
```

-aと-lオプションの正確な意味はmanを見ていただくとして、ここではポイントを確認しましょう。manに記載がありますが、左から下記のように並んでいます。

・ファイルタイプ
・アクセス権
・ハードリンクの数
・所有者名
・グループ名
・バイト単位のサイズ
・タイムスタンプ
・ファイル名

出力の1行目と3行目を例に、具体的に確認しましょう（**表12.1**）。

表12.1 出力項目の確認

ファイルタイプ	アクセス権	ハードリンクの数	所有者名	グループ名	バイト単位のサイズ	タイムスタンプ	ファイル名
d	rwx------.	2	wildcat	wildcat	96	10月 26 12:24 2014	.
-	rw-------.	1	wildcat	wildcat	222	10月 26 11:01 2014	.bash_history

ファイルタイプの一番左がdになっている場合は、ディレクトリです。ファイル名はファイルやディレクトリの名前そのものです。

ここではハードリンクの数とタイムスタンプについて解説しましょう。

12-2 ハードリンクとファイルの削除

　ここで少しCentOSのディスク管理の基本について確認しておきましょう。CentOSではファイルやディレクトリをi-node（アイノード）で管理しています。そして、ファイル名やディレクトリ名はそのi-nodeに対するリンクとして作成されます。ネットワークで言うと、IPアドレスとドメイン名（FQDN）のような関係です。

　ファイル・ディレクトリを作成することで、リンク数がどのように変わるか見てみましょう。まず、touchコマンドでfile1というファイルを作成します。

```
[wildcat@sandbox ~]$ touch /home/wildcat/file1
[wildcat@sandbox ~]$ ls -ali /home/wildcat/file1
26166480 -rw-rw-r-- 1 wildcat wildcat 0 10月 26 22:13 /home/wildcat/↵
file1
```

　リンク数は1です。これは**図12.1**のような状態を意味しています。i-node番号26166480に対してパスが1つ紐付いています。

図12.1 i-node番号とパスの紐付き

パス　　　　　　　　　　　　　　　　　i-node
/home/wildcat/file1　──リンク──▶　26166480

　ディレクトリを作成して詳細を確認しましょう。

```
[wildcat@sandbox ~]$ mkdir /home/wildcat/dir1
[wildcat@sandbox ~]$ ls -alid /home/wildcat/dir1
17920524 drwxrwxr-x 2 wildcat wildcat 6 10月 26 22:15 /home/wildcat/↵
dir1
[wildcat@sandbox ~]$ ls -alid /home/wildcat/dir1/.
17920524 drwxrwxr-x 2 wildcat wildcat 6 10月 26 22:15 /home/wildcat/↵
dir1/.
```

最初からリンク数が2になっています（図12.2）。これは、図のようにディレクトリ自体を指すパスのほかに、ディレクトリ内の「.」というパスもi-node番号17920524にリンクしているからです。この「.」は自動的に作成されます。

図12.2 i-node番号と2つのパスの紐付き

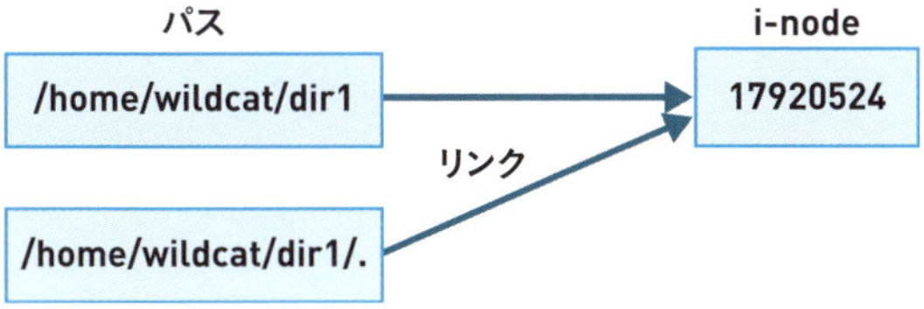

```
パス                              i-node
/home/wildcat/dir1  ─────→     17920524
                    リンク    ↗
/home/wildcat/dir1/.  ─────
```

では、dir2というサブディレクトリを作成して詳細を確認しましょう。

```
[wildcat@sandbox ~]$ mkdir /home/wildcat/dir1/dir2
[wildcat@sandbox ~]$ ls -alid /home/wildcat/dir1
17920524 drwxrwxr-x 3 wildcat wildcat 17 10月 26 22:16 /home/wildcat/↵
dir1
[wildcat@sandbox ~]$ ls -alid /home/wildcat/dir1/.
17920524 drwxrwxr-x 3 wildcat wildcat 17 10月 26 22:16 /home/wildcat/↵
dir1/.
[wildcat@sandbox ~]$ ls -alid /home/wildcat/dir1/dir2/..
17920524 drwxrwxr-x 3 wildcat wildcat 17 10月 26 22:16 /home/wildcat/↵
dir1/dir2/..
[wildcat@sandbox ~]$ ls -alid /home/wildcat/dir1/dir2
26166481 drwxrwxr-x 2 wildcat wildcat 6 10月 26 22:16 /home/wildcat/↵
dir1/dir2
[wildcat@sandbox ~]$ ls -alid /home/wildcat/dir1/dir2/.
26166481 drwxrwxr-x 2 wildcat wildcat 6 10月 26 22:16 /home/wildcat/↵
dir1/dir2/.
```

2だったi-node番号17920524へのリンク数が3に増えています（図12.3）。これは、サブディレクトリの「..」というリンクが作成されたからです。この「..」も自動的に作成されます。

図12.3 リンクの増加を確認

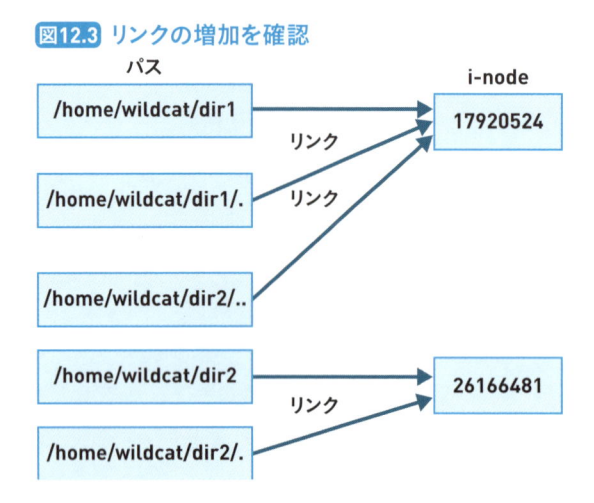

```
パス                              i-node
/home/wildcat/dir1  ──リンク──→  17920524
/home/wildcat/dir1/.  ─リンク─↗
/home/wildcat/dir2/..  ────↗

/home/wildcat/dir2  ──────→    26166481
/home/wildcat/dir2/.  ─リンク─↗
```

なお、リンク数が0になったi-nodeのデータは削除されます。rmコマンドはファイルを削除するというよりはリンクを削除するコマンドで、リンクを削除することでOSにファイルを消させるコマンドなのです。

動作を確認するために、ファイルをオープンしたままファイル（リンク）を削除してみましょう。まず、約100MBのファイルrmtestを作成し、「tail -f」でオープンし続けた状態にします。

```
[wildcat@sandbox ~]$ dd if=/dev/zero of=rmtest bs=1M count=100
100+0 レコード入力
100+0 レコード出力
104857600 バイト (105 MB) コピーされました、0.101443 秒、1.0 GB/秒
[wildcat@sandbox ~]$ ls -ali rmtest
26166482 -rw-rw-r-- 1 wildcat wildcat 104857600 10月 26 22:18 rmtest
[wildcat@sandbox ~]$ tail -f rmtest &
[1] 14051
[wildcat@sandbox ~]$ lsof -p 14051 | grep rmtest
tail    14051 wildcat    3r    REG    253,1 104857600 26166482 /home/↵
wildcat/rmtest
[wildcat@sandbox ~]$ df -h
```

```
ファイルシス              サイズ  使用  残り   使用% マウント位置
/dev/mapper/centos-root  5.8G   1.3G  4.5G  23%  /
devtmpfs                 492M   0     492M  0%   /dev
tmpfs                    498M   0     498M  0%   /dev/shm
tmpfs                    498M   6.6M  491M  2%   /run
tmpfs                    498M   0     498M  0%   /sys/fs/cgroup
/dev/sda1                497M   96M   402M  20%  /boot
```

　lsofコマンドで見ると、i-node番号26166482のファイルをPID 14051のtailが読み込み専用でオープンしていることがわかります。dfコマンドで確認すると、/のディスク使用量は約1.1GBです。

　次に、オープンしたままのファイル（のリンク）をrmコマンドで削除します。

```
[wildcat@sandbox ~]$ rm rmtest
[wildcat@sandbox ~]$ ls -ali rmtest
ls: rmtest にアクセスできません：そのようなファイルやディレクトリはありません
[wildcat@sandbox ~]$ lsof -p 14051 | grep rmtest
tail    14051 wildcat    3r   REG  253,1 104857600 26166482 /home/↲
wildcat/rmtest (deleted)
[wildcat@sandbox ~]$ df -h
ファイルシス              サイズ  使用  残り   使用% マウント位置
/dev/mapper/centos-root  5.8G   1.3G  4.5G  23%  /
devtmpfs                 492M   0     492M  0%   /dev
tmpfs                    498M   0     498M  0%   /dev/shm
tmpfs                    498M   6.6M  491M  2%   /run
tmpfs                    498M   0     498M  0%   /sys/fs/cgroup
/dev/sda1                497M   96M   402M  20%  /boot
[wildcat@sandbox ~]$ du -smc /home/wildcat/
1       /home/wildcat/
1       合計
```

lsコマンドで、rmtestディレクトリがきちんと削除されている（＝リンクを参照できなくなっている）ことが確認できました。この状態でもlsofコマンドで確認すると、tailコマンドはファイルをオープンし続けていることがわかります。/のディスク使用量は相変わらず1.3GBです。この状態だとリンクは消えていますが、i-nodeが残っているため、データ領域も開放されていないのです。

duコマンドでディレクトリ配下のファイルのディスク使用量合計を確認しても、作成した100MBは含まれません。ただし、tailコマンドを終了するとi-node番号が開放され、そのデータ領域が利用可能となります。

```
[wildcat@sandbox ~]$ kill 14051
[wildcat@sandbox ~]$ df -h
ファイルシス            サイズ   使用   残り  使用%  マウント位置
/dev/mapper/centos-root  5.8G   1.2G  4.6G   21%   /
devtmpfs                 492M   0     492M   0%    /dev
tmpfs                    498M   0     498M   0%    /dev/shm
tmpfs                    498M   6.6M  491M   2%    /run
tmpfs                    498M   0     498M   0%    /sys/fs/cgroup
/dev/sda1                497M   96M   402M   20%   /boot
[1]+  Terminated              tail -f rmtest
```

duコマンドで見ても大きなファイルが見当たらないときは、ファイルが開きっぱなしになっていないかどうか、確認してください。大きなログファイルを見ようとして「tail -f」を実行したままのプロセスが潜んでいるかもしれません。

なお、i-node番号はパーティションごとに管理されているので、パーティションが違うと同じ番号でも違うファイルがあります。試しに、以下のようにi-node番号15をサーバ全体で探してみたところ、2つ見つかりました。

```
[wildcat@sandbox ~]$ sudo find / -inum 15 2>/dev/null
/sys/devices/platform/power
/sys/kernel/debug/bdi/default/stats
```

実は、パーティション内でmvコマンドを実行するとパスは変わりますが、i-node番号は変わりません。したがって、パーティション内のmvコマンドであれば、リンクを書き換えるだけで、ファイルサイズ丸ごとの読み書きは発生しません。しかし、パーティションをまたぐmvコマンドはファイルを丸ごとコピーする処理が発生するため、ファイルサイズによっては負荷がかかります。パーティションをまたぐかまたがないかでmvコマンドの内部動作が違うので、気をつけましょう。

この仕様のため、パーティションをまたいだハードリンクは作成できません。パーティションをまたぐ場合はシンボリックリンクを使いましょう。シンボリックリンクはパスをパスに変換するので、パーティションをまたいで使えます。

なお、シンボリックリンクを相対パスで作成すると、コピーしたときに相対パスのままコピーされるので、思わぬ事故になることがあります。シンボリックリンクを作成するときは、相対パスか絶対パスかを意識するようにしてください。

試しに、どのようなことになるのか見てみましょう。/home/wildcat/originalというファイルに対し、link1は相対パス、link2は絶対パスでシンボリックリンクを作成してみます。

```
[wildcat@sandbox ~]$ touch original
[wildcat@sandbox ~]$ ls -al original
-rw-rw-r-- 1 wildcat wildcat 0 10月 26 22:23 original
[wildcat@sandbox ~]$ ln -s original link1
[wildcat@sandbox ~]$ ls -al original link*
lrwxrwxrwx 1 wildcat wildcat 8 10月 26 22:24 link1 -> original
-rw-rw-r-- 1 wildcat wildcat 0 10月 26 22:23 original
[wildcat@sandbox ~]$ ln -s `pwd`/original link2
[wildcat@sandbox ~]$ ls -al original link*
lrwxrwxrwx 1 wildcat wildcat  8 10月 26 22:24 link1 -> original
lrwxrwxrwx 1 wildcat wildcat 22 10月 26 22:24 link2 -> /home/wildcat/↵
original
-rw-rw-r-- 1 wildcat wildcat  0 10月 26 22:23 original
```

この3つのファイル（とシンボリックリンク）をwork配下にコピーします。

```
[wildcat@sandbox ~]$ mkdir work
[wildcat@sandbox ~]$ cp -a original link* work/.
[wildcat@sandbox ~]$ ls -al work/
合計 4
drwxrwxr-x  2 wildcat wildcat    45 10月 26 22:25 .
drwx------. 4 wildcat wildcat  4096 10月 26 22:25 ..
lrwxrwxrwx  1 wildcat wildcat     8 10月 26 22:24 link1 -> original
lrwxrwxrwx  1 wildcat wildcat    22 10月 26 22:24 link2 -> /home/↵
wildcat/original
-rw-rw-r--  1 wildcat wildcat     0 10月 26 22:23 original
```

すると、もともとは/home/wildcat/link1も /home/wildcat/link2も /home/wildcat/originalを参照していたのに、work配下では/home/wildcat/work/link1は /home/wildcat/work/originalを、/home/wildcat/work/link2は /home/wildcat/originalを参照しています。

通常は問題にならないのですが、ファイルベースのバックアップを取得したときやリストアしたとき、取得したバックアップを別のサーバにリストアしたときなどに、思わぬトラブルを引き起こすことがあるので気をつけましょう。

> **Column　logrotateでHUPやリロードを行っている理由**
>
> logrotateの処理でデーモンをリロードしたり、HUPを指定して終了したりしていたのを覚えているでしょうか？ これは、ファイルをオープンしたままにしないために、デーモンを読み込み直したり、HUPを送ってログファイルを開き直させたりしているのです。

12-3 ファイルタイムスタンプ

「ls -l」で表示されるファイルタイムスタンプはデフォルトでは修正時刻ですが、「ls man」で確認すると、そのほかにも最終アクセス時刻（Access）、最終修正時刻

（Modify）、最終状態変更時刻（Change）の3種類があります。

```
[wildcat@sandbox ~]$ stat /var/log/messages
  File: '/var/log/messages'
  Size: 377874      Blocks: 744        IO Block: 4096   通常ファイル
Device: fd01h/64769d   Inode: 17369271    Links: 1
Access: (0600/-rw-------)  Uid: (    0/    root)   Gid: (    0/    root)
Access: 2014-10-26 13:02:05.776866086 +0900
Modify: 2014-10-26 22:23:08.989809616 +0900
Change: 2014-10-26 22:23:08.989809616 +0900
 Birth: -
```

それぞれの意味は以下のとおりです。

- 最終アクセス時刻（Access）：read()システムコールなどでファイルが読み込まれた場合などに更新する
- 最終修正時刻（Modify）：write()システムコールなどでファイルに書き込みをした場合などに更新する
- 最終状態変更時刻（Change）：書き込みに加えてi-node情報（所有者や権限など）を変更した場合などに更新する

通常サーバ管理で使うのは最終修正時刻（Modify）です。たとえば、サーバのディスク使用量が急激に増えたときに、最近更新されたファイルの一覧を見ることで、どのファイルが更新されてディスク使用量増大につながっているのかを確認できます。15分以内に更新されたファイルを探す方法は以下のとおりです。

```
[wildcat@sandbox ~]$ sudo find / -mmin -15 -type f 2>/dev/null | grep ↵
-vE "^/(proc|sys)"
/run/dhclient-enp0s8.pid
/run/log/journal/3ef1a4ad00b848fe862a130304f30bae/system.journal
/run/udev/queue.bin
```

```
/var/lib/NetworkManager/dhclient-dfd9a05e-a139-45f0-961f-0e2a1b87d752↵
-enp0s8.lease
/var/log/messages
/var/log/secure
/var/log/audit/audit.log
/var/db/sudo/wildcat/0
/home/wildcat/file1
/home/wildcat/original
/home/wildcat/work/original
```

逆に、古いデータを整理したいときにも活用できます。

12-4 vmstatを理解する

11時間目でvmstatコマンドについて学習しましたが、ここではその出力の解釈について学びましょう。以下は出力例です。procs、memory、swap、io、system、cpuの項目を順番に説明していきます。

```
[wildcat@sandbox ~]$ vmstat 1 1
procs -----------memory---------- ---swap-- -----io---- -system-- ↵
----cpu-----
 r  b   swpd   free   buff  cache   si   so    bi    bo   in   cs us ↵
 sy id wa st
 2  0 146116 612444    432 251464   31   72    95    89   28   67  0 ↵
 0 97  3  0
```

12-4-1　procs

　procs項目のrは実行待ちプロセスの数なので、数値が小さい状態は健全です。数値が高止まりしている場合も、それが必ず問題がある状態とは限らないので、状況などを踏まえて判断する必要があります。たとえば、procs項目のrが30秒間にわたって5だった場合、2つのケースが考えられます（**図12.4**）。

- ケース1：ある処理が進んでおらず、5番目の処理がずっと同じ状態
- ケース2：処理は進んでいるが、常に5つの処理が実行待ちになっている状態

　ケース1は問題になる場合が多いです。一方、ケース2は待ちプロセス数自体が問題にはなることはほとんどありません。実行待ちプロセスの数の平均値を「Load Average」（ロードアベレージ）と呼びます。

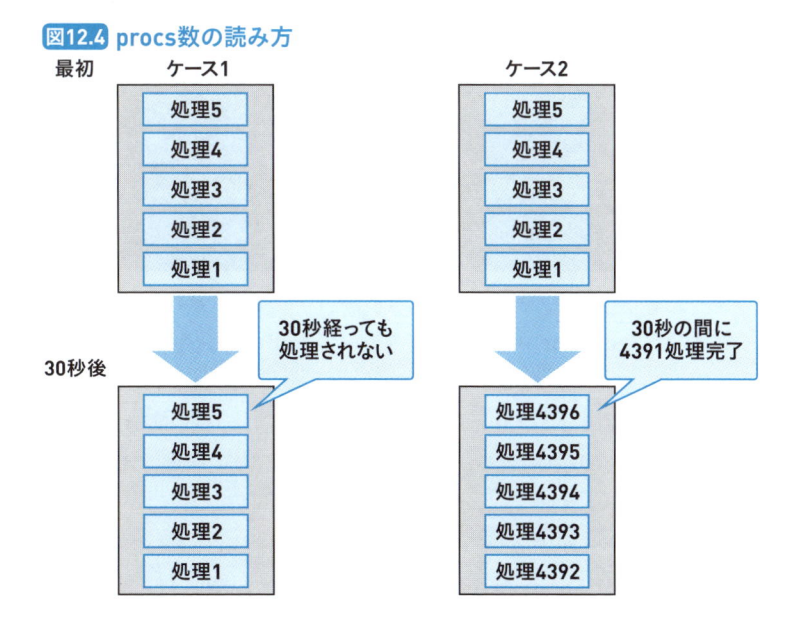

図12.4 procs数の読み方

```
最初        ケース1                    ケース2
           ┌─────────┐              ┌─────────┐
           │ 処理5   │              │ 処理5   │
           │ 処理4   │              │ 処理4   │
           │ 処理3   │              │ 処理3   │
           │ 処理2   │              │ 処理2   │
           │ 処理1   │              │ 処理1   │
           └─────────┘              └─────────┘
              ↓  30秒経っても          ↓  30秒の間に
                 処理されない              4391処理完了
30秒後     ┌─────────┐              ┌──────────┐
           │ 処理5   │              │ 処理4396 │
           │ 処理4   │              │ 処理4395 │
           │ 処理3   │              │ 処理4394 │
           │ 処理2   │              │ 処理4393 │
           │ 処理1   │              │ 処理4392 │
           └─────────┘              └──────────┘
```

　Load Averageは数値そのものではなく、数値の推移を参考程度に見るものです。現在のサーバマシンは動的に周波数が変わる複数のCPUを使うので、Load Averageの計算自体が難しく、処理の滞留を正確に表す数値が計算できないという事情もあります。

　procs項目のrやLoad Averageは参考程度にとどめておきましょう。

12-4-2　memory

memory項目にはswpd、free、buff、cacheがあります。メモリ利用状況はfreeコマンドで確認します。vmstatコマンドとfreeコマンドの出力を比較してみましょう。

```
[wildcat@sandbox ~]$ vmstat 1 1 ; free -k
procs -----------memory---------- ---swap-- -----io---- -system--
------cpu-----
 r  b   swpd   free   buff  cache   si   so    bi    bo   in   cs
 us sy id wa st
 2  0 146116 612404    432 251464   31   72    95    89   28   67
  0  0 97  3  0
              total       used       free     shared    buffers
 cached
Mem:        1018256     405852     612404       2176        432
 251464
-/+ buffers/cache:      153956     864300
Swap:        839676     146116     693560
```

vmstatコマンドのmemoryの項目のうちfree、buffersとcachedはfreeコマンドのMem行と一致しています。swpdはSwapのusedと一致します。freeは何にも使っていないメモリの空き容量です。buffers、cachedはHDDの読み書きの速度の問題を軽減するためのしくみで使用するメモリ＝バッファ（buffer）領域、キャッシュ（cache）領域の容量を表しています。

バッファとキャッシュがどういうものなのかを順に説明しましょう。

サーバでデータはHDDへ保存されますが、以前にも説明したとおり、HDDは読み書きの速度がメモリに比べて非常に遅いです。とくに書き込み時のHDDの速度の問題を軽減するため、CentOSはHDDへの書き込み要求をいったんメモリ上にためて一気に書き込みます。このしくみを「バックグラウンド書き込み」と呼び、このためのメモリ領域を「バッファ」（buffer）または「バッファキャッシュ」と呼びます。CentOSは、プログラムからのHDDに対する書き込み要求に対して、実際にはHDDに書き込まず、メモリ＝バッファに書いた時点でプログラムに対して書き込み完了を

通知し、見かけ上の書き込み速度を速くします。この動作は、CentOS 5以前ではpdflushというカーネルスレッドが担当していましたが、CentOS 6以降はper-BDI writebackというしくみが担当しています。ただし、この動作をされると困るプログラムもあるので、そういう場合は、プログラム側でファイルを開くときにバッファを使わないよう指示できます。何回か実行して、oflagの有無で所要時間に有意に差があることを確認してください。

コマンドの実行時間を測るためにtimeコマンドを利用します。yumでインストールしておきましょう。

```
[wildcat@sandbox ~]$ sudo yum install time
```

```
[wildcat@sandbox ~]$ time dd if=/dev/zero of=largefile bs=1M count=100
100+0 レコード入力
100+0 レコード出力
104857600 バイト (105 MB) コピーされました、0.0723951 秒、1.4 GB/秒


real    0m0.076s
user    0m0.001s
sys     0m0.066s
[wildcat@sandbox ~]$ time dd if=/dev/zero of=largefile bs=1M count↵
=100 oflag=sync
100+0 レコード入力
100+0 レコード出力
104857600 バイト (105 MB) コピーされました、0.271253 秒、387 MB/秒


real    0m0.282s
user    0m0.002s
sys     0m0.090s
```

書き込みの次は読み込みです。OSでは、HDDの読み込みが遅い問題を軽減するため、HDDの内容をいったんメモリ上にためておき、更新がないデータはメモリ上のものを利用することで、できるだけHDDを読まないようにします。このしくみを「キャッシュ」（cache）と呼びます。

CentOSではディスクの読み書きを1バイトずつではなくページという単位（1ページは通常4KB）で実行しており、キャッシュもページ単位で操作しています。そのため、このキャッシュのことを「ページキャッシュ」と呼びます。性能面を考えると、メモリをfreeのまま空けておくよりもページキャッシュとして使ったほうがよいので、CentOSは空いているメモリを積極的にページキャッシュとして使います。

サーバを起動したままいろいろなファイルを操作していると、free領域はどんどん小さくなってcachedがメモリを使いきるようになりますが、それは正常な動作です。

バッファやページキャッシュを差し引いたメモリ使用量は、freeだと「-/+ buffers/cache:」の行のfree列に表示されています。

```
[wildcat@sandbox ~]$ free -k
              total       used       free     shared    buffers     cached
Mem:        1018256     655808     362448       6700        436     355040
-/+ buffers/cache:      300332     717924
Swap:        839676          0     839676
```

なお、これらのバッファ・キャッシュは/proc/sys/vm/drop_cachesに3を書き込むことで手動でクリアできます。

```
[wildcat@sandbox ~]$ free -m
              total       used       free     shared    buffers     cached
Mem:            994        640        353          6          0        346
-/+ buffers/cache:         293        701
Swap:           819          0        819
[wildcat@sandbox ~]$ echo '3' | sudo tee /proc/sys/vm/drop_caches
3
[wildcat@sandbox ~]$ free -m
```

```
              total        used        free      shared     buffers      cached
Mem:            994         223         770           6           0          14
-/+ buffers/cache:          209         785
Swap:           819           0         819
```

クリア後1回目の読み込み（キャッシュされていない）とクリア後2回目の読み込み（キャッシュされている）で速度が有意に変わることを確認してください。

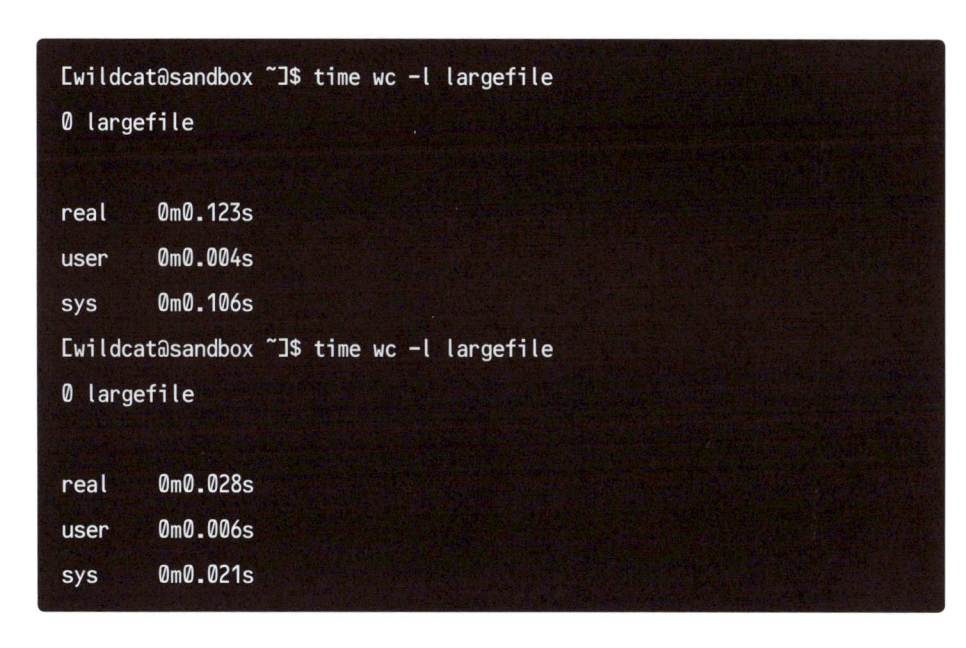

```
[wildcat@sandbox ~]$ time wc -l largefile
0 largefile

real    0m0.123s
user    0m0.004s
sys     0m0.106s
[wildcat@sandbox ~]$ time wc -l largefile
0 largefile

real    0m0.028s
user    0m0.006s
sys     0m0.021s
```

12-4-3　swap、io

swapの単位はKB/秒、ioの単位はblocks/秒です。読み違えないように気をつけましょう。また、想定外のswap、ioが発生していないかどうかを確認しましょう。

12-4-4　system

systemのinはinterrupt（割り込み）、csはcontext switchです。inは割り込み数です。割り込みが発生すること自体はコンピュータの基本動作なので問題ありませんが、

数が多すぎる場合には処理しきれていない状態になっている可能性があります。

普段と大幅に数値が異なる場合は、何か異常が発生している可能性があるので、サーバの状態を確認してください。/proc/interruptsで割り込みの状況が確認できます。

```
[wildcat@sandbox ~]$ cat /proc/interrupts | sort -nr -k 2 | head -3
 LOC:      755703     Local timer interrupts
  21:      201866     IO-APIC-fasteoi    ahci, snd_intel8x0
  19:       90753     IO-APIC-fasteoi    ehci_hcd:usb1, enp0s3
```

csは処理の切り替えを指すので、稼働プロセス数や処理量により変動します。1秒間に10万を超えるなど、あまりに多いと処理が追いついていない可能性があります。

12-4-5　cpu

cpuにはus、sy、id、wa、stがあります。CPUの計算処理がusになるかsyになるかは、処理がユーザ領域のもの（us）か、カーネル領域（sy）かによります。ApacheやPHP・MySQLなどの処理は基本的にusになりますが、その中でもメモリアクセスやNFS処理などのカーネル領域での処理はsyに計上されます。usが多い場合には、プログラムのアルゴリズムの改善などによる処理効率の向上で対応します。PHPの場合はAPC（Alternative PHP Cache）やOPCacheのようなキャッシュ機構を活用し、ミドルウェアレベルで処理量を削減することでも対応できます。

APCは、通常、都度実施するコンパイル処理を省略し、コンパイル済みのコードをメモリにキャッシュすることで処理量を減らしています。コンパイルは重たい処理でキャッシュの取り出しは軽い処理なので、urが減りsyが増えることになります。syの処理は基本的に高速処理が多いので、それでもsyが全体に占める割合が大きい場合はそれで限界かもしれません。ただし、NFS処理のように外部要因でsyが増えることもあるので、どのプロセス（スレッド）の負荷が高いのかをよく確認してください。もし、NFSが起因となり、syが多く処理が遅いようであれば、NFSサーバ（nfsd）やマウントオプションのチューニングで状況が改善するかもしれません。

waは、ディスクやネットワークなどのIO待ちなので、増加したときの対策が難しいです。高速なHDDやネットワークに変更する方法が基本ですが、データを圧縮転送することで転送量を減らす方法もあります。その場合は、データ圧縮のためのCPU処理（ur）が必要になります。

複数コアのCPUを利用している場合、vmstatコマンドは利用率の平均値を表示します。waはCPUの特定コアにかたよって1CPUを上限として頭打ちになることが多いため、vmstatの見た目以上に実はボトルネックになっていることがあります。たとえば4CPUのマシンでwaが25%だったとき、実は1つのCPUを使いきっており上限に達しているのです。

よく似た事象として、ネットワーク転送量が多いときに特定CPUに処理がかたより、CPU利用率が低いのに転送量が頭打ちになることがあります。vmstatコマンドでは表示されないのですが、dstatコマンドのcpu usageにはsiqが表示されます。この項目が高いCPUでidleがなくなっていると、頭打ちになっている可能性があります。

12-5 psを理解する

最後に、psの出力項目について確認しましょう。

```
[wildcat@sandbox ~]$ ps aufx | head -2
USER       PID %CPU %MEM    VSZ   RSS TTY      STAT START   TIME COMMAND
root         2  0.0  0.0      0     0 ?        S    11:02   0:00 [kthreadd]
```

「man ps」によると、USERはプロセスの起動ユーザ名、PIDはプロセスID、%CPUはプロセス起動中に実行に利用したCPU時間（psでの出力分を全部加算しても基本的に100%にはならない）、%MEMは物理メモリに対するプロセスのメモリサイズ、VSZはプロセスの仮想メモリサイズ（KB）、RSSはスワップされていない物理メモリサイズ（KB）です。メモリまわりに関してはあとでもう少し掘り下げてみましょう。

STATにはD（IO中）、R（実行中）、S（スリープ）、Z（ゾンビ）などがあります。どのプロセスがどのようなステータスかを確認することで、そのときのサーバの負荷要因がわかるかもしれません。START TIMEはプロセス起動時刻で、COMMANDはプロセスのコマンドラインです。

12時間目 CentOS内部動作の基礎知識

12-6 CentOSでのプロセスのメモリ

　プログラムの基本動作は、プロセスがファイルから必要なプログラムやライブラリをメモリに読み込み、プロセスがプログラムに従ってメモリを確保してデータを展開し、外部（ネットワークやファイルなど）やメモリとデータをやりとりしながら、データを処理することです。

　このとき、CentOSはプロセスからのプログラムやライブラリの読み込み、プログラムで使うためのメモリの確保要求を受け、物理メモリ上に領域を確保するのではなく仮想メモリというしくみを利用してプロセスにメモリを割り当てます。CentOSはこの仮想メモリの機構を活用してメモリを活用しています。よって、VSZはプロセスが要求したメモリ確保サイズ、RSSは実際に利用している物理メモリのサイズになります。下記の場合、親プロセス（PID 537）は、仮想メモリ使用量が28068KB、実メモリ使用量が452KBです。

```
[wildcat@sandbox ~]$ ps aufx | grep avahi-[d]
avahi      537  0.0  0.0  28068   452 ?        Ss   11:02   0:00
avahi-daemon: running [sandbox.local]
avahi      545  0.0  0.0  27944   228 ?        S    11:02   0:00
 \_ avahi-daemon: chroot helper

[wildcat@sandbox ~]$ ps aufx | grep udev[d]
root       331  0.0  0.1  11296  1392 ?        S<s  08:38   0:00
/sbin/udevd -d
root      1308  0.0  0.2  12348  2604 ?        S<   08:38   0:00
 \_ /sbin/udevd -d
root      1309  0.0  0.2  12348  2592 ?        S<   08:38   0:00
 \_ /sbin/udevd -d
```

　また、CentOSではコピーオンライトというしくみでさらにメモリを有効利用しています。Apacheのように親子プロセス形式の場合、親子で最初はメモリを共有するのです。子プロセス側でメモリへの書き込み＝メモリ内容の親からの変更が発生した

ときに、初めてその分を別に確保します。こうすることで、メモリを効率よく利用できるのです。

なお、親プロセスから子プロセスを生成することを「fork（フォーク）する」と言います。このとき、プロセスグループが作成され、親プロセスと子プロセスは同じプロセスグループに所属します。CentOSで処理を並列実行させる場合、forkによるマルチプロセスと、スレッドを活用したマルチスレッドの2種類の方法があります。

マルチプロセスの場合、（上記のコピーオンライトはあるものの）基本的には別のメモリ空間を確保して動作します。一方マルチスレッドは、同一空間を共有します。プロセスを複数稼働させると、コンテキストスイッチのときにメモリ空間の切り替えが必要になりますが、スレッドであれば同一メモリ空間を共有するので、その必要がありません。そのため、CentOSでは基本的にプロセスを並行稼働させるよりも、スレッドを並行稼働させるほうが動作効率がよくなります。ただし、マルチスレッドで動かすためにはマルチスレッドを前提にしたプログラムを作る必要があるため、シンプルにマルチプロセスで動作させるようにしているプログラムが多いのが実情です。

12時間目の実践はこれでおしまいです。お疲れさまでした！

確認テスト

Q1 duコマンドで確認したHDDの使用量と、dfコマンドで確認したHDDの使用量の結果に差が出ることがある理由を説明してください。

Q2 上記の原因の特定方法と解決方法を説明してください。

13時間目 サーバ作業効率化の基礎知識

今やサーバ管理にプログラミングは欠かせません。13時間目では、CentOSでもっとも簡単に使えるシェルスクリプトを作れるようになりましょう。なお、CentOSにはPythonが必ず入っているので、ここで学ぶことと同じことがPythonでできるようになるのであれば、それでもけっこうです。

今回のゴール

- ワンライナーで簡単な集計処理が書けるようになること
- シェルスクリプトが書けるようになること

　ここでは、プログラミングが初めてに近い方を想定しています。プログラムの役割は実行者の指示のもと、標準入力や指定されたファイルなどからデータを読み込み、そのデータを処理し、出力することです。

>> 13-1 カッコイイターミナルを作る

　SSHでたくさん接続するのもよいのですが、マウスやタッチパッドを一切使わずキーボードだけですべて操作しているとなんだかカッコイイですよね。そんなわけで、まずはそのカッコイイ画面を使えるようになりましょう。何事もかたちからです。
　ソフトウェアはscreenとtmuxが有名です。この手のソフトウェアは「ターミナルマルチプレクサ」と言います。CentOS 7ではどちらもbaseリポジトリに登録されていますが、ここではscreenを取り上げます。screenを使うことで、1画面上で画面の分割や切り替えができるようになります。まずはインストールして起動しましょう。

```
[wildcat@sandbox ~]$ sudo yum install screen
[wildcat@sandbox ~]$ screen
```

実行しても画面に変化はありませんが、これで起動しています。まず、[Ctrl]と[a]を同時に押したあとに[?]を入力します（以降、このような操作を[Ctrl]+[a]・[?]のように表記します）。

図13.1 操作方法の一覧

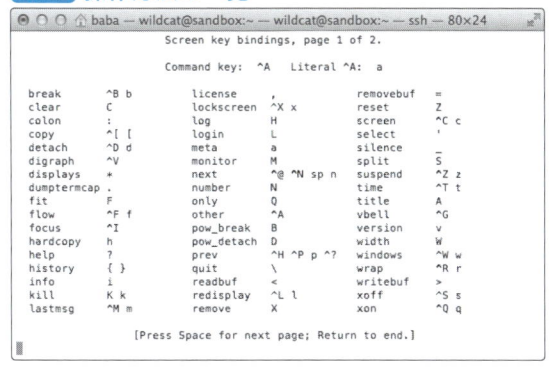

```
Screen key bindings, page 1 of 2.

        Command key:  ^A   Literal ^A:  a

break         ^B b       license       ,            removebuf     =
clear         C          lockscreen    ^X x         reset         Z
colon         :          log           H            screen        ^C c
copy          ^[ [       login         L            select        '
detach        ^D d       meta          a            silence       _
digraph       ^V         monitor       M            split         S
displays      *          next          ^@ ^N sp n   suspend       ^Z z
dumptermcap   .          number        N            time          ^T t
fit           F          only          Q            title         A
flow          ^F f       other         ^A           vbell         ^G
focus         ^I         pow_break     B            version       v
hardcopy      h          pow_detach    D            width         W
help          ?          prev          ^H ^P p ^?   windows       ^W w
history       { }        quit          \            wrap          ^R r
info          i          readbuf       <            writebuf      >
kill          K k        redisplay     ^L l         xoff          ^S s
lastmsg       ^M m       remove        X            xon           ^Q q

         [Press Space for next page; Return to end.]
```

操作方法の一覧が表示されました（**図**13.1）。たくさんありますが、ここでは基本操作だけを説明します（**表**13.1）。

表13.1 ターミナルの基本操作

操作	キー
新規ウィンドウを作成する	[Ctrl]+[a]・[c]
次のウィンドウに切り替える	[Ctrl]+[a]・[n]
前のウィンドウに切り替える	[Ctrl]+[a]・[p]
ウィンドウ分割	[Ctrl]+[a]・[S]
分割でできたリージョン間を移動	[Ctrl]+[a]・[Tab]
分割でできたリージョンを消す	[Ctrl]+[a]・[X]
リージョンを自分だけ残してほかを消す	[Ctrl]+[a]・[Q]
コピー/スクロールバックモードに入る	[Ctrl]+[a]・[[]または[Ctrl]+[a]・[Esc]
コマンドラインモードに入る	[Ctrl]+[a]・[:]

13時間目 サーバ作業効率化の基礎知識

これらの操作を使うと、画面が図13.2のように分割・多重化され、それぞれで個別の処理ができます。

図13.2 画面の分割

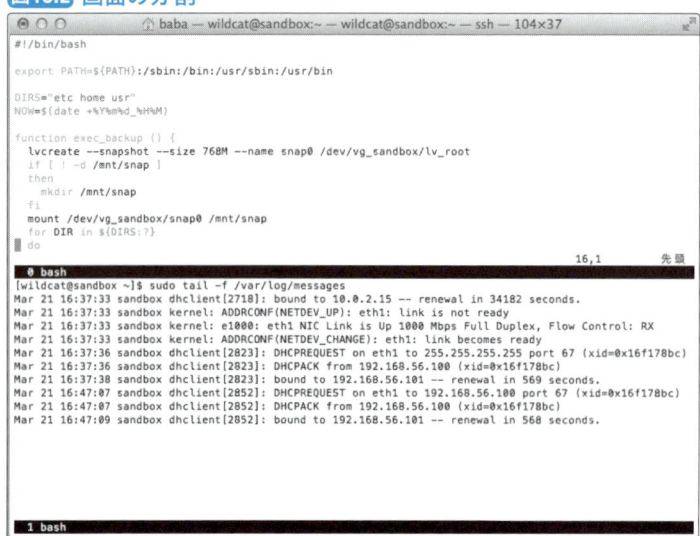

```
#!/bin/bash

export PATH=${PATH}:/sbin:/bin:/usr/sbin:/usr/bin

DIRS="etc home usr"
NOW=$(date +%Y%m%d_%H%M)

function exec_backup () {
    lvcreate --snapshot --size 768M --name snap0 /dev/vg_sandbox/lv_root
    if [ ! -d /mnt/snap ]
    then
        mkdir /mnt/snap
    fi
    mount /dev/vg_sandbox/snap0 /mnt/snap
    for DIR in ${DIRS:?}
    do
                                                              16,1      先頭
0 bash
[wildcat@sandbox ~]$ sudo tail -f /var/log/messages
Mar 21 16:37:33 sandbox dhclient[2718]: bound to 10.0.2.15 -- renewal in 34182 seconds.
Mar 21 16:37:33 sandbox kernel: ADDRCONF(NETDEV_UP): eth1: link is not ready
Mar 21 16:37:33 sandbox kernel: e1000: eth1 NIC Link is Up 1000 Mbps Full Duplex, Flow Control: RX
Mar 21 16:37:33 sandbox kernel: ADDRCONF(NETDEV_CHANGE): eth1: link becomes ready
Mar 21 16:37:36 sandbox dhclient[2823]: DHCPREQUEST on eth1 to 255.255.255.255 port 67 (xid=0x16f178bc)
Mar 21 16:37:36 sandbox dhclient[2823]: DHCPACK from 192.168.56.100 (xid=0x16f178bc)
Mar 21 16:37:38 sandbox dhclient[2823]: bound to 192.168.56.101 -- renewal in 569 seconds.
Mar 21 16:47:07 sandbox dhclient[2852]: DHCPREQUEST on eth1 to 192.168.56.100 port 67 (xid=0x16f178bc)
Mar 21 16:47:07 sandbox dhclient[2852]: DHCPACK from 192.168.56.100 (xid=0x16f178bc)
Mar 21 16:47:09 sandbox dhclient[2852]: bound to 192.168.56.101 -- renewal in 568 seconds.


1 bash
```

画面が分割・多重化されると、たとえば、大きなファイルを圧縮しながら負荷の様子をvmstatコマンドで見るなどというように、いろいろな操作を並行で処理できるのでとても便利です。

screenは分割・多重化できるだけでなく、画面をそのままログインしたままにする（[Ctrl]＋[a]・「d」でデタッチ）こともできます。デタッチしたウィンドウは意図的に終了しない限り、サーバが停止するまで起動したままになります。

「screen -r」を実行するとデタッチしたウィンドウに再接続できます。ウィンドウが複数ある場合には「screen -r <pid>」を実行すると再接続できます。Attachedなウィンドウに強制接続する場合は-dオプションも付けます。

```
[wildcat@sandbox ~]$ screen -r
There are several suitable screens on:
        14330.pts-4.sandbox     (Detached)
        14311.pts-3.sandbox     (Detached)
        14292.pts-2.sandbox     (Attached)
Type "screen [-d] -r [pid.]tty.host" to resume one of them.
```

水平分割だけではなく垂直分割もできます。大画面でログを見たり、コーディングしたりしながら、vmstatコマンドを利用するようなことも、1画面でできるようになります。すばらしいですね。

13-2 ワンライナーで簡単にログを集計する

1行で簡単な処理をするものを「ワンライナー」と呼びます。シェルスクリプトを書くまでの肩慣らしとして、まずはワンライナーを作りましょう。ワンライナーは治具なので、使い捨ての気持ちで手軽に作って使いましょう。

ワンライナーはコマンドの出力をパイプでつないで作ります。最初から一気に書く必要はないので、少しずつ書いていきましょう。今回は、/var/log/messagesにログ出力が多かったタイミングのトップ10を調べます。まず、cutコマンドを使ってログから時刻を取り出します。なお、各月の1〜9日の場合は「-f 1-3」ではなく「-f 1-4」になります。

```
[wildcat@sandbox ~]$ sudo cat /var/log/messages | cut -d ' ' -f 1-3
(略)
Oct 26 22:35:20
Oct 26 22:35:20
Oct 26 22:37:36
```

次に、uniqコマンドで結果をカウントします。微妙にデータが前後する可能性を考慮し、sortコマンドで並べ替えてからカウントしましょう。

```
[wildcat@sandbox ~]$ sudo cat /var/log/messages | cut -d ' ' -f 1-3 |
sort | uniq -c
(略)
     17 Oct 26 22:27:16
      1 Oct 26 22:30:04
      1 Oct 26 22:31:35
      1 Oct 26 22:32:41
```

13時間目 サーバ作業効率化の基礎知識

```
    17 Oct 26 22:35:20
     1 Oct 26 22:37:36
```

日付順に並びましたが、もともと知りたかったのはログ出力が多かったタイミングなので、出現回数順に並べ替えましょう。

```
[wildcat@sandbox ~]$ sudo cat /var/log/messages | cut -d ' ' -f 1-3 | ↵
sort | uniq -c | sort -nr | head
    356 Oct 26 11:02:08
    356 Oct 26 09:02:18
    355 Oct 26 10:37:45
    134 Oct 26 11:02:09
    109 Oct 26 11:02:13
    107 Oct 26 10:37:51
    106 Oct 26 10:37:46
    105 Oct 26 11:02:11
    104 Oct 26 10:37:48
     95 Oct 26 09:02:22
```

このように、少しずつ動作確認をしながら意図どおりの出力を得られるように書き直していけばよいので、あまり考えこまずに進めるようにしてください。

13-3 ワンライナーの応用編

watchコマンドを使うと、HDDの使用量の状況を継続的に確認できます。指定した秒数ごとにコマンドが実行され、その結果が画面に表示されるので便利です。

Part 2 現場で役立つCentOS基礎とテクニック 運用編

```
[wildcat@sandbox ~]$ watch -n 3 df -h
Every 3.0s: df -h                            Sun Oct 26 22:43:24 2014

ファイルシス              サイズ  使用    残り 使用% マウント位置
/dev/mapper/centos-root    5.8G   1.4G   4.5G   23% /
devtmpfs                   492M      0   492M    0% /dev
tmpfs                      498M      0   498M    0% /dev/shm
tmpfs                      498M   6.6M   491M    2% /run
tmpfs                      498M      0   498M    0% /sys/fs/cgroup
/dev/sda1                  497M    96M   402M   20% /boot
```

ただし、watchコマンドでは過去のデータが上書きされて消えてしまうので、時間をさかのぼって状況を確認することはできません。そんなときにはワンライナーでループ（while）と待機（sleep）を使って解決しましょう。N秒おきにコマンドを実行する構文は、次のようになります。

書式　N秒おきにコマンドを実行

```
while true; do <コマンド>; sleep <N>; done
```

※終了させるときは［Ctrl］＋［c］を押します。

3秒ごとにdfコマンドを実行してみましょう。

```
[wildcat@sandbox ~]$ while true; do df -h; sleep 3; done
ファイルシス              サイズ  使用    残り 使用% マウント位置
/dev/mapper/centos-root    5.8G   1.4G   4.5G   23% /
devtmpfs                   492M      0   492M    0% /dev
tmpfs                      498M      0   498M    0% /dev/shm
tmpfs                      498M   6.6M   491M    2% /run
tmpfs                      498M      0   498M    0% /sys/fs/cgroup
/dev/sda1                  497M    96M   402M   20% /boot
ファイルシス              サイズ  使用    残り 使用% マウント位置
```

```
/dev/mapper/centos-root   5.8G  1.4G  4.5G  23% /
devtmpfs                  492M     0  492M   0% /dev
tmpfs                     498M     0  498M   0% /dev/shm
tmpfs                     498M  6.6M  491M   2% /run
tmpfs                     498M     0  498M   0% /sys/fs/cgroup
/dev/sda1                 497M   96M  402M  20% /boot
(略)
```

　定期的に出力することはできていますが、このままだと時刻もわからないので、不便です。そこで、このワンライナーに手を加えてみましょう。dfコマンドの前に日付（「date;」）を入れてみます。

```
[wildcat@sandbox ~]$ while true; do date; df -h; sleep 3; done
2014年 10月 26日 日曜日 22:44:41 JST
ファイルシス              サイズ 使用  残り 使用% マウント位置
/dev/mapper/centos-root   5.8G  1.4G  4.5G  23% /
devtmpfs                  492M     0  492M   0% /dev
tmpfs                     498M     0  498M   0% /dev/shm
tmpfs                     498M  6.6M  491M   2% /run
tmpfs                     498M     0  498M   0% /sys/fs/cgroup
/dev/sda1                 497M   96M  402M  20% /boot
2014年 10月 26日 日曜日 22:44:44 JST
ファイルシス              サイズ 使用  残り 使用% マウント位置
/dev/mapper/centos-root   5.8G  1.4G  4.5G  23% /
devtmpfs                  492M     0  492M   0% /dev
tmpfs                     498M     0  498M   0% /dev/shm
tmpfs                     498M  6.6M  491M   2% /run
tmpfs                     498M     0  498M   0% /sys/fs/cgroup
/dev/sda1                 497M   96M  402M  20% /boot
```

日付は表示されました。しかし、どこが日付かわかりづらいです。今度はわかりやすいように、日付の行頭に「##」を付けるようにしてみましょう。

```
[wildcat@sandbox ~]$ while true; do echo -n "## "; date; df -h; sleep 3; done
## 2014 年 10 月 26 日 日曜日 22:45:12 JST
ファイルシス            サイズ  使用  残り  使用% マウント位置
/dev/mapper/centos-root  5.8G   1.4G  4.5G   23%  /
devtmpfs                 492M   0     492M   0%   /dev
tmpfs                    498M   0     498M   0%   /dev/shm
tmpfs                    498M   6.6M  491M   2%   /run
tmpfs                    498M   0     498M   0%   /sys/fs/cgroup
/dev/sda1                497M   96M   402M   20%  /boot
## 2014 年 10 月 26 日 日曜日 22:45:15 JST
ファイルシス            サイズ  使用  残り  使用% マウント位置
/dev/mapper/centos-root  5.8G   1.4G  4.5G   23%  /
devtmpfs                 492M   0     492M   0%   /dev
tmpfs                    498M   0     498M   0%   /dev/shm
tmpfs                    498M   6.6M  491M   2%   /run
tmpfs                    498M   0     498M   0%   /sys/fs/cgroup
/dev/sda1                497M   96M   402M   20%  /boot
```

だいぶ見やすくなりましたが、1行の処理が長くなってしまいました。このように、ワンライナーが長く、複雑になってきたら、シェルスクリプトにしましょう。

13-4 シェルスクリプトを書く

ワンライナーを再利用したい場合は、シェルスクリプトにします。シェルスクリプトはほかのプログラミング言語と比較するとテストしづらいので、あまり複雑なことは書かないようにします。

シェルスクリプトの基本は次の5つです。これらに留意して読み進めてください。

・基本的にコマンドの羅列である
・基本的に処理が上から下に流れる
・半角スペースやカンマ1つにも意味があるので注意する
・「#」でコメントアウトできる
・（初心者のうちは）全角文字を使わないようにする

13-4-1　コマンドを順番に実行する

今回は、以前学習したスナップショットバックアップを実行するバックアップスクリプトを作成しましょう。バックアップとして/etc（スナップショット上は/mnt/snap/etc）を/tmp/etc.日時.tar.bz2に取得することにします。

日時を表示するのは次のコマンドでした（「man date」を実行して確認してください）。

```
[wildcat@sandbox ~]$ date +%Y%m%d_%H%M
```

また、スナップショット取得・開放のために実行するコマンドは次のとおりでした。

```
[wildcat@sandbox ~]$ sudo lvcreate --snapshot --size 768M --name ↵
snap0 /dev/centos/root
[wildcat@sandbox ~]$ sudo mkdir /mnt/snap
[wildcat@sandbox ~]$ sudo mount -o nouuid /dev/centos/snap0 /mnt/snap
```

```
[wildcat@sandbox ~]$ sudo umount -l /mnt/snap
[wildcat@sandbox ~]$ sudo lvremove /dev/centos/snap0
```

これらを組み合わせてシェルスクリプトbackup.shを作ります。なお、tarの圧縮でbzip2を使うのでインストールしておいてください。backup.shは次のとおりです。

```
#!/bin/bash
sudo lvcreate --snapshot --size 768M --name snap0 /dev/centos/root
sudo mkdir /mnt/snap
sudo mount -o nouuid /dev/centos/snap0 /mnt/snap
sudo tar jcf /tmp/etc.`date +%Y%m%d_%H%M`.tar.bz2 /mnt/snap/etc
sudo umount -l /mnt/snap
sudo lvremove /dev/centos/snap0
```

1行目の「#!」はshebang(シバン)と呼ばれ、スクリプトを実行するバイナリを指定します。よくわからなければ、シェルスクリプトは#!/bin/bashか#!/bin/shだと覚えておいてください。では、backup.sh の属性を実行可に変更します。

```
[wildcat@sandbox ~]$ chmod a+x backup.sh
```

実行してみましょう。

```
[wildcat@sandbox ~]$ ./backup.sh
[sudo] password for wildcat:
  Logical volume "snap0" created
mkdir: ディレクトリ `/mnt/snap' を作成できません: ファイルが存在します
tar: メンバ名から先頭の `/' を取り除きます
Do you really want to remove active logical volume snap0? [y/n]: y
  Logical volume "snap0" successfully removed
```

全自動とはいきませんでしたが、ひとまず手順をプログラム化することができました。自動化できなかった部分はsudoのパスワード入力と、メッセージから推測するとlvremoveの部分のようです。「man lvremove」を実行してみると--forceというオプションがあるので、これを付けてみましょう。backup.shは次のようになります。

```
#!/bin/bash
sudo lvcreate --snapshot --size 768M --name snap0 /dev/centos/root
sudo mkdir /mnt/snap
sudo mount -o nouuid /dev/centos/snap0 /mnt/snap
sudo tar jcf /tmp/etc.`date +%Y%m%d_%H%M`.tar.bz2 /mnt/snap/etc
sudo umount -l /mnt/snap
sudo lvremove --force /dev/centos/snap0
```

```
[wildcat@sandbox ~]$ ./backup.sh
  Logical volume "snap0" created
mkdir: ディレクトリ `/mnt/snap' を作成できません: ファイルが存在します
tar: メンバ名から先頭の `/' を取り除きます
  Logical volume "snap0" successfully removed
```

ひとまず自動化できました。これで第一段階は完了です。

13-4-2　条件分岐を利用して制御する

よく見ると、「ディレクトリ `/mnt/snap' を作成できません:〜」というmkdirコマンドのエラーメッセージが表示されています。ディレクトリがすでにあるときは作成する必要がありません。ディレクトリがないときだけ作成するようにしましょう。backup.sh を以下のように修正して実行します（太字が修正部分）。

```
#!/bin/bash
sudo lvcreate --snapshot --size 768M --name snap0 /dev/centos/root
if [ ! -d /mnt/snap ]
then
  sudo mkdir /mnt/snap
fi
```

```
sudo mount -o nouuid /dev/centos/snap0 /mnt/snap
sudo tar jcf /tmp/etc.`date +%Y%m%d_%H%M`.tar.bz2 /mnt/snap/etc
sudo umount -l /mnt/snap
sudo lvremove --force /dev/centos/snap0
```

```
[wildcat@sandbox ~]$ sudo rmdir /mnt/snap
[wildcat@sandbox ~]$ ./backup.sh
  Logical volume "snap0" created
tar: メンバ名から先頭の `/' を取り除きます
  Logical volume "snap0" successfully removed
[wildcat@sandbox ~]$ ./backup.sh
  Logical volume "snap0" created
tar: メンバ名から先頭の `/' を取り除きます
  Logical volume "snap0" successfully removed
```

　成功しました。今回は-dオプションを使いましたが、「man test」を実行して確認すると、このほかにもファイルの有無やファイルサイズが0かどうかなど、いろいろな条件を指定できることがわかります。
　さて、ここまでスクリプト内でいちいちsudoコマンドを使ってきましたが、バックアップはcronで自動的に起動したいので、sudoコマンドを使うのではなくrootで動かすようにしましょう。backup.shで「sudo」を取り、次のように修正します。

```
#!/bin/bash
lvcreate --snapshot --size 768M --name snap0 /dev/centos/root
if [ ! -d /mnt/snap ]
then
  mkdir /mnt/snap
fi
```

```
mount -o nouuid /dev/centos/snap0 /mnt/snap
tar jcf /tmp/etc.`date +%Y%m%d_%H%M`.tar.bz2 /mnt/snap/etc
umount -l /mnt/snap
lvremove --force /dev/centos/snap0
```

これをrootで実行します。

```
[wildcat@sandbox ~]$ sudo su -
最終ログイン: 2014/10/26 (日) 09:02:36 JST 日時 tty1
[root@sandbox ~]# /home/wildcat/backup.sh
  Logical volume "snap0" created
tar: メンバ名から先頭の `/' を取り除きます
  Logical volume "snap0" successfully removed
```

バックアップの取得に成功しました。作業が終わったらwildcatに戻りましょう。

さて、この状態でrootになるのを忘れてwildcatでバックアップを実行してしまうと、どうなるでしょうか？

```
[wildcat@sandbox ~]$ ./backup.sh
  WARNING: Running as a non-root user. Functionality may be unavailable.
  /run/lvm/lvmetad.socket: connect failed: 許可がありません
  WARNING: Failed to connect to lvmetad: 許可がありません. Falling ↴
back to internal scanning.
  /dev/mapper/control: open failed: 許可がありません
  Failure to communicate with kernel device-mapper driver.
  striped: Required device-mapper target(s) not detected in your kernel.
  Run `lvcreate --help' for more information.
mount: only root can use "--options" option
tar: メンバ名から先頭の `/' を取り除きます
```

```
tar: /mnt/snap/etc: stat 不能: そのようなファイルやディレクトリはありません
tar (child): /tmp/etc.20141026_2255.tar.bz2: open 不能: 許可がありません
tar (child): Error is not recoverable: exiting now
tar: Child returned status 2
tar: Error is not recoverable: exiting now
umount: /mnt/snap: umount failed: 許可されていない操作です
  WARNING: Running as a non-root user. Functionality may be unavailable.
  /run/lvm/lvmetad.socket: connect failed: 許可がありません
  WARNING: Failed to connect to lvmetad: 許可がありません. Falling
back to internal scanning.
  /run/lock/lvm/V_centos:aux: open failed: 許可がありません
  Can't get lock for centos
  Skipping volume group centos
```

エラーがたくさん表示されました。そこで、rootでしか実行できないように、backup.shを次のように修正します。

```
#!/bin/bash

if [ "`whoami`" != "root" ]
then
  echo "you must run this script as root"
  exit 1
fi
lvcreate --snapshot --size 768M --name snap0 /dev/centos/root
if [ ! -d /mnt/snap ]
then
  mkdir /mnt/snap
fi
```

```
mount -o nouuid /dev/centos/snap0 /mnt/snap
tar jcf /tmp/etc.`date +%Y%m%d_%H%M`.tar.bz2 /mnt/snap/etc
umount -l /mnt/snap
lvremove --force /dev/centos/snap0
```

なお、「exit 0」が正常終了、それ以外が異常終了という意味なので、正常終了でない場合には「exit 1」にしましょう。直前のコマンドの終了コードは、以下のように特殊パラメータ「$?」で取得できます。

```
[wildcat@sandbox ~]$ ./backup.sh
you must run this script as root
[wildcat@sandbox ~]$ echo $?
1
```

特殊パラメータは「$?」のほかにもいくつかあるので、**表**13.2のような、よく使うパラメータは覚えておくと便利です。詳しくは「man bash」を実行して特殊パラメータの箇所を参照してください。

表13.2 特殊パラメータ

特殊パラメータ	機能
$?	最後に実行されたコマンドの終了ステータス
$0	シェルスクリプト自身の名前
$1	1つ目の引数の値
$@	すべての引数の値
$$	シェルスクリプト自身のPID

組み込みのシェル変数もよく使うものは覚えておきましょう（**表**13.3）。詳しくは「man bash」を実行してシェル変数の箇所を参照してください。

表13.3 組み込みのシェル変数

シェル変数	意味
PWD	その時点のカレントディレクトリ
HOSTNAME	ホスト名
RANDOM	0〜32767の乱数
PIPESTATUS	最後に実行されたコマンドの終了ステータスの配列
IFS	内部フィールド区切り文字（デフォルトは空白・タブ・改行）

13-4-3　変数とループを利用した繰り返し処理

今度は/etcだけではなく、ほかのディレクトリもバックアップしましょう。具体的には、/homeと/varをバックアップします。

複数ディレクトリの指定のために、変数宣言とループ（for）を使います。変数宣言は変数名と値を「=」でつなぎます。スペースは入れません。右辺を「$(コマンド名)」とするとコマンドの実行結果を代入し、「$((式))」とすると算術計算の結果を代入します。変数を参照するときは${変数名}です。

```
[wildcat@sandbox ~]$ ROOT_DIRS=$(ls -d /*)
[wildcat@sandbox ~]$ echo ${ROOT_DIRS}
/bin /boot /dev /etc /home /lib /lib64 /media /mnt /opt /proc /root
/run /sbin /srv /sys /tmp /usr /var
[wildcat@sandbox ~]$ ONE_DAY_SECONDS=$((60 * 60 * 24))
[wildcat@sandbox ~]$ echo ${ONE_DAY_SECONDS}
86400
```

変数は「"」（ダブルクォーテーション）で囲った文字列中では展開されますが、「'」（シングルクォーテーション）で囲った文字列中では展開されないので注意してください。

```
[wildcat@sandbox ~]$ ONE_DAY_SECONDS=$((60 * 60 * 24))
[wildcat@sandbox ~]$ echo ${ONE_DAY_SECONDS}
86400
[wildcat@sandbox ~]$ echo "${ONE_DAY_SECONDS}"
86400
[wildcat@sandbox ~]$ echo '${ONE_DAY_SECONDS}'
${ONE_DAY_SECONDS}
```

変数を参照するとき、${変数名:?}とすると、変数が未定義または空の場合にスクリプト自体がエラーで停止してくれます。変数が空だったときに大変なことになるrmコマンドやrsyncコマンドの引数に渡すときには、必ずこの表記方法を使ってください。「rm -rf /${HOGE}/*」と「rm -rf /${HOGE:?}/*」では全然違います。

変数の参照方法はほかにもいくつか特殊なものがあります（**表13.4**）。詳しくは「man bash」を実行してパラメータの展開の箇所を参照してください。

表13.4 パラメータの参照方法

パラメータ	参照方法
${PARAM:?}	PARAMが未設定か空ならエラー終了
${PARAM:-WORD}	PARAMが未設定か空ならデフォルトの値WORDを使う
${PARAM#WORD}	WORDを展開したパターンがPARAMと先頭から最短一致したものを削除した値
${PARAM##WORD}	WORDを展開したパターンがPARAMと先頭から最長一致したものを削除した値
${PARAM%WORD}	WORDを展開したパターンがPARAMと末尾から最短一致したものを削除した値
${PARAM%%WORD}	WORDを展開したパターンがPARAMと末尾から最長一致したものを削除した値

たとえば「LOGFILE=/var/log/yum.log」のとき、「${LOGFILE##*/}」はファイルパスを取り除いたファイル名＝「yum.log」になります。backup.shは以下のように書いて実行します。

```
#!/bin/bash
```

```
DIRS="etc home usr"
NOW=$(date +%Y%m%d_%H%M)

if [ "`whoami`" != "root" ]
then
  echo "you must run this script as root"
  exit 1
fi

lvcreate --snapshot --size 768M --name snap0 /dev/centos/root
if [ ! -d /mnt/snap ]
then
  mkdir /mnt/snap
fi
mount -o nouuid /dev/centos/snap0 /mnt/snap
for DIR in ${DIRS:?}
do
  tar jcf /tmp/${DIR:?}.${NOW:?}.tar.bz2 /mnt/snap/${DIR:?}
done
umount -l /mnt/snap
lvremove --force /dev/centos/snap0
```

```
[wildcat@sandbox ~]$ sudo /home/wildcat/backup.sh
  Logical volume "snap0" created
tar: メンバ名から先頭の `/' を取り除きます
tar: メンバ名から先頭の `/' を取り除きます
tar: メンバ名から先頭の `/' を取り除きます
tar: ハードリンク先から先頭の `/' を取り除きます
  Logical volume "snap0" successfully removed
```

Column　forの活用方法

「for A in $B」だと、Aには$BをIFSで区切ったものが順次入ります。seqと組み合わせることで、連続的な数値をさまざまなかたちに加工することができます。たとえば、1～3日前の日付を表示してみます。

```
[wildcat@sandbox ~]$ for I in `seq 1 3` ; do date +%Y%m%d -- ↵
date "$I days ago"; done
20141025
20141024
20141023
```

seqは、01～09のように、数字の先頭に0を追加するようなこともできます。これは、サーバがweb01～web10まであるときなどに役立ちます。

```
[wildcat@sandbox ~]$ seq -w 1 10 | xargs -I%% echo web%%
web01
web02
web03
web04
web05
web06
web07
web08
web09
web10
```

13-4-4　引数を利用した誤動作防止

サーバ管理のプログラムは、意図せず動作させると事故や不都合を起こす恐れのあ

るものが大半なので、うっかり起動しても問題がないようなプログラムにしてみましょう。前述の「rootユーザ以外では起動しない」というのもそうした対応の1つですが、一番ありがちなのは、ファイルの内容を見ようとして、catコマンドやvimコマンドを実行してしまうパターンです。これを防ぐため、特定の引数（プログラム実行時にスペース区切りで指定するもの）を指定しないと実行されないようにしましょう。

> **Column　スペースを含む引数**
>
> 引数はスペース区切りです。スペースを含む引数を渡すにはいくつか方法があります。簡単なシェルスクリプトであるargs.shを使って調べてみましょう。args.shは以下のとおりです。
>
> ```
> #!/bin/bash
> echo "arg1: $1"
> echo "arg2: $2"
> echo "arg3: $3"
> ```
>
> まず、スペースを含んだ引数を明示するために「"」か「'」で囲む方法があります。
>
> ```
> [wildcat@sandbox ~]$ ./args.sh 1 "2 2" 3
> arg1: 1
> arg2: 2 2
> arg3: 3
> ```
>
> このほかに、スペースをエスケープする方法もあります。シェルでのエスケープは「\」（バックスラッシュ）です（Windowsでは「¥」記号になるかもしれません）。
>
> ```
> [wildcat@sandbox ~]$ ./args.sh 1 2\ 2 3
> arg1: 1
> ```

13時間目 サーバ作業効率化の基礎知識

```
arg2: 2 2
arg3: 3
```

　この方法は、通常だとシェルで展開されてしまう「*」やブレース展開などを引数に渡したいときにも使います。

```
[wildcat@sandbox ~]$ ./args.sh *
arg1: args.sh
arg2: backup.sh
arg3: largefile
[wildcat@sandbox ~]$ ./args.sh \*
arg1: *
arg2:
arg3:
[wildcat@sandbox ~]$ ./args.sh {a,b}
arg1: a
arg2: b
arg3:
[wildcat@sandbox ~]$ ./args.sh "{a,b}"
arg1: {a,b}
arg2:
arg3:
```

　シェルでの展開を正しく意識しておくことで、ファイルをうっかり削除したりすることがなくなります。「rm -rf /*」と「rm -rf / *」と「rm -rf /*」の違いが理解できるようになりましょう。

　ここでは、第1引数にrunを指定しないと実行しないようにします。backup.shを以下のようにします。

```
#!/bin/bash

DIRS="etc home usr"
NOW=$(date +%Y%m%d_%H%M)

if [ "$1" != "run" ]
then
  echo "Usage: $0 run"
  exit 1
fi

lvcreate --snapshot --size 768M --name snap0 /dev/centos/root
if [ ! -d /mnt/snap ]
then
  mkdir /mnt/snap
fi
mount -o nouuid /dev/centos/snap0 /mnt/snap
for DIR in ${DIRS:?}
do
  tar jcf /tmp/${DIR:?}.${NOW:?}.tar.bz2 /mnt/snap/${DIR:?}
done
umount -l /mnt/snap
lvremove --force /dev/centos/snap0
```

実行してみましょう。

```
[wildcat@sandbox ~]$ ./backup.sh
Usage: ./backup.sh run
[wildcat@sandbox ~]$ ./backup.sh run
you must run this script as root
```

> **Column　シェルスクリプトのデバッグ**
>
> 　シェルスクリプトをデバッグしたいときに、スクリプトの最初のほうで「set -x」と書いておくと、実行結果が逐次コンソールに出力されるようになるので便利です。少し原始的ですが、何かを実行する行の先頭に「echo」を書いておけば、簡易的なデバッグもできます。

13-4-5　毎日自動実行する

　バックアップを毎日実行するように、cronに設定しましょう。ここでは、毎日6:00に実行するようにします。スクリプトからの出力はログに記録しておきます。

```
[wildcat@sandbox ~]$ sudo crontab -e
```

```
0 6 * * * /home/wildcat/backup.sh run 2>&1 | logger -t backup
```

ログは/var/log/messageに出力されます。内容を確認してみましょう。

```
Oct 26 06:00:01 sandbox backup: /home/wildcat/backup.sh: ↴
行 18: lvcreate: コマンドが見つかりません
Oct 26 06:00:01 sandbox backup: mount: special device /dev/centos/ ↴
snap0 does not exist
Oct 26 06:00:01 sandbox backup: tar: メンバ名から先頭の `/' を取り除きます
Oct 26 06:00:01 sandbox backup: tar: /mnt/snap/etc: stat 不能: そのよう ↴
なファイルやディレクトリはありません
Oct 26 06:00:01 sandbox backup: tar: 前のエラーにより失敗ステータスで終了 ↴
します
Oct 26 06:00:01 sandbox backup: tar: メンバ名から先頭の `/' を取り除きます
Oct 26 06:00:01 sandbox backup: tar: /mnt/snap/home: stat 不能: そのよ ↴
うなファイルやディレクトリはありません
```

```
Oct 26 06:00:01 sandbox backup: tar: 前のエラーにより失敗ステータスで終了↴
します
Oct 26 06:00:01 sandbox backup: tar: メンバ名から先頭の `/' を取り除きます
Oct 26 06:00:01 sandbox backup: tar: /mnt/snap/usr: stat 不能: そのよう↴
なファイルやディレクトリはありません
Oct 26 06:00:01 sandbox backup: tar: 前のエラーにより失敗ステータスで終了↴
します
Oct 26 06:00:01 sandbox backup: umount: /mnt/snap: not mounted
Oct 26 06:00:01 sandbox backup: /home/wildcat/backup.sh: ↴
行 29: lvremove: コマンドが見つかりません
```

「コマンドが見つかりません」というエラーが最初と最後に出ました。lvcreateコマンドとlvremoveコマンドが見つからないようなので、PATHを変更するか、コマンドをフルパスで書くようにしましょう。今回は以下のように、手動で実行したときに設定されていたrootユーザのパスをPATHに追加するようにします。cronにはユーザと同様の環境変数は設定されないため、PATHなどは明示的に設定が必要です。

```
[wildcat@sandbox ~]$ sudo env | grep PATH
PATH=/sbin:/bin:/usr/sbin:/usr/bin
```

backup.shの内容を確認しましょう。

```
#!/bin/bash

export PATH=${PATH}:/sbin:/bin:/usr/sbin:/usr/bin

DIRS="etc home usr"
NOW=$(date +%Y%m%d_%H%M)
```

```
if [ "$1" != "run" ]
then
  echo "Usage: $0 run"
  exit 1
fi

if [ "`whoami`" != "root" ]
then
  echo "you must run this script as root"
  exit 1
fi

lvcreate --snapshot --size 768M --name snap0 /dev/centos/root
if [ ! -d /mnt/snap ]
then
  mkdir /mnt/snap
fi
mount -o nouuid /dev/centos/snap0 /mnt/snap
for DIR in ${DIRS:?}
do
  tar jcf /tmp/${DIR:?}.${NOW:?}.tar.bz2 /mnt/snap/${DIR:?}
done
umount -l /mnt/snap
lvremove --force /dev/centos/snap0
```

再度実行し、/var/log/messagesを確認しましょう。

```
Oct 26 06:00:01 sandbox backup: Logical volume "snap0" created
Oct 26 06:00:01 sandbox backup: tar: メンバ名から先頭の `/' を取り除きます
```

```
Oct 26 06:00:05 sandbox backup: tar: メンバ名から先頭の `/' を取り除きます
Oct 26 06:00:07 sandbox backup: tar: メンバ名から先頭の `/' を取り除きます
Oct 26 06:00:15 sandbox backup: tar: ハードリンク先から先頭の `/' を取り
除きます
Oct 26 06:02:51 sandbox backup: Logical volume "snap0" successfully
removed
```

バックアップを確認します。

```
[wildcat@sandbox ~]$ ls -altr /tmp/*.`date +%Y%m%d`*.bz2
-rw-r--r-- 1 root root      5822136 10月 26 06:00 /tmp/etc.20141026_0600.
tar.bz2
-rw-r--r-- 1 root root         1676 10月 26 06:00 /tmp/home.20141026_0600.
tar.bz2
-rw-r--r-- 1 root root    301179589 10月 26 06:02 /tmp/usr.20141026_0600.
tar.bz2
```

バックアップを取得できました。今回試してわかったと思いますが、シェルスクリプトは動作確認とエラー処理を実装しないと、意図どおりに動いていなくても、それがわからないことがあります。例外処理機構などはないので、コマンドの終了ステータスを逐一確認するなど、丁寧に実装しましょう。

13-4-6　エラーレポート

スクリプトの最後で処理結果を確認するようにしましょう。

今回は、バックアップのファイルが作成できていること、容量が10KB以上あること、スナップショットが開放されていることの3点を確認することにします。結果をメールでrootユーザに送るようにしましょう。メールを送るにはmailコマンドを使います。標準入力から本文を受け取り、引数で件名と宛先を指定します。

```
[wildcat@sandbox ~]$ sudo yum install mailx
[wildcat@sandbox ~]$ echo "hello world" | mail -s testmail wildcat
[wildcat@sandbox ~]$ mail
Heirloom Mail version 12.5 7/5/10.  Type ? for help.
"/var/spool/mail/wildcat": 1 message 1 new
>N  1 wildcat@sandbox.loca  Sun Oct 26 23:11  18/614   "testmail"
& 1
Message  1:
From wildcat@sandbox.localdomain  Sun Oct 26 23:11:00 2014
Return-Path: <wildcat@sandbox.localdomain>
X-Original-To: wildcat
Delivered-To: wildcat@sandbox.localdomain
Date: Sun, 26 Oct 2014 23:10:59 +0900
To: wildcat@sandbox.localdomain
Subject: testmail
User-Agent: Heirloom mailx 12.5 7/5/10
Content-Type: text/plain; charset=us-ascii
From: wildcat@sandbox.localdomain
Status: R


hello world


& q
Held 1 message in /var/spool/mail/wildcat
```

　rootユーザにメールが届きました。インターネットに接続できていれば外部にもメールを送信できます。シェルスクリプトではヒアドキュメントという方法で、複数行にわたるテキストを標準出力に出力することができます。

　構文は下記のとおりです。echoではなくcatなので注意してください。

```
cat <<FIN
 ...
FIN
```

　以上を踏まえたチェック部分のプログラムは下記のようになります。チェック部分のポイントは以下のとおりです。

- エラーの数を最後に確認するためにERROR_COUNTを加算していく
- 「-ne 0 〜 -lt 10」で数字の比較を実施する
- [ ]内の -oで、OR条件の比較を実施する

```
## check
ERROR_COUNT=0
ERROR_MESSAGE=""
SNAPSHOT_COUNT=$(lvdisplay | grep -c snap0 2>/dev/null)
if [ ${SNAPSHOT_COUNT} -ne 0 ]
then
  ERROR_COUNT=$((${ERROR_COUNT:?} + 1))
  ERROR_MESSAGE=$(cat <<FIN
LVM snapshot still exist.
FIN
)
fi
for DIR in ${DIRS:?}
do
  DATA_SIZE=$(du -k /tmp/${DIR:?}.${NOW:?}.tar.bz2 2>/dev/null | cut ↵
-f 1)
  if [ $? -ne 0 -o ${DATA_SIZE:-0} -lt 10 ]
  then
    ERROR_COUNT=$((${ERROR_COUNT:?} + 1))
```

13時間目 サーバ作業効率化の基礎知識

```
        ERROR_MESSAGE=$(cat <<FIN
${ERROR_MESSAGE}
/tmp/${DIR:?}.${NOW:?}.tar.bz2 does not exist or too small.
FIN
)
    fi
  done


  ## report
  if [ ${ERROR_COUNT:?} -ne 0 ]
  then
    cat <<FIN | mail -s backup_error wildcat
** [ERROR] ${ERROR_COUNT} error(s) occured **

${ERROR_MESSAGE}
FIN
  fi
```

　今回はチェックの機能を追加しましたが、これを「backup.sh run」ではなく、「backup.sh check <日付>」とすると、チェックだけを実行できるようにします。
　プログラムが長くなってきたので、処理をまとめるために関数定義（function）を使います。以下のようにします。

- バックアップ処理を exec_backup 関数にまとめる
- チェック処理を exec_check 関数にまとめる

　関数定義をするときは、関数を使う部分よりも前に定義を書く必要があります。backup.sh を以下のように修正します（太字が修正部分）。

```bash
#!/bin/bash

export PATH=${PATH}:/sbin:/bin:/usr/sbin:/usr/bin

DIRS="etc home usr"
NOW=$(date +%Y%m%d_%H%M)

function exec_backup () {
  lvcreate --snapshot --size 768M --name snap0 /dev/centos/root
  if [ ! -d /mnt/snap ]
  then
    mkdir /mnt/snap
  fi
  mount -o nouuid /dev/centos/snap0 /mnt/snap
  for DIR in ${DIRS:?}
  do
    tar jcf /tmp/${DIR:?}.${NOW:?}.tar.bz2 /mnt/snap/${DIR:?}
  done
  umount -l /mnt/snap
  lvremove --force /dev/centos/snap0
}

function exec_check () {
  if [ "$1" != "" ]
  then
    NOW=$1
  fi

  ## check
  ERROR_COUNT=0
  ERROR_MESSAGE=""
  SNAPSHOT_COUNT=$(lvdisplay | grep -c snap0 2>/dev/null)
  if [ ${SNAPSHOT_COUNT} -ne 0 ]
  then
    ERROR_COUNT=$((${ERROR_COUNT:?} + 1))
    ERROR_MESSAGE=$(cat <<FIN
```

```
LVM snapshot still exist.
FIN
)
  fi
  for DIR in ${DIRS:?}
  do
    DATA_SIZE=$(du -k /tmp/${DIR:?}.${NOW:?}.tar.bz2 2>/dev/null | ↵
cut -f 1)
    if [ $? -ne 0 -o ${DATA_SIZE:-0} -lt 10 ]
    then
      ERROR_COUNT=$((${ERROR_COUNT:?} + 1))
      ERROR_MESSAGE=$(cat <<FIN
${ERROR_MESSAGE}
/tmp/${DIR:?}.${NOW:?}.tar.bz2 does not exist or too small.
FIN
)
    fi
  done
  ## report
  if [ ${ERROR_COUNT:?} -ne 0 ]
  then
    cat <<FIN | mail -s backup_error wildcat
** [ERROR] ${ERROR_COUNT} error(s) occured **
${ERROR_MESSAGE}
FIN
  fi
}


## main
if [ "`whoami`" != "root" ]
then
  echo "you must run this script as root"
  exit 1
fi
```

```
if [ "$1" == "run" ]
then
  exec_backup
  exec_check
elif [ "$1" == "check" ]
then
  if [ "$2" != "" ]
  then
    exec_check $2
  else
    echo "Usage: $0 check YYYYmmdd_HHMM"
   exit 1
  fi
else
  echo "Usage: $0 [run|check YYYYmmdd_HHMM]"
  exit 1
fi
```

　書けましたが、すごく長くなってしまいました。エラー処理なども含めたプログラムにしたい場合は、無理にシェルスクリプトで作成せずに、PythonやPerl、Rubyなどのプログラミング言語を利用してください。

> **Column　起動スクリプトを読んでみよう**
>
> 　シェルスクリプトに慣れてきたら、上級者が書いたコードを読んでみましょう。身近なところでは、/etc/rc.d/init.d/配下のApacheやiptablesの起動スクリプトがあります。自分が知らない機能が発見できるかもしれませんよ。

13-5 たくさんのファイルに対する逐次処理

　シェルスクリプトを作るまでもないけれど少し凝ったことをしたいことはよくあります。たとえば、ディスク整理のために更新後30日以上経過したファイルを圧縮する場合、大きく2つの方法があります。

① findコマンドで探し、findコマンドの-execでファイルごとに処理する（{}はfindで見つけたファイル名になります）。

```
find /tmp -mtime +30 -type f -exec bzip2 {} \;
```

② findコマンドで探し、xargsコマンドでファイルごとに処理する（-I%%としているため、%%はfindコマンドで見つけたファイル名になります）。

```
find /tmp -mtime +30 -type f | xargs -I%% bzip2 %%
```

①は逐次処理のため、進捗がわかりやすいです。見つけたものから順番に処理していきます。②も基本は逐次処理なのですが、xargsコマンドは並列化もできるのが特長です。xargsコマンドに「-P 2」というオプションを付けると、2並列で処理を進めてくれます。時間がかかるときに、リソースがあまっていたら活用してください。

Column 大量処理だと気になる処理効率

古いファイルを一括で削除したいことがよくあります。「find -exec」か「xargs rm」を使うのですが、どちらもrmコマンドを逐次起動するため、プロセス起動処理のための時間がその都度かかり、これが無視できないくらい重たいのです。

試しに10000ファイルを削除するのにかかる時間をtimeコマンドで測定してみましょう。rmコマンドでいっぺんにすべてのファイルを消す場合の「find -exec」と「find xargs」を比較します。

```
[wildcat@sandbox work]$ touch {1..10000} ; time rm {1..10000}
real    0m0.287s
user    0m0.032s
sys     0m0.243s
[wildcat@sandbox work]$ touch {1..10000} ; time find . -type ↴
f -exec rm {} \;
real    0m8.464s
user    0m1.714s
sys     0m6.284s
[wildcat@sandbox work]$ touch {1..10000} ; time find . -type ↴
```

```
f | xargs -I%% rm %%
real    0m8.477s
user    0m1.928s
sys     0m6.059s
```

　rmコマンドを1回実行した場合と比べるとどちらも30倍の時間がかかっています。このようにプロセス起動はとても重たい処理なのです。rmコマンド1回では負荷が心配だが、無駄が多すぎるのも困るという場合は、「xargs -L」を実行して一度に処理する行数を指定するとよいでしょう。xargsコマンドで一度に100行を処理する方法は以下のとおりです。

```
[wildcat@sandbox work]$ touch {1..10000} ; time find . -type ↵
f | xargs -L 100 rm
real    0m0.380s
user    0m0.048s
sys     0m0.303s
```

　ちなみに、findの-deleteオプションを使うと、1番目の方法と同等の速度で削除できます。試してみてください。

```
[wildcat@sandbox work]$ touch {1..10000} ; time find . -type ↵
f -delete
```

　13時間目の実践はこれでおしまいです。お疲れさまでした！

確認テスト

Q1 /etc配下にある全ファイルの行数を合計してください。

Q2 /etc配下にある全ファイルの空行の数を合計してください。

14時間目 クラウドと最新インフラ技術の基礎知識

近年のインフラのソフトウェア化の流れはSNSやソーシャルゲームに代表されるWebサービスの大規模化と、クラウドサービスの普及によるインフラ調達アジリティの高速化によるものです。14時間目では、その象徴となるソフトウェアを使えるようになりましょう。

今回のゴール

- サーバの設定テストをできるようになること
- サーバのインストールを自動化できるようになること
- サーバのプロビジョニングツールが使えるようになること
- サーバの仮想化とクラウドサービスについて理解すること

14-1 サーバ設定をテストする

　自動化の前に、サーバ設定のテストを作りましょう。何を自動化して、どのような結果を得たいのかを定義して構築を進めていきます。

　サーバテストの分野で定番のツールはServerspecです。サーバの正しい状態を定義し、対象のサーバがそうなっているかどうかを検証できます。プログラミングの経験がある方であれば、xUnitのようなツールと言えば感覚がわかるかもしれません。

- Serverspec - Home
  http://serverspec.org/

ServerspecはRubyを使うので、まずRubyをインストールします。それから、Ruby用のgemというソフトウェアリポジトリからServerspecをインストールします。

```
[wildcat@sandbox ~]$ sudo yum install rubygems
```

```
[wildcat@sandbox ~]$ sudo gem install serverspec
```

インターネットに接続していない場合は、付属DVD-ROMをマウントして次のようにしてください。

```
[wildcat@sandbox ~]$ sudo gem install --local /media/serverspec/ ↵
net-ssh-2.9.1.gem
[wildcat@sandbox ~]$ sudo gem install --local /media/serverspec/ ↵
rspec-{support,core,mocks,expectations}-*.gem
[wildcat@sandbox ~]$ sudo gem install --local /media/ ↵
serverspec/specinfra-2.4.1.gem
[wildcat@sandbox ~]$ sudo gem install --local /media/serverspec/*.gem
```

インストールが完了したら、Serverspec用に新しくディレクトリを作ってテストしましょう。今回はservertestというディレクトリにします。

まず、serverspec-initコマンドでテンプレートを生成します。今回は試しに「web」という名前のサーバに対してのテストを作成します。

```
[wildcat@sandbox ~]$ mkdir ~/servertest
[wildcat@sandbox ~]$ cd ~/servertest
[wildcat@sandbox servertest]$ serverspec-init
Select OS type:
```

14時間目 クラウドと最新インフラ技術の基礎知識

```
  1) UN*X
  2) Windows

Select number: 1

Select a backend type:

  1) SSH
  2) Exec (local)

Select number: 1

Vagrant instance y/n: n
Input target host name: web
 + spec/
 + spec/web/
 + spec/web/sample_spec.rb
 + spec/spec_helper.rb
 + Rakefile
 + .rspec
```

~/servertest/spec/web/sample_spec.rb の内容は次のとおりです。

```ruby
require 'spec_helper'

describe package('httpd'), :if => os[:family] == 'redhat' do
  it { should be_installed }
end

describe package('apache2'), :if => os[:family] == 'ubuntu' do
```

```ruby
    it { should be_installed }
end

describe service('httpd'), :if => os[:family] == 'redhat' do
  it { should be_enabled }
  it { should be_running }
end

describe service('apache2'), :if => os[:family] == 'ubuntu' do
  it { should be_enabled }
  it { should be_running }
end

describe service('org.apache.httpd'), :if => os[:family] == 'darwin' do
  it { should be_enabled }
  it { should be_running }
end

describe port(80) do
  it { should be_listening }
end
```

この例でのテスト内容は次のとおりです。

- Apacheがインストールされている
- Apacheの自動起動が有効になっていて起動している
- ポート80をLISTENしている

このように、構築作業の内容ではなく、構築作業の結果がどのような状態になっているべきかを書くことで、作業の結果が正しいか、漏れがないかを確認できます。このpackage service port fileなどを「リソースタイプ」と呼びます。リソースタイプ

の一覧や詳しい使い方は、公式Webサイトのhttp://serverspec.org/で確認してください。

利用可能なリソースタイプは以下のとおりです。

cgroup、command、cron、default_gateway、file、group、host、iis_app_pool、iis_website、interface、ipfilter、ipnat、iptables、kernel_module、linux_kernel_parameter、lxc、mail_alias、package、php_config、port、ppa、process、routing_table、selinux、service、user、windows_feature、windows_registry_key、yumrepo、zfs

それでは**8時間目**で実施したWordPressインストールのテストを作りましょう。デフォルトで作成されたsample_spec.rbを削除し、代わりに下記のmy_spec.rbを作成します。

```
require 'spec_helper'

describe selinux do
  it { should be_disabled }
end

describe package('httpd') do
  it { should be_installed }
end
describe service('httpd') do
  it { should be_enabled }
  it { should be_running }
end
describe command('sudo firewall-cmd --list-all | grep -w services: | grep -wi http') do
  its(:exit_status) { should eq 0 }
end
```

```ruby
describe package('mariadb-server') do
  it { should be_installed }
end
describe service('mariadb') do
  it { should be_enabled }
  it { should be_running }
end

describe package('php') do
  it { should be_installed }
end
describe package('php-mbstring') do
  it { should be_installed }
end
describe package('php-mysql') do
  it { should be_installed }
end
describe package('php-pspell') do
  it { should be_installed }
end
describe package('php-xml') do
  it { should be_installed }
end
describe package('php-xmlrpc') do
  it { should be_installed }
end

describe file('/var/www/html/wp-config.php') do
  it { should be_file }
end
```

テストを実行しましょう。まずは**8時間目**で作成した仮想マシンを起動しておきます。ここでは「web」という名前でアクセスするテストを作成したので、テストする側で「web」という名前でsshアクセスできるように設定しましょう。具体的な方法は/etc/hostsか~/.ssh/configのいずれかに設定します。ここでは~/.ssh/configに設定することにします。ssh鍵がない場合は作成しておきましょう。

```
[wildcat@sandbox servertest]$ ssh-keygen -N "" -f ~/.ssh/id_rsa
```

筆者の環境では、起動したmyblog仮想マシンのIPアドレスは「192.168.56.104」でした。ログインに利用するユーザがrootなので、それも指定します。

~/.ssh/config は以下のようになります。

```
Host web
    HostName 192.168.56.104
    User root
```

~/.ssh/configを設定したら、ssh-copy-idコマンドで鍵を登録し、テストの対象となるサーバにログインできるようにしましょう。

```
[wildcat@sandbox servertest]$ cat << FIN >> ~/.ssh/config
Host web
    HostName 192.168.56.104
    User root
FIN
[wildcat@sandbox servertest]$ chmod 600 ~/.ssh/config
[wildcat@sandbox servertest]$ ssh-copy-id web
The authenticity of host '192.168.56.104 (192.168.56.104)' can't be ↩
established.
ECDSA key fingerprint is 5f:2c:41:71:87:1b:03:25:e1:8d:84:34:30:03:0f: ↩
88.
```

```
Are you sure you want to continue connecting (yes/no)? yes
/usr/bin/ssh-copy-id: INFO: attempting to log in with the new key(s), ⏎
to filter out any that are already installed
/usr/bin/ssh-copy-id: INFO: 1 key(s) remain to be installed -- if you ⏎
are prompted now it is to install the new keys
root@192.168.56.104's password:

Number of key(s) added: 1

Now try logging into the machine, with:   "ssh 'web'"
and check to make sure that only the key(s) you wanted were added.
```

それでは、rpsecコマンドでテストを実行します。commandを使うときはptyが必要になるのでrequest_ptyをtrueにしておきます。

```
[wildcat@sandbox servertest]$ echo 'set :request_pty, true' | tee ⏎
-a spec/spec_helper.rb
[wildcat@sandbox servertest]$ TARGET_HOST=web rspec
(略)
Finished in 1.14 seconds (files took 0.43317 seconds to load)
15 examples, 0 failures
```

すべて成功しました。

今回はテストの処理をあとから書きましたが、構築するより前にテストを書くことで構築漏れをなくすことができ、正しい実装を明確に残すことができます。テストを活用し、エンジニアとしての腕を磨いてください。

14-2 OSのインストールを自動化する

　OSのインストールは、kickstartで自動化します。これまでは以下のような手順をとっていましたが、④以降を自動化できます。

① 付属DVD-ROMをセットする
② 電源をオンにして起動する
③ インストーラを起動する
④ 各種設定を実施する（手動）
⑤ 付属DVD-ROMを取り出して再起動する（手動）

　具体的には、④の各種設定をkickstart設定ファイルにすることで、一括指示できるようになります。設定ファイルの引き渡しはHTTPで実施するので、まずは既存のサーバ（sandbox）にApacheをインストールしてアクセスできる状態にしましょう。

```
[wildcat@sandbox ~]$ sudo yum install httpd
[wildcat@sandbox ~]$ sudo systemctl enable httpd
[wildcat@sandbox ~]$ sudo systemctl start httpd
[wildcat@sandbox ~]$ sudo firewall-cmd --add-service=http --permanent
[wildcat@sandbox ~]$ sudo firewall-cmd --reload
```

　次に、kickstartの設定ファイルである/var/www/html/ks.cfgを作成します。ひな形はインストール済みのサーバの/root/anaconda-ks.cfgにあるので、これを参考に作成しましょう（anacondaはCentOSのインストーラの名前です）。
　kickstartの設定ファイルはks.cfgとすることが多いです。以下のようになります。

```
#version=RHEL7
# System authorization information
auth --enableshadow --passalgo=sha512


# Use CDROM installation media
```

```
cdrom
# Run the Setup Agent on first boot
firstboot --enable
ignoredisk --only-use=sda
# Keyboard layouts
keyboard --vckeymap=jp106 --xlayouts='jp'
# System language
lang ja_JP.UTF-8


# Network information
network  --bootproto=dhcp --device=enp0s3 --ipv6=auto --activate
network  --bootproto=dhcp --device=enp0s8 --ipv6=auto --activate
network  --hostname=sandbox
# Root password
rootpw --iscrypted $6$j3GmIGZjZEM/3SAP$pam/nC2YcElBGErYDzLo9zjusxLzr↴
EErd07M43sY.OgUiM7hVx3xZk3GUpCH1zL4ctRP4EgHYWyGaxjebNTfN1
# System timezone
timezone Asia/Tokyo --isUtc
# System bootloader configuration
bootloader --location=mbr --boot-drive=sda
# Partition clearing information
clearpart --none --initlabel
# Disk partitioning information
part pv.10 --fstype="lvmpv" --ondisk=sda --size=6667
part /boot --fstype="xfs" --ondisk=sda --size=500
volgroup centos --pesize=4096 pv.10
logvol swap  --fstype="swap" --size=819 --name=swap --vgname=centos
logvol /  --fstype="xfs" --size=5844 --name=root --vgname=centos

%packages
```

```
@core

%end
```

　これで準備完了です。これまでと同様に、新しい仮想マシンを作成し、ネットワークを設定し、付属DVD-ROMをマウントしたら起動します。ネットワークアダプター1をNATに、ネットワークアダプター2をホストオンリーアダプターのvboxnet0にするのを忘れないようにしてください。
　図14.1の画面まで来たら、すばやく［Esc］を押します。

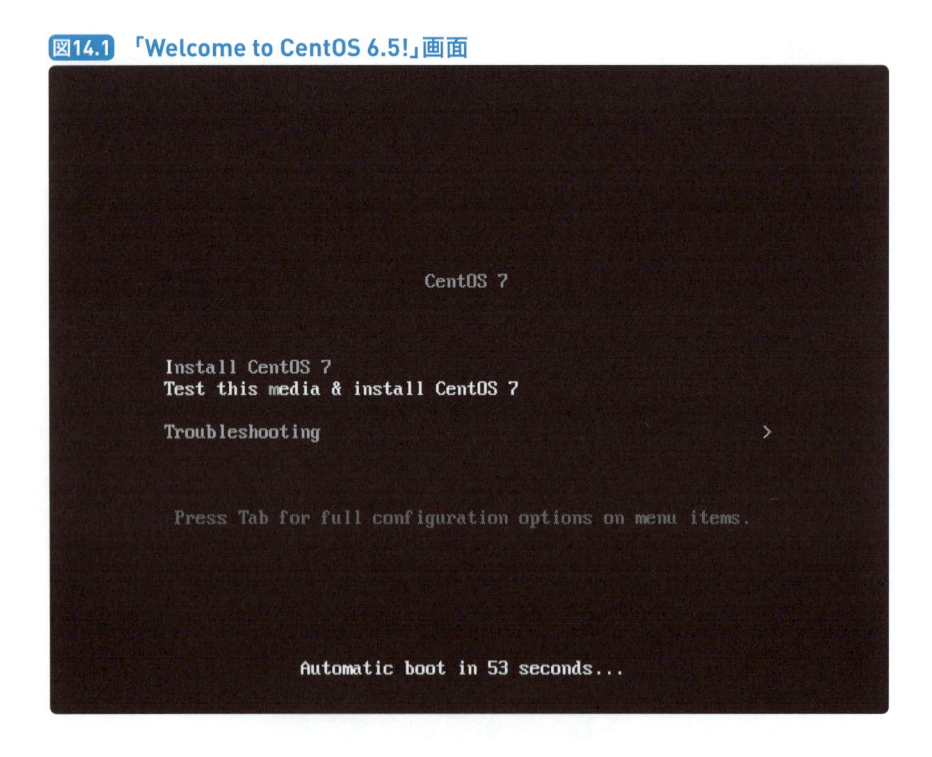

図14.1　「Welcome to CentOS 6.5!」画面

　図14.2の画面まで来たら、次のとおり入力して［Enter］を押します。

```
boot: linux ksdevice=enp0s8 ks=http://192.168.56.102/ks.cfg
```

　ksには、ks.cfgを作成・配置したサーバのIPアドレスを指定してください。今回は192.168.56.102でした。ちなみにこのとき認識されているキーボードは英字配列なので、「=」は［へ］、「:」は［Shift］＋［れ］で入力できます。

図14.2　「boot:」画面

```
boot: _
```

　すると、インストールが進行し、完了すると自動的に再起動します。
　ks.cfgを利用すると、インストール後に任意のコマンドを実行できます。たとえば、wildcatというユーザを作成し、yumコマンドで全体をアップデートする場合にはks.cfgに以下のように追記します。

```
%post
useradd wildcat
yum -y update
%end
```

14時間目 クラウドと最新インフラ技術の基礎知識

Column｜kickstartでどこまでセットアップする？

　前述のとおり、kickstartで任意のコマンドを実行できるので、いろいろなことができ、Apacheのインストールや設定などもひととおりできます。ただし、実行に時間がかかるなど、テストが難しいため、なんでもかんでも実行するのはあまりお勧めしません。

　最近は、後述するChefやPuppet、Ansibleなどを利用したセットアップをkickstartで自動化するのが主流です。kickstartはログインまでにしておき、セットアップはセットアップ自動化に任せるようにするのがよいでしょう。

Column｜OSのインストールをもっと自動化したい

　OSのインストールはさらに自動化できます。

　PXE bootを使うと、DVD-ROMのセットやkickstartの指定も不要にできるのです。DHCPDとTFTPDで行うのが定番です。PXE bootで起動してtftpで初期イメージを配布し、kickstartでインストールという流れです。具体的には、図Aで「l）LAN」を使います。

図A　OSのインストールの自動化

```
VirtualBox temporary boot device selection
Detected Hard disks:


  AHCI controller:
    1) Hard disk

Other boot devices:
 f) Floppy
 c) CD-ROM
 l) LAN

 b) Continue booting
```

> Amazon EC2のようなIaaS型クラウドサービスであれば、インストール済みのOSイメージを基に全自動での構築ができます。こちらもぜひチャレンジしてみてください。

》14-3 セットアップを自動化する

　　OSのインストールの次はセットアップの自動化です。大規模Webサービスの流れで実用化された技術ですが、クラウドサービス（IaaS）の登場で一気に一般に普及しました。有名なソフトウェアはChef、Puppet、Ansibleです。Puppetはこの分野の草分け的存在で、Chefの登場でこの分野が一気に活性化しました。Ansibleは後発ながら非常にシンプルにまとまっています。

　　これらのソフトウェアを「サーバプロビジョニングツール」と呼びます。最大の特徴は冪等性を重視している点です。冪等性を簡単に言うと、何度実行しても結果が同じになるということです。セットアップ手順をなぞるのではなく、あるべき状態を定義し、サーバをその状態に収束させるためのツールです。

　　具体的には、ある設定ファイルに記述を追記するのではなく、ある設定ファイルにその内容が記述されているようにするということです。前者だと実行するたびに同じ記述が増えてしまいますが、後者であれば記述が重複することはありません。

　　PuppetとChefはRuby、AnsibleはPythonでできています。今回は紹介にとどめますが、Ansibleはepelからインストールできます。

```
[wildcat@sandbox ~]$ sudo yum install ansible
```

　　インストールが完了したら、hostsとplaybook.ymlの2つのファイルを用意します。なお、この例では冪等性を守るために、iptablesの項目で独自の工夫を行っています。
　　playbook.ymlは以下のようになります。

```yaml
- hosts: all
  sudo: yes
  tasks:
    - yum: name=libselinux-python state=installed
    - selinux: state=disabled
    - yum: name={{ item }} state=installed
      with_items:
        - httpd
        - php
        - php-mbstring
        - php-mysql
        - php-pspell
        - php-xml
        - php-xmlrpc
        - mariadb-server

    - action: service name=httpd state=started enabled=yes
    - action: service name=mariadb state=started enabled=yes

    - shell: firewall-cmd --list-all | grep -i service
      register: savedfirewall
    - command: firewall-cmd --add-service=http --permanent
      when: savedfirewall.stdout.find('http') == -1
      notify: reload firewalld

  handlers:
    - name: reload firewalld
      command: firewall-cmd --reload
```

一度playbookを作成してしまえば、同じ設定のサーバはいくつかコマンドを実行するだけでよくなります。手順をなぞるところは再利用でき、仕様を作るところに注力できるようになるのは、素晴らしいことです。

14-4 サーバ仮想化とクラウドサービス

これまで実践でVirtualBoxを使ってきましたが、サーバ用途でも仮想化をよく使います。

CentOSにはデフォルトでKVMとLXCという仮想化技術が用意されています。

仮想化で利用する基盤側を「仮想化ホスト」、その上で動かすサーバを「仮想化ゲスト」と呼びます。**表14.1**のとおり仮想化には3つの方式があり、それぞれに特徴があります（なお、表の「大中小」は相対的な比較であり、絶対値としての大小を示すものではありません。また、仮想化オーバーヘッドとは、仮想化に伴う性能ロスのことです）。

表14.1 仮想化の方式

方式	ホストとの分離の程度	仮想化オーバーヘッド	ゲストOSの選択の自由度	代表的なソフトウェア
完全仮想化	大（ハードウェアをソフトウェアで実現）	大	大	KVM、VirtualBox
準仮想化	中（ホストOSの機能を一部利用）	中	中	Xen、VMware
コンテナ	小（ホストOSそのものを切り売り）	小	小	LXC、OpenVZ

完全仮想化と準仮想化は1つのソフトウェアでその両方に対応していることが多く、一概にどのソフトウェアがどの方式とは言えません。

クラウドサービスの事業者もこれらのソフトウェアを活用しており、AWS（Amazon Web Services）のEC2ではXenを、Google Cloud PlatformのGoogle Compute EngineやさくらインターネットのさくらのクラウドではKVMを、ニフティのニフティクラウドではVMWareを採用し、仮想マシン数万台の基盤を構築・運用しているようです（2014年3月時点）。

14時間目 クラウドと最新インフラ技術の基礎知識

Column いろいろあるクラウドサービス

クラウドサービスの主な類型には、**表A**のようにSaaS(サース)、PaaS(パース)、IaaS(イアース、アイアース)の3種類があります。

表A　クラウドサービスの主な類型

略称	名称	代表的な事業者・サービス
SaaS	Software As A Service	Salesforce(salesforce.com)、Google(Gmail)、Dropbox、Evernote
PaaS	Platform As A Service	Salesforce(heroku)、Google(Google App Engine)
IaaS	Infrastructure As A Service	Amazon Web Services、Google Cloud Platform、さくらのクラウド、ニフティクラウド

SaaS、PaaS、IaaSそれぞれがカバーする範囲は図Bのようになっています。

図B　SaaS、PaaS、IaaS

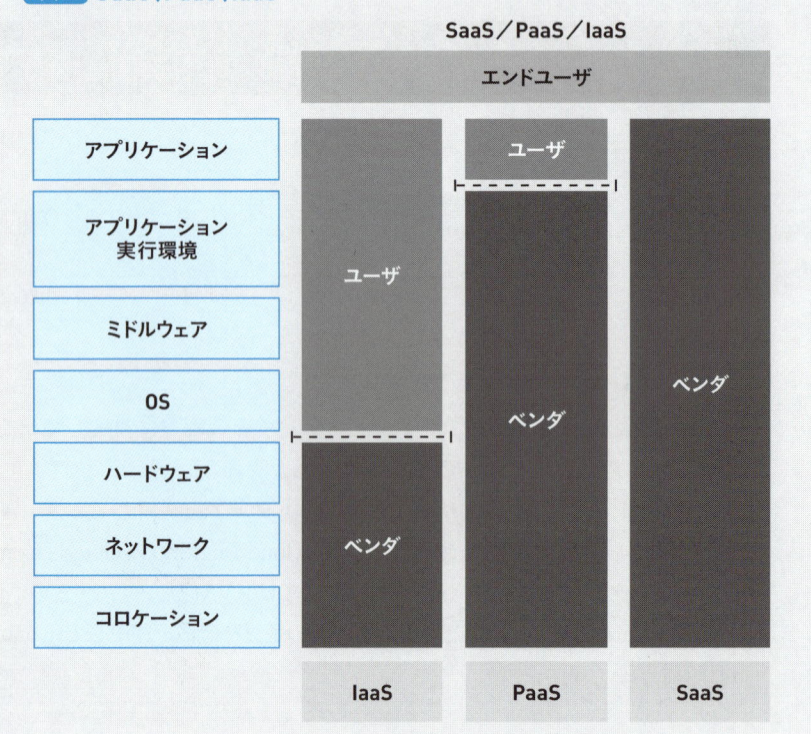

SaaS／PaaS／IaaS

エンドユーザ

| アプリケーション |
| アプリケーション実行環境 |
| ミドルウェア |
| OS |
| ハードウェア |
| ネットワーク |
| コロケーション |

IaaS：ユーザ／ベンダ
PaaS：ユーザ／ベンダ
SaaS：ベンダ

図B中の分類は表Bのとおりです。

表B 図B中の分類

分類	分類されるもの
アプリケーション	独自開発や、MovableTypeなどの製品、SugarCRMなどのオープンソースのアプリケーション
アプリケーション実行環境	Ruby on Rails(Ruby)、Struts(Java)、Symfony(PHP)などのアプリケーション開発言語・実行環境(フレームワーク)
ミドルウェア	Apache、Tomcat、PostgreSQL、MySQLなどのミドルウェア(アーキテクチャ)
OS	CentOS、WindowsなどのOS
ハードウェア	PowerEdge、Fortigate、CISCOなどのサーバ機器、ネットワーク機器
ネットワーク	インターネット接続回線などのネットワーク設備
コロケーション	ラック、電源などの物理的なサーバの格納場所

IaaSだけでいろいろあり、機能や価格などに特徴があるので、そのときの自分にあったちょうどいいものを選択してください。

　　KVMは完全仮想化のソフトウェアで、VirtualBoxのようにサーバを丸ごと仮想化します。使い勝手がよいので、広く使われていますが、Intel VTという機能に対応したCPUでないと動作しません。VirtualBoxはこの機能の提供をしていないため、VirtualBox上のCentOSではKVMを動作させられません。

　　CPUが対応しているかどうかは/proc/cpuinfoで確認できます。このflagsの中にvmx(CPUがIntelの場合)またはsvm(CPUがAMDの場合)があれば、対応しています(2010年以降のサーバ用CPUであればほとんど対応していますが、PCメーカーがBIOSで無効にしていることもあるので確認してください)。

```
[wildcat@sandbox ~]$ grep -E '(vmx|svm)' /proc/cpuinfo
```

14時間目 クラウドと最新インフラ技術の基礎知識

　どの仮想化方式でも共通の制約として、ホストの性能は越えられません。ホストをまたいでCPUやメモリなどを共有することはできないので注意してください。潤沢な仮想化ホストを用意したうえで、今回紹介したOSインストールの自動化、セットアップの自動化、サーバ仮想化を利用したサーバ作成自動化を組み合わせると、サーバを完全にソフトウェア的に手配して利用できるようになります。クラウド以前の時代はサーバを利用するまでに購入・設置などの物理的な作業工程が必要だったのですが、現在は不要です。

　このように仮想化技術の発達と普及により、サーバ管理はソフトウェアエンジニアリングの世界になりました。まだ国内のクラウド事業者はゲストのことを「仮想サーバ」と呼んでいますが、AWSのEC2では「インスタンス」と呼んでいます。この呼び方は、ソフトウェア処理により手軽にサーバを生成・破棄できる様子を的確に表しています。最近はdockerという仮想化ソフトウェアの利用者が増えています。

- docker
  https://www.docker.io/

　dockerを使うことで擬似サーバ環境の生成・破棄をすばやく実行できるようになり、今回紹介した自動化とテストを組み合わせたテストを頻繁に実行できる環境を実現しています。dockerはyumから簡単にインストールできるので使ってみてください。

```
[wildcat@sandbox ~]$ sudo yum install docker
```

　14時間目の実践はこれでおしまいです。お疲れさまでした！

確認テスト

Q1 サーバテストのためのソフトウェアを挙げてください。

Q2 サーバのセットアップの自動化のためのソフトウェアを3つ挙げてください。

Q3 サーバのセットアップの自動化のためのソフトウェアを何と呼びますか？

Q4 クラウドサービスのうちOSから上をユーザが設定するクラウドを何と呼びますか？

15時間目 ブログシステムを構築する

15時間目では、総まとめとしてサーバ3台によるブログシステムを構築します。1台のブログサーバで運用していて性能不足になったとき、サーバを3台の構成に変更するのが定石です。これまで学習したサーバとネットワークの知識を総動員してシステムを作り上げてください。この実習を滞りなく完了させることができれば、いよいよインフラエンジニアデビューです。

今回のゴール

- 仮想サーバを3台使ってブログシステムを構築すること

15-1 要求仕様

いよいよ総まとめです。表15.1〜5を要求仕様としてブログシステムを構築してください。

表15.1 共通仕様

項目	仕様
ネットワーク	VirtualBoxで2つ割り当て（1:NAT、2:ホストオンリー）
SELinux	disable
rootでのSSHログイン	不可
パスワードでのSSHログイン	不可
作業用ユーザ（sudo可能）	panda
作業用ユーザのパスワード	p@nd@p@ssw0rd
システム内の名前解決	hostsファイルにて実施

表15.2 サーバ1の仕様

項目	仕様
ホスト名	web01
IPアドレス（enp0s3）	NAT（DHCP）
IPアドレス（enp0s8）	192.168.56.71
インストールアプリケーション	Apache、PHP 5.4、WordPress

表15.3 サーバ2の仕様

項目	仕様
ホスト名	db01
IPアドレス（enp0s3）	NAT（DHCP）
IPアドレス（enp0s8）	192.168.56.72
インストールアプリケーション	Apache、MariaDB

表15.4 サーバ3の仕様

項目	仕様
ホスト名	admin01
IPアドレス（enp0s3）	NAT（DHCP）
IPアドレス（enp0s8）	192.168.56.80
インストールアプリケーション	Apache、PHP 5.4、cacti

表15.5 WordPress関連の設定

項目	仕様
ブログ名	my last blog
WordPressユーザ	wpadmin
同パスワード	myp@ssw0rd
メールアドレス	root@example.com
MariaDBデータベース名	wpdata
MariaDBユーザ	wpdbuser
同パスワード	wpdbp@ss

　ネットワークの設定が終わったら、web01、db01には直接ログインせず、admin01からログインするようにしてください。

15 時間目　ブログシステムを構築する

これまでの実践と、ほんの少しの工夫で、すべて構築できるはずです。がんばってください。どうしても進まなくなってしまった場合は、次項の手順を参考にしてください。

15-2 構築の手順

まず、kickstartを利用してweb01、db01、admin01の3台のサーバをインストールします。3台ともSELinuxをdisabledに変更します。

```
[root@sandbox ~]# sed -i.bak -r 's/^(SELINUX=).*/\1disabled/' /etc/↴
selinux/config
[root@sandbox ~]# reboot
```

IPアドレスもnmcliで設定します（web01、db01、admin01）。

```
[root@sandbox ~]# nmcli connection modify "System enp0s8" ipv4.method ↴
manual ipv4.addresses "192.168.56.71/24 0.0.0.0"
[root@sandbox ~]# reboot
```

ホスト名をnmcliで設定します（web01、db01、admin01）。

```
[root@sandbox ~]# nmcli general hostname web01
[root@sandbox ~]# reboot
```

作業用ユーザを作成します（web01、db01、admin01）。

```
[root@web01 ~]# useradd panda
[root@web01 ~]# echo 'panda ALL=(ALL) ALL' > /etc/sudoers.d/panda
[root@web01 ~]# chmod 400 /etc/sudoers.d/panda
[root@web01 ~]# echo 'p@nd@p@ssw0rd' | passwd --stdin panda
```

ログイン用の鍵を作成します（admin01）。

```
[root@admin01 ~]# su - panda
[panda@admin01 ~]$ ssh-keygen
```

鍵を配布します（admin01）。作成したシークレット鍵を手元のPCにコピーしておきます。

```
[panda@admin01 ~]$ ssh-copy-id 192.168.56.71
[panda@admin01 ~]$ ssh-copy-id 192.168.56.72
[panda@admin01 ~]$ ssh-copy-id 192.168.56.80
```

SSHでのrootログイン、パスワードログインを禁止します（web01、db01、admin01）。
/etc/ssh/sshd_configを以下のように設定します（以下は差分のみ）。

```
PermitRootLogin no
PasswordAuthentication no
```

sshdをリロードします。

```
[panda@web01 ~]$ sudo systemctl reload sshd.service
```

/etc/hostsに追記します（web01、db01、admin01）。

```
[panda@web01 ~]# echo '192.168.56.71 web01'   | sudo tee -a /etc/hosts
[panda@web01 ~]# echo '192.168.56.72 db01'    | sudo tee -a /etc/hosts
[panda@web01 ~]# echo '192.168.56.80 admin01' | sudo tee -a /etc/hosts
```

15時間目 ブログシステムを構築する

8時間目の手順に従ってApacheとPHPをインストールします（web01）。

```
[panda@web01 ~]$ sudo yum install httpd php php-gd php-mbstring php-mysql php-pspell php-xml php-xmlrpc
[panda@web01 ~]$ sudo systemctl enable httpd.service
[panda@web01 ~]$ sudo systemctl start httpd.service
[panda@web01 ~]$ sudo firewall-cmd --add-service=http --permanent
[panda@web01 ~]$ sudo firewall-cmd --reload
[panda@web01 ~]$ sudo yum install unzip
[panda@web01 ~]$ curl -O https://ja.wordpress.org/wordpress-4.0-ja.zip
[panda@web01 ~]$ unzip wordpress-4.0-ja.zip
[panda@web01 ~]$ sudo mv wordpress/* /var/www/html/.
```

8時間目の手順に従ってMariaDBをインストールします（db01）。

```
[panda@db01 ~]$ sudo yum install mariadb-server
[panda@db01 ~]$ sudo systemctl enable mariadb.service
[panda@db01 ~]$ sudo systemctl start mariadb.service
[panda@db01 ~]$ sudo firewall-cmd --add-service=mysql --permanent
[panda@db01 ~]$ sudo firewall-cmd --reload
[panda@db01 ~]$ mysql -u root
mysql> create database wpdata;
mysql> grant all on wpdata.* to wpdbuser@'web01' identified by 'wpdbp@ss';
mysql> flush privileges;
mysql> exit
```

8時間目の手順に従ってWordPressをインストールします（ブラウザでweb01（http://192.168.56.71/）にアクセスして実施）。

10時間目の手順に従ってsnmpdをインストール・設定します（web01、db01、

admin01）。

```
[panda@web01 ~]$ sudo yum install net-snmp
[panda@web01 ~]$ sudo systemctl enable snmpd.service
[panda@web01 ~]$ sudo systemctl start snmpd.service
[panda@web01 ~]$ sudo firewall-cmd --add-port=161/udp --permanent
[panda@web01 ~]$ sudo firewall-cmd --reload
```

```
[panda@web01 ~]$ sudo vi /etc/snmp/snmpd.conf
[panda@web01 ~]$ sudo systemctl reload snmpd.service
```

※「com2sec local_network admin01 public」を忘れずに追記しましょう。

10時間目の手順に従ってcactiをインストールします（admin01）。

```
[panda@admin01 ~]$ sudo yum install epel-release
[panda@admin01 ~]$ sudo yum install cacti httpd mariadb-server
[panda@admin01 ~]$ sudo systemctl enable httpd.service
[panda@admin01 ~]$ sudo systemctl start httpd.service
[panda@admin01 ~]$ sudo firewall-cmd --add-service=http --permanent
[panda@admin01 ~]$ sudo firewall-cmd --reload
[panda@admin01 ~]$ sudo systemctl enable mariadb.service
[panda@admin01 ~]$ sudo systemctl start mariadb.service
[panda@admin01 ~]$ mysql -u root -e 'create database cacti;'
[panda@admin01 ~]$ mysql -u root -e "grant all on cacti.* to ↵
cactiuser@'localhost' identified by 'cactiuser';"
[panda@admin01 ~]$ mysql -u root cacti < /usr/share/doc/cacti-0.8.8b/↵
cacti.sql
[panda@admin01 ~]$ sudo sed -i.bak 's/Require host localhost/Require ↵
all granted/' /etc/httpd/conf.d/cacti.conf
[panda@admin01 ~]$ sudo systemctl reload httpd.service
```

15時間目 ブログシステムを構築する

10-11の解説を参考に、cactiでモニタリングを設定します（ブラウザでadmin01（http://192.168.56.80/cacti/）にアクセスして実施）。

15時間目の実践はこれでおしまいです。お疲れさまでした！

索引

INDEX

記号

"	60, 349, 353
#	43, 342
$	43, 73
$$	348
$?	74, 348
$@	348
${ }	73
$0	348
$1	348
${コマンド名}	349
$((式))	349
${変数名}	349
${変数名:?}	350
&&	213
'	60, 349, 353
*	73, 354
-	60
--	60
.	317
..	317
/	47
;	213
<	62
>	62
[ ]	73
\	60, 353
{ }	73
|	62

A

ACL	149
anacron	234
Ansible	381
Apache	166, 174

B

bash	58
bashrc	132
bzip2	270

C

Cacti	248, 249, 263, 288
cat	65
cd	70
centos-release	131
cgroups	153

D

Chef	381
chkconfig	173
chmod	145
chown	145
chrony	229
ClamAV	222
configure	199, 207
cp	71
cron	231, 356
crontab	232
curl	77, 174
cut	68

D

date	64
df	64
diff	167
DNS	108
dstat	304

E

echo	63
env	73
epel	220
ext3	56
ext4	56, 285, 307, 308

F

fdisk	276
find	207
firewall-cmd	154
firewalld	153, 159
for	349, 352
FQDN	108
free	64, 295
FreePE	265
fsck	308

G

getenforce	152
gid	143, 144
grep	66
group	133
grub2	135
gzip	270

H

| head | 65 |

history	72
hostname	127
hosts	108, 130
hosts.allow	131
hosts.deny	131
Hyper-V	29

I

IaaS	384
IANA	107
ICMP	111, 180
id	63
if	344
i-node	316
ip	76
iptables	159
IPv4、IPv6	104
IPアドレス	104

J

| journalctl | 226 |
| JPNIC | 107 |

K

kickstart	376, 390
known_hosts	185
KVM	29, 383

L

L1〜L7	103
less	71
limits.conf	133
lo	77
logrotate	240, 322
ls	70, 314
lsof	293
LV	56
lvcreate	283
lvdisplay	283
LVM	56
lvremove	286
lvresize	305
LXC	29, 383

M

MAC	152
mail	359
make	199, 213

395

索引

man 122
MariaDB 166, 175
MIB 243
mkdir 145
monit 246
mount 117
MRTG 248
munin 248
mv 71, 321
MySQL 166, 198
mysqldump 287

N

Nagios 245
network 132
NetworkManager 127
nmcli 127
NTP 228

O

OOMKiller 295
OpenVZ 29, 383
OSI 46, 49
OSI参照モデル 103
os-release 131
OSS 46

P

PaaS 384
passwd 133
PATH 73
pg_dump 287
PHP 166, 174, 199
pigz 270, 272
ping 179
proc 296
profile 132
ps 170, 331
PS1 43
Puppet 381
PuTTY 78
pwd 70
PXE boot 380

R

RAID 51
redhat-release 131
resize2fs 307

resolv.conf 130
rm 318
root 143, 197, 309, 313
rpm 50, 115
RRDTool 263
rsync 273
rsyslog 239
Ruby 369

S

SaaS 384
sar 245
SAS 50
SATA 50
screen 334
sed 69
SELinux 152, 167
seq 352
Serverspec 368
service 173
services 131
SGID 148
shadow 133
sleep 339
SNMP 243
snmpget 243
snmpwalk 243
sort 67
ss 171
SSD 50
SSH 78, 185
SSH_AUTH_SOCK 87
ssh-copy-id 164
ssh-keygen 163
STDERR 62
STDIN 62
STDOUT 62
strace 291
su 145, 149
sudo 145
SUID 148
sysctl 296
sysctl.conf 131
syslog 239
sysstat 244
system-release 131
systemctl 170
systemd 235

T

tail 66
tar 270
TCP 111
tcp_wrappers 162
time 213
TLD 108
top 301
touch 316
tune2fs 150, 308

U

UDP 111
uid 143, 144
ulimit 153
umask 149
umount 286
uname 63
uniq 67
upstart 238
URI 112
URL 112
UTM 162

V

vgdisplay 276
vi 88
vim 89
VirtualBox 12, 29, 383
VM 29
vmstat 302, 324
VMware 29, 383

W

watch 338
wc 68
WELL KNOWN PORT 109
which 74
while 339
WordPress 182, 214
WriteBack 52

X

xargs 366
Xen 29, 383
XFS 56, 307, 308
xfs_repair 307

Y

yum 115, 119, 218, 220, 223

Z

Zabbix 245

あ行

エコーバック 42
エスケープ 60, 353
オクテット 104
オプション 61

か行

外形監視 247
監視 245
関数 362
完全仮想化 383
管理者ユーザ 143
キャッシュ 326
キャラクタデバイス 56
グループ 133, 143
グローバルIPアドレス 105
公開鍵認証 162
コンソール 58
コンテナ 29, 383

さ行

サーバプロビジョニングツール 381
シェル 58
シェルスクリプト 341
時刻 228
実効グループID 148
実効ユーザID 148
シナリオ監視 248
シバン 343
終了コード 62
縮退中 54
準仮想化 383
所有グループ 145
所有者 143, 145
シングルユーザモード 313
シンボリックリンク 321
スーパーユーザ 143
スティッキービット 148
ステータスグラフ化 248
ストライピング 53
ストリーム 62

スナップショット 276
スワップ 295
正規表現 66

た行

ターミナル 58, 78, 85
ターミナルマルチプレクサ 334
タイムスタンプ 322
ディストリビューション 45
ディレクトリ 47, 70, 71
データベース 166, 287
デーモン 169, 235
特殊変数 74
特権ユーザ 143
ドメイン 108

な行

内部監視 247
名前解決 108
ネットマスク 104

は行

バージョン 131
ハードリンク 316
パーミッション 145
バイナリログ 290
パイプ 62
パスワード 25, 27, 28, 309, 313
バックアップ 264, 269, 356
バッファ 326
パリティ 54
引数 60, 353
ヒストリバック 59
標準エラー出力 62
標準出力 62
標準入力 62
ファイル 47, 68, 70, 71, 74, 322
ファイルシステム 56
ブートローダ 135
フォルダ 47
プライベートIPアドレス 105
ブラックリスト方式 142
プロセス 237
ブロックデバイス 56
プロトコル 46, 100, 104
ページ 328
冪等性 381
変数 73

ポート番号 104
ホットスペア 54
ホットスワップ 54
ホワイトリスト方式 142

ま行

マウント 55, 116
ミラーリング 53
メモリ 326, 332

や行

ユーザ 143
ユーザプライベートグループ 145

ら行

ライセンス 46
リカバリ 269
リストア 269
リソースタイプ 371
リダイレクト 62
リポジトリ 114, 119, 220
リンクローカルアドレス 105
ルーティング 106
ルートディレクトリ 47
ループバックアドレス 105
ループバックインターフェース 77
レイヤー 45, 100
ローカルIPアドレス 105
ロールフォワードリカバリ 290
ログ 239
ログイン 42
ログファイル 134

わ行

ワイルドカード 73
ワンライナー 337

おわりに

15時間お疲れさまでした。

本書では、日本のWebシステムで多く使われているCentOSの最新版であるCentOS 7のインストール・設定方法を解説しました。HowToだけでなく、サーバ構築・運用の基本的な知識も解説しました。

とはいえ、本書を一度なぞっただけでサーバを構築・運用するために必要十分な知識・技術がすべて習得できるわけではありません。本書の知識・技術を下地として、より本格的な知識・技術を習得してください。しばらくの後に15時間の内容を振り返っていただき、必要な情報を都度参照していただくと、ちょうどよいと思います。

本書をきっかけにCentOS、Linux、サーバインフラの世界に触れ、読者のみなさまの技術力向上に寄与できましたら幸いです。

付属DVD-ROMについて

本書の付属DVD-ROMには、次のものを収録しています。

- **readmeテキスト**：readme.txt（本テキストファイル）
- **本書の「解答と解説」**：kaitou.pdf（KAITOUディレクトリ内）
- **VirtualBox**：VirtualBox-4.3.20-96997-Win.exe、VirtualBox-4.3.20-96996-OSX.dmg（VirtualBoxディレクトリ内）
- **CentOS**：CentOS-7.0-1406-x86_64-Minimal.iso
- **本書で使用するソフトウェアを収録したisoファイル**：15terms.iso

上記の15terms.isoには下記を収録しています。

- 15terms.repo（このDVD-ROMをリポジトリとして使うための設定ファイル）
- php-5.6.2.tar.gz
- MySQL-5.6.21-1.el7.x86_64.rpm-bundle.tar
- mysql-community-release-el7-5.noarch.rpm
- wordpress-4.0-ja.zip
- serverspecディレクトリ
- repoディレクトリ

著者略歴　PROFILE

◆馬場 俊彰（ばば としあき）

㈱ハートビーツ 技術統括責任者。静岡県の清水出身。電気通信大学の学生時代に運用管理からIT業界入り。MSPベンチャーの立ち上げを手伝ったあと、中堅SIerにて大手カード会社のWebサイトを開発・運用するJavaプログラマを経て現職。在職中に産業技術大学院大学に入学し、無事修了。現在、インフラエンジニア・技術統括責任者として多数のWebシステムの運用監視管理に従事。

収録しているソフトウェアについて

本書の付属DVD-ROMには、本書で使用しているオープンソースソフトウェアを収録しています。各ソフトウェアのオリジナル、ソースコードは下記にあります。それぞれのソフトウェアのライセンスに従ってご活用ください。各ソフトウェアは公開されているものをそれぞれそのまま収録したものです。ただし、ディレクトリ構造は、DVD-ROMからのインストールの都合上、FTPサイトとは異なっています。付属DVD-ROMに収録しているreadme.txtも併せてご覧ください。

- CentOS
  - ソフトウェア：CentOS-7.0-1406-x86_64-Minimal.iso
  - オリジナル・ソースコードの入手元：http://www.centos.org/download/
- VirtualBox
  - ソフトウェア：VirtualBox-4.3.20-96997-Win.exe、VirtualBox-4.3.20-96996-OSX.dmg
  - オリジナル・ソースコードの入手元：https://www.virtualbox.org/wiki/Downloads
- PHP
  - ソフトウェア：php-5.6.2.tar.gz
  - オリジナル・ソースコードの入手元：http://php.net/downloads.php
- MySQL
  - ソフトウェア：MySQL-5.6.21-1.el7.x86_64.rpm-bundle.tar、mysql-community-release-el7-5.noarch.rpm
  - オリジナル・ソースコードの入手元：http://dev.mysql.com/downloads/
- WordPress
  - ソフトウェア：wordpress-4.0-ja.zip
  - オリジナル・ソースコードの入手元：http://ja.wordpress.org/
- repoディレクトリ
  - ソフトウェア：Ansible、ClamAV、Nagios、Zabbixなど、CentOS、EPELのリポジトリから本書で使用するものを収録
  - ソフトウェアのオリジナルの入手元：
    - http://mirror.centos.org/centos/7/updates/x86_64/
    - http://mirror.centos.org/centos/7/extras/x86_64/
    - http://download.fedoraproject.org/pub/epel/7/x86_64/
    - http://mirror.centos.org/centos/7/os/x86_64/
  - ソースコードの入手元：
    - http://vault.centos.org/
    - http://vault.centos.org/
    - https://fedoraproject.org/wiki/EPEL
    - http://vault.centos.org/
- serverspecディレクトリ
  - ソフトウェア：Serverspec関連ソフトウェア
  - オリジナル・ソースコードの入手元：https://rubygems.org/
- 15terms.repo
  - 付録DVD-ROM内のrepoディレクトリ内をリポジトリとして使用するために利用します（筆者作成）。

◆装丁
小川 純(オガワデザイン)

◆本文デザイン
技術評論社 制作業務部

◆本文・DTP
株式会社トップスタジオ

◆編集
株式会社トップスタジオ

◆担当
細谷 謙吾

◆サポートホームページ
http://book.gihyo.jp

15時間でわかる CentOS集中講座

2015年4月25日　初版　第1刷発行
2017年6月 8日　初版　第2刷発行

著　者　株式会社ハートビーツ　馬場 俊彰
発行者　片岡 巌
発行所　株式会社技術評論社
　　　　東京都新宿区市谷左内町21-13
　　　　電話　03-3513-6150　販売促進部
　　　　　　　03-3513-6170　雑誌編集部
製本／印刷　昭和情報プロセス株式会社

定価はカバーに印刷してあります。

造本には細心の注意を払っておりますが、万一、乱丁(ページの乱れ)や落丁(ページの抜け)がございましたら、小社販売促進部までお送りください。送料小社負担にてお取り替えいたします。

本書の一部または全部を著作権法の定める範囲を超え、無断で複写、複製、転載、あるいはファイルに落とすことを禁じます。

© 2015　株式会社ハートビーツ　馬場俊彰

ISBN978-4-7741-7244-6　C3055
Printed in Japan

本書の内容に関するご質問は、下記の宛先までFAXまたは書面にてお送りください。お電話によるご質問、および本書に記載されている内容以外のご質問には、一切お答えできません。あらかじめご了承ください。

万一、添付DVD-ROMに破損などが発生した場合には、その添付DVD-ROMを下記までお送りください。トラブルを確認した上で、新しいものと交換させていただきます。

〒162-0846
東京都新宿区市谷左内町21-13
株式会社技術評論社
『15時間でわかるCentOS集中講座』質問係
FAX：03-3513-6167

なお、ご質問の際に記載いただいた個人情報は質問の返答以外の目的には使用いたしません。また、質問の返答後は速やかに破棄させていただきます。